"十三五"国家重点图书出版规划项目

变革性光科学与技术丛书

宽带太赫兹通信技术

Broadband Terahertz Communication Technologies

余建军 著

清华大学出版社

北京

内 容 简 介

本书主要介绍宽带太赫兹通信系统中的各种传输技术,包括基于光或电子方式的超宽带太赫兹信号产生、多维度信号传输和基于数字信号处理的超宽带信号接收。首先介绍了为了提高接收机灵敏度以延长传输距离或增加传输容量所采用的概率整形和克拉默斯-克勒尼希算法。然后介绍如何提高太赫兹通信安全性的混沌加密技术以及实现光纤和太赫兹通信的无缝融合技术。总之,本书是对近年来宽带太赫兹通信技术的总结,对各种技术进行了比较系统而详细的介绍。

本书适合从事通信领域包括太赫兹通信、毫米波通信、无线通信、卫星通信和光纤通信等研究的工程技术人员,以及高等院校通信工程等相关专业的研究生和教师阅读。

图书在版编目(CIP)数据

宽带太赫兹通信技术/余建军著.—北京:清华大学出版社,2020.12(2021.9重印)
(变革性光科学与技术丛书)
ISBN 978-7-302-56699-1

Ⅰ.①宽… Ⅱ.①余… Ⅲ.①宽带通信网-电磁辐射-无线电通信-通信技术
Ⅳ.①TN915.142 ②TN92

中国版本图书馆 CIP 数据核字(2020)第 202929 号

责任编辑:鲁永芳
封面设计:常雪影
责任校对:刘玉霞
责任印制:杨 艳

出版发行:清华大学出版社
  网　　址:http://www.tup.com.cn,http://www.wqbook.com
  地　　址:北京清华大学学研大厦 A 座　　邮　　编:100084
  社 总 机:010-62770175　　邮　　购:010-62786544
  投稿与读者服务:010-62776969,c-service@tup.tsinghua.edu.cn
  质量反馈:010-62772015,zhiliang@tup.tsinghua.edu.cn
印 装 者:三河市铭诚印务有限公司
经　　销:全国新华书店
开　　本:170mm×240mm　　印　　张:16.5　　字　　数:311 千字
版　　次:2020 年 12 月第 1 版　　印　　次:2021 年 9 月第 2 次印刷
定　　价:108.00 元

产品编号:089107-01

丛书编委会

主 编

罗先刚　中国工程院院士，中国科学院光电技术研究所

编 委

周炳琨　中国科学院院士，清华大学

许祖彦　中国工程院院士，中国科学院理化技术研究所

杨国桢　中国科学院院士，中国科学院物理研究所

吕跃广　中国工程院院士，中国北方电子设备研究所

顾　敏　澳大利亚科学院院士、澳大利亚技术科学与工程院院士、
　　　　中国工程院外籍院士，皇家墨尔本理工大学

洪明辉　新加坡工程院院士，新加坡国立大学

谭小地　教授，北京理工大学、福建师范大学

段宣明　研究员，中国科学院重庆绿色智能技术研究院

蒲明博　研究员，中国科学院光电技术研究所

丛 书 序

　　光是生命能量的重要来源,也是现代信息社会的基础。早在几千年前人类便已开始了对光的研究,然而,真正的光学技术直到 400 年前才诞生,斯涅耳、牛顿、费马、惠更斯、菲涅耳、麦克斯韦、爱因斯坦等学者相继从不同角度研究了光的本性。从基础理论的角度看,光学经历了几何光学、波动光学、电磁光学、量子光学等阶段,每一阶段的变革都极大地促进了科学和技术的发展。例如,波动光学的出现使得调制光的手段不再限于折射和反射,利用光栅、菲涅耳波带片等简单的衍射型微结构即可实现分光、聚焦等功能;电磁光学的出现,促进了微波和光波技术的融合,催生了微波光子学等新的学科;量子光学则为新型光源和探测器的出现奠定了基础。

　　伴随着理论突破,20 世纪见证了诸多变革性光学技术的诞生和发展,它们在一定程度上使得过去 100 年成为人类历史长河中发展最为迅速、变革最为剧烈的一个阶段。典型的变革性光学技术包括:激光技术、光纤通信技术、CCD 成像技术、LED 照明技术、全息显示技术等。激光作为美国 20 世纪的四大发明之一(另外三项为原子能、计算机和半导体),是光学技术上的重大里程碑。由于其极高的亮度、相干性和单色性,激光在光通信、先进制造、生物医疗、精密测量、激光武器乃至激光核聚变等技术中均发挥了至关重要的作用。

　　光通信技术是近年来另一项快速发展的光学技术,与微波无线通信一起极大地改变了世界的格局,使“地球村”成为现实。光学通信的变革起源于 20 世纪 60 年代,高琨提出用光代替电流,用玻璃纤维代替金属导线实现信号传输的设想。1970 年,美国康宁公司研制出损耗为 20dB/km 的光纤,使光纤中的远距离光传输成为可能,高琨也因此获得了 2009 年的诺贝尔物理学奖。

　　除了激光和光纤之外,光学技术还改变了沿用数百年的照明、成像等技术。以最常见的照明技术为例,自 1879 年爱迪生发明白炽灯以来,钨丝的热辐射一直是最常见的照明光源。然而,受制于其极低的能量转化效率,替代性的照明技术一直是人们不断追求的目标。从水银灯的发明到荧光灯的广泛使用,再到获得 2014 年诺贝尔物理学奖的蓝光 LED,新型节能光源已经使得地球上的夜晚不再黑暗。另外,CCD 的出现为便携式相机的推广打通了最后一个障碍,使得信息社会更加丰富多彩。

　　20 世纪末以来,光学技术虽然仍在快速发展,但其速度已经大幅减慢,以至于很多学者认为光学技术已经发展到瓶颈期。以大口径望远镜为例,虽然早在 1993

年美国就建造出 10m 口径的"凯克望远镜",但迄今为止望远镜的口径仍然没有得到大幅增加。美国的 30m 望远镜仍在规划之中,而欧洲的 OWL 百米望远镜则由于经费不足而取消。在光学光刻方面,受到衍射极限的限制,光刻分辨率取决于波长和数值孔径,导致传统 i 线(波长:365nm)光刻机单次曝光分辨率在 200nm 以上,而每台高精度的 193 光刻机成本达到数亿元人民币,且单次曝光分辨率也仅为 38nm。

在上述所有光学技术中,光波调制的物理基础都在于光与物质(包括增益介质、透镜、反射镜、光刻胶等)的相互作用。随着光学技术从宏观走向微观,近年来的研究表明:在小于波长的尺度上(即亚波长尺度),规则排列的微结构可作为人造"原子"和"分子",分别对入射光波的电场和磁场产生响应。在这些微观结构中,光与物质的相互作用变得比传统理论中预言的更强,从而突破了诸多理论上的瓶颈难题,包括折反射定律、衍射极限、吸收厚度-带宽极限等,在大口径望远镜、超分辨成像、太阳能、隐身和反隐身等技术中具有重要应用前景。譬如:基于梯度渐变的表面微结构,人们研制了多种平面的光学透镜,能够将几乎全部入射光波聚集到焦点,且焦斑的尺寸可突破经典的瑞利衍射极限,这一技术为新型大口径、多功能成像透镜的研制奠定了基础。

此外,具有潜在变革性的光学技术还包括:量子保密通信、太赫兹技术、涡旋光束、纳米激光器、单光子和单像元成像技术、超快成像、多维度光学存储、柔性光学、三维彩色显示技术等。它们从时间、空间、量子态等不同维度对光波进行操控,形成了覆盖光源、传输模式、探测器的全链条创新技术格局。

值此技术变革的肇始期,清华大学出版社组织出版"变革性光科学与技术丛书",是本领域的一大幸事。本丛书的作者均为长期活跃在科研第一线,对相关科学和技术的历史、现状和发展趋势具有深刻理解的国内外知名学者。相信通过本丛书的出版,将会更为系统地梳理本领域的技术发展脉络,促进相关技术的更快速发展,为高校教师、学生以及科学爱好者提供沟通和交流平台。

是为序。

罗先刚

2018 年 7 月

序

随着 5G 乃至 6G 通信技术的推广和演进,数据通信流量与日俱增,传统低频段通信已逐渐不能满足指数爆炸式的迫切需求,载波频率向高频段扩展成为不可避免的趋势。太赫兹波段是一个尚未被大量发掘的领域,有非常广阔的应用价值和发展空间。太赫兹信号波长短、可用频带宽,具有适合通信的诸多优势,将在未来无线通信中发挥重要作用。与毫米波波段相比,太赫兹频段将会提供更大的可用于通信的带宽,将比毫米波波段提升一个数量级,可提供的潜在通信容量将达到几太比特每秒。

本书作者余建军教授在宽带太赫兹通信技术领域进行了多年的研究,取得了丰硕的研究成果。在太赫兹信号产生、传输和接收研究领域,余教授曾创造了许多世界性纪录:如最先实验验证了速率超 100 Gbit/s 的多入多出的太赫兹信号传输;实现了传输速率超过 1 Tbit/s 的太赫兹信号的产生、传输和探测;首次将概率整形技术引入太赫兹传输系统中,将传输距离提高了一倍。其相关论文发表在本领域全球最重要的学术会议与刊物上。

余建军教授发表了 600 余篇学术论文,获得 90 余项美国专利授权。是国际电气电子工程师协会会士(IEEE Fellow)和美国光学学会的会士(OSA Fellow)。

余教授在本书中总结了他在复旦大学电磁波信息科学教育部重点实验室和信息科学与工程学院通信科学与工程系的多年研究成果,对宽带太赫兹系统与网络的新技术,从原理到应用都有详细的论述。本书是通信领域一部既有很高学术价值又便于学习参考的科学著作。

金亚秋(中国科学院院士)

2020 年 10 月

自　　序

随着第五代(5G)甚至是第六代(6G)移动通信技术的推广和演进,数据通信流量与日俱增,传统低频段通信已逐渐不能满足信息指数爆炸式增长的迫切需求,载波频率向高频段扩展已成为不可避免的趋势。太赫兹通信将成为未来第六代或者第七代(7G)甚至更高代移动通信技术的主要应用频段。相比于微波和光通信,太赫兹在远距离卫星空间通信、大容量近距离军事保密通信、高速无线安全接入网络等方面都具有较广阔的应用前景。太赫兹波的频率是在 0.1~10 THz 范围的电磁波,能够实现超 100 Gbit/s 的传输速率。

作者在宽带太赫兹通信技术领域进行了多年的研究,在超宽太赫兹信号产生、传输和接收方面创造了许多世界纪录,包括最先实现太赫兹通信的多入多出传输和接收、通信容量达到 1 Tbit/s 的太赫兹信号传输以及最先实现光纤和太赫兹融合传输。开发了多载波和单载波太赫兹通信系统中的各种线性和非线性算法,极大地提高了宽带系统的传输性能。

作者先后在北京邮电大学、丹麦技术大学、美国朗讯(Lucent)贝尔实验室、美国佐治亚理工学院、美国 NEC 研究中心、中兴通讯美国光波研究所和复旦大学从事宽带传输技术方面的研究,是国际电气与电子工程师协会会士(IEEE Fellow)和美国光学学会会士(OSA Fellow);发表了 600 余篇学术论文,获得 90 余项美国专利授权。先后担任过 IEEE/OSA Journal of Lightwave Technology,IEEE/OSA Journal of Optical Communications and Networking 和 IEEE Photonics Journal 等编委。

本书以作者发表的论文和申请的专利为主要内容,包括部分所带博士研究生的学术论文和学位论文、专利和实验结果。在本书编写过程中得到作者指导的学生李欣颖博士、王灿、赵明明、董泽博士、李凡博士、曹子峥博士、肖江南博士、许育铭博士、陈龙博士、王凯辉和孔森等在章节撰写和文字校对方面的支持和帮助,特此感谢。

余建军

2020 年 6 月

目　　录

第1章 绪 论

1.1 研究背景与意义

随着社会的高速发展和科技的不断进步,人们将更加依赖信息的传递和处理。在过去的 30 年中,无线数据传输速率每经过 18 个月就会提高 2 倍,数据通信的传输速率即将接近有线通信系统的容量上限[1],"数据爆炸"的时代已经到来。思科(Cisco)于 2019 年发布的 2017—2022 年视觉网络索引(Visual Networking Index,VNI)白皮书预测,到 2022 年,全球互联网用户数将增至 48 亿,将占全球总人数的 60%;全球数据通信流量将增加 3 倍以上,达到每月 396 EB,预测 2017—2022 年全球每月数据通信流量将如图 1-1 所示。同时,IP(internet protocol)视频流量将翻两番,游戏流量将增长 9 倍[2]。如此大的数据流量需求将给现有的网络通信设备带来巨大挑战,发展高速宽带通信网络已迫在眉睫。

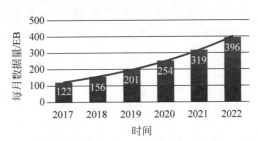

图 1-1 思科预测 2017—2022 全球每月数据通信流量

自无线通信技术诞生以来,每过十年,人们对更高速率和更低延迟的需求都在不断增长,这种趋势将在未来得到持续[2],消费者对服务质量(QoS)的需求越来越高,虚拟现实(VR)、增强现实(AR)、云计算和物联网(IoT)等应用也在相当大的程度上对实时通信速率提出了更高的要求。现有的无线移动通信技术经过数十年的发展,即将于今年正式迈入 5G 物联网时代。5G 技术具有的低时延、高带宽、大规模接入的特性,将给人们的生活方式带来全新的体验。大数据、无线云、超快速无线下载,以及无缝数据传输即将改变通信行业的未来发展,革新人们沟通与获取信息的方式。

通信需求的增长迫使我们在扩大信道容量上作出努力,科研人员已经研究了

改进调制和编码方案、天线波束成形等技术来提高信噪比（signal noise ratio,
SNR）[2]。然而,我们在降低 SNR 方面即将达到物理极限,目前已分配好的
10 GHz 以下商用无线频谱正面临资源耗尽的现象,在时间和空间上被多个用户占
用。香农公式已经指出,通信系统信道容量与信道带宽成正比[3],增大信道带宽、
扩展可用频谱无疑是快速扩展信道容量的有效方法。目前,5G 通信所使用的频段
已迈进毫米波（30～300 GHz）范围,毫米波波段的大带宽将为极限传输速率带来
突破,世界各国在 5G 的研究和推进上也取得了大量成果[4]。

　　近年来,对 5G 技术的研究重点一直放在低于 60 GHz 的频段上,载波频率最
高不超过 90 GHz,因为这是目前商用器件所能做到的频率极限[5]。毫米波波段中
可用信道的数量也较为受限,例如在 60 GHz 毫米波波段中,最大可用带宽只有
7 GHz[5]。尽管 5G 网络在数据传输速率、网络延迟、信道容量上比 4G 性能提升
了一个数量级,但如果需要将性能提升更多,达到支持 Tbit/s 的数据传输速率和
低于 1 ms 的时延,则需要研究 5G＋（Beyond 5G, B5G）的技术[6-7]。我们已经开
始在 5G 之外尝试通信性能和容量的下一个飞跃。随着无线市场的持续增长,对
90 GHz 以上更高频段的频谱,包括 0.1～10 THz 的太赫兹频段,也会产生需求。
无线移动数据通信向更高频率发展,逐步迈入太赫兹波段是一个必然的趋势。

　　太赫兹波段是一个尚未被大量发掘的领域,有非常广阔的应用价值和发展
空间,它在无线电波谱中的位置如图 1-2 所示。从射频波段、微波波段、红外光
波段到可见光波段,载波频率逐渐升高,可用频谱、吞吐量和路径损耗也随之增
加;反之,频率越低,空间覆盖率、移动应用量越高,但信号之间的相互干扰也会
增加。

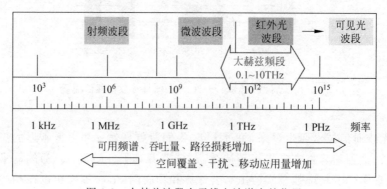

图 1-2　太赫兹波段在无线电波谱中的位置

　　太赫兹波段的频率为 0.1～10 THz,波长为 3 mm～30 μm,介于微波波段与
远红外光波段之间。太赫兹波段中的长波段与毫米波（波长为 10～1 mm）的波段
部分重合,其短波段与红外光波段（波长为 1 mm～760 nm）的波段部分重合,可以
认为太赫兹频段处于宏观经典理论向微观量子理论的过渡区[8]。

　　太赫兹波介于微波和红外光波段之间,它所具有的特点也比较特殊。太赫兹

波具有以下特点[9-10]：

（1）瞬态性。经过研究可知，太赫兹的脉冲宽度在皮秒量级，因此可以在有效抑制背景噪声干扰的情况下进行多种材料的时间分辨研究。

（2）相干性。太赫兹脉冲是利用相干电流驱动的偶极子振荡产生，或者是使用相干的激光脉冲通过非线性光学参量和差频效应产生。这种相干测量技术可以直接检测出辐射电场的相位和振幅，提高了稳定性，降低了计算量。

（3）穿透性。太赫兹波对于很多材料具有非常好的穿透力，可以应用在安检等方面。

（4）低能量。太赫兹波的光子能量只有几个毫电子伏，相比 X 射线，更适合对生物组织进行检测。

（5）吸收性强。多数的极性分子对太赫兹波的吸收性比较强，可以利用这些极性分子的特征谱来进行物质和产品的质量或成分检测。

与毫米波、红外频率以及其他系统相比，在通信方面，太赫兹无线通信有以下优势。

（1）具有大量未被分配的频率。美国联邦通信委员会（FCC）目前未分配 300 GHz 以上的频率[11]。

（2）超高带宽。在通信频段来看，太赫兹波频谱范围从 0.3～10 THz，可分为许多较窄的通信频段。此外，太赫兹频谱带宽是长波（LW）、中波（MW）、短波（SW）和微波（30 GHz）总带宽的 1000 倍。因此，太赫兹通信可提供非常可观的带宽。

（3）高安全性。首先，太赫兹信号在大气中有较强的衰减[12]，这使得它仅适用于空间中的短距离通信，不易于被窃取。除此之外，对于在宽带频谱中的通信，如果窃取者不知道确定的频率，那么很难在宽阔的频谱中找到特定的信号，这使得太赫兹通信成为一种安全的通信方法。

（4）方向性较强。太赫兹波由于其较短的波长而具有较少的自由空间衍射，所以在相同发射器孔径处的太赫兹通信链路本质上比毫米波（MMW）链路更具指向性，实现定向波束传输信息。这种具有良好方向性的小型天线可用于太赫兹通信，可以降低不同天线的发射功率和信号干扰。

（5）较红外光波段（IR）的传播距离长。在某些特定的较差的天气条件下（如雾、尘埃和空气湍流），太赫兹波辐射的衰减与 IR 相比更小，能够到达的距离也会较之更长。

（6）探测器器件的灵敏度相对强。目前红外光电探测器的强度调制和检测不如太赫兹外差探测器灵敏。

（7）环境噪声较少。与太赫兹噪声相比，通常存在更多的 IR 光噪声。在平常的室内外环境中，阳光、白炽灯照明和荧光灯照射都会引起强烈的环境红外噪声，而太赫兹波段的噪声更少，因此可以在一定程度提升信号传输的质量。

太赫兹波在光谱分析、医学成像、质量控制、大气遥感、天文学等方面都具有一定的应用[9,12-16]，如图1-3所示。

图1-3　太赫兹技术的应用范围与方向

太赫兹的应用范围包括以下方面。

（1）光谱技术。时域光谱技术是一种非接触式测量技术，由于不同的物质对于太赫兹信号的吸收和色散情况不同，太赫兹时域光谱法（THz-time-domain spectroscopy，THz-TDS）系统已经成为太赫兹光谱法的实验室标准。在THz-TDS系统中，通过对时域数据进行傅里叶变换来获得频率特性，但频率分辨率受光延迟所给定的时间窗口的限制。THz-TDS的典型系统频率分辨率在100 MHz～1 GHz，由脉冲激光的重复频率和光学延迟线的扫描长度决定。这种技术在对样品进行探测时表现出了较高的探测信噪比、较大的带宽和更加灵敏的优点，因此被广泛应用。太赫兹光谱法其他可能的潜在应用将会体现在针对半导体、太阳能电池、聚合物膜、介电复合材料、塑料、涂料等制造的材料检查和评估中。

（2）成像技术。太赫兹波和其他频谱的电磁波类似，可以用来进行物体成像。太赫兹波可以穿透许多非导电材料，但是却可以被水分子等极性分子吸收，被金属反射，所以可以将太赫兹波用来进行光谱成像，比如进行生物组织的医学成像、无标记蛋白检测、药片多晶型物的分布检测等。1995年胡（Hu）和努斯（Nuss）等首次建立了第一套太赫兹波成像装置后，科研人员先后进行了电光取样成像、层析成像、太赫兹波单脉冲时域成像等研究，并在质量监控、考古、安全检测等方面广泛应用。

（3）地面通信技术。为了跟上光纤网络的飞速发展，无线通信所需要的更高的速率一直居高不下，但是由于器件等条件的限制，一直没有达到可以与光纤传输速率匹配的无线速率，因此需要挖掘其他的方式来达到更高的频段、更大的带宽和更快的速率。太赫兹频段没有进行过大量的分配，还有庞大的频谱资源可以利用，为高速无线通信奠定了较好的基础。就半导体电子器件和集成电路之类的使能技术而言，100～500 GHz频率区域的发展是最现实的。另外，从电磁波在大气中的衰减角度来看，信号的衰减随频率变化。在超过300 GHz的频率下，天线尺寸将变成亚毫米级，这比普通红外数据通信（IrDA）模块中使用的透镜要小，收发器模块的成本急剧下降。综合频谱资源、数据传输速率要求等多种因素,太赫兹通信将会成为未来 6G、7G,甚至更高代移动通信的主要应用频段。相比于微波和光通信,太赫兹在远距离卫星空间通信、大容量近距离军事保密通信、高速无线安全接入网络等方面都具有更广阔的应用前景。

除此以外,太赫兹通信由于分子吸收损失大而具有短距离传播特性,虽然这是一个缺点,但是从另外的角度来看,由于短距离不能被窃听,能够提高通信的保密性。此外,可以在太赫兹频带中采用扩频技术来避免和应对严重的干扰攻击。

(4) 环境监测。配备了太赫兹通信功能的纳米传感器可以以十亿分之一的密度感测环境中存在的化学化合物,因此它们可以用于跟踪环境或城市饮用水水库中的有毒元素密度,并及时报告结果,这样可以通过智能城市应用程序来提高人们的生活质量。同样,可以利用太赫兹频段的无线纳米传感器网络来监测空气污染。在车辆上装载纳米传感器和全球定位系统(GPS),在驾驶时收集城市中的各项数据。在路边或交通信号灯上安装的太赫兹接收器系统可以用来下载车辆收集的这些数据。

(5) 娱乐技术。视觉技术的先进发展,例如蓝光、三维(3D)电影、游戏平台、超高清晰度电影等,都需要非常高的数据传输速率。除此之外,AR、VR、高清全息视频会议、触觉通信和触觉互联网等新兴技术也对高数据传输速率有极大的需求。为了满足这种需求,可以使用超宽的太赫兹频带。通过使用太赫兹频段,可以从部署的设备中下载具有大量数据的文件,使手持设备的用户能够实现 100 Gbit/s 的数据传输速率。例如高清全息视频会议 AR 和 VR 利用太赫兹通信,可以实现超高速有线网络和无线设备之间的无缝连接。如果眼睛和耳朵不同步,在使用 AR 和 VR 系统时会出现晕眩等不舒适感。同步时延必须控制在 10 ms 以下,太赫兹网络可以满足这种时延要求。太赫兹网络是实现超低延迟的候选系统,可以成为这些需求的基础网络设施理想的选择。可以预期,太赫兹网络将成为增强现实和虚拟现实等应用进步和发展的催化剂,以极高的数据传输速率提供几乎为零的时延。

(6) 空间通信。与毫米波波段相比,太赫兹频段将会提供更大的可用于通信的带宽,理论上其带宽能达到几太赫兹,可提供的潜在通信容量将达到几太比特每秒[17]。太赫兹信号的波束更窄,方向性更佳,定向波束和有限的传播距离使太赫兹信号非常适合进行安全的无线通信,通信数据被窃听的可能性也较低[18]。与红外光及可见光频段相比,太赫兹频段也具有许多优势。可见光通信(visible light communication,VLC)的信号只能通过视距(line of sight,LOS)方式进行直线传播,只要有任何遮挡都不能传递信号,但太赫兹信号可以通过非视距(non line of sight,NLOS)方式传播[19],因此它是上行链路通信的一个良好选项。太赫兹信号也可以克服雾、灰尘、湍流等不良气候条件[20],在恶劣环境中能够保证通信质量。红外光通信和可见光通信在日常生活中会受到各类光环境噪声的影响,而太赫兹

信号则不受环境噪声的影响。另外,红外光波段和可见光波段对物体和反射非常
敏感,对人身安全的发射功率限制也较高,过高的红外光或可见光发射功率会对人
眼造成伤害,但太赫兹频段不受人体健康或安全限制的影响[21]。将太赫兹通信与
自由空间光通信(free space optical communication,FSO)结合在一起的混合太赫
兹/光链路有望成为未来无线通信的可行解决方案[22]。根据天气情况可在太赫兹
链路和自由空间光链路中灵活选择,天气晴朗时使用 FSO 技术,在有雾或大风等
不佳天气状况下可使用太赫兹链路建立可靠的通信连接。太赫兹频段可以用于卫
星通信,即使由于扩频和分子损失而导致传播距离短,也可以通过使用大型天线阵
列技术、高输出功率和高增益放大器来延长太赫兹频段的传播距离。在干燥区域
使用太赫兹频段更为合适,因为分子吸收主要是由水蒸气引起的。将太赫兹通信
与光纤通信融合在一起的光载无线通信技术结合了无线通信的灵活接入与光纤通
信的高容量、长距离等优点,在遭遇自然灾害等特殊情况时将成为保证通信畅通的
必要手段,用于光纤最后 1000 米的接入。在特殊时期(如自然灾害情况下)光纤设
备遭到破坏时,该链路可以作为宽带无线链路,也可用在移动无线设备基站间的链
接,保证了通信系统的完整性。光载无线太赫兹通信在未来蜂窝网络的回传链路
中也将发挥重要作用,其示意图如图 1-4 所示。大容量的光纤接入光核心网或骨
干网,每个基站为一个 5G 蜂窝小区提供服务,在各个基站间使用太赫兹链路进行
回传,相比现有的传统回传链路能有效提高信道容量。

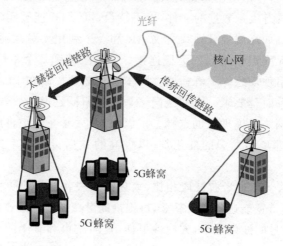

图 1-4　太赫兹回传链路在未来蜂窝网络中的应用

　　太赫兹通信也可用于增强数据中心的性能。在数据中心内部部署了大量服务
器,为各种应用程序提供足够的带宽。依靠固定的有线网络,有时候不能处理静态
链接和有限网络接口导致的流量突发状况。有研究者提出可以使用太赫兹链路作
为并行技术来增强数据中心的性能[23]。在数据中心的应用中,毫米波带宽有限,
红外光通信的相干检测十分复杂,在平方律检测上存在局限性,因此太赫兹链路的

性能要好于毫米波和红外光技术。太赫兹天线的尺寸非常小,便于集成在可穿戴设备上,有助于构成新型纳米物联网(nano internet of things,NIoT)网络[24]。

综上,太赫兹波段有着广阔的应用空间,目前是一个尚未被完全开发的频段,有着巨大的市场前景和应用潜力,研究并发展太赫兹波段的通信是非常有必要的。

1.2 国内外研究现状

鉴于太赫兹波在通信上的诸多优良特性,早在 2008 年,IEEE 802.15 标准就建立了"太赫兹研究组",这是太赫兹通信建立标准的开端[25],275 GHz 以上的频率分配也提上了国际电信联盟(International Telecommunication Union,ITU)旗下"2019 世界无线电通信大会"的会议议程[26]。国内外研究机构和各公司都在太赫兹通信上开展了广泛的研究。

1.2.1 国际研究现状

在高速通信方面,国外研究机构已有许多研究成果,部分太赫兹无线通信研究进展见表 1-1。

表 1-1 国外研究机构部分太赫兹通信研究进展

年份	国家	中心频率	调制格式	传输速率	传输距离	产生方式	注释	参考文献
2004	日本	120 GHz	ASK	10 Gbit/s	1 km	光	实时	[27]
2006	日本	120 GHz	ASK	10 Gbit/s	200 m	光		[28]
2008	德国	300 GHz	HDTV	1 Mbit/s	22 m	电	实时	[29]
2009	日本	120 GHz	ASK	10 Gbit/s	800 m	光	MMIC	[30]
2010	法国	200 GHz	ASK	1.0625 Gbit/s	2.6 m	光		[31]
2011	日本	75~110 GHz	16QAM	40 Gbit/s	30 mm	光	RoF	[32]
2011	德国	75~110 GHz	16QAM	100 Gbit/s	120 cm	光		[33]
2011	德国	220 GHz	OOK	25 Gbit/s	50 cm	电		[34]
2011	美国	625 GHz	双二进制	2.5 Gbit/s		电		[35-36]
2011	韩国	240 GHz	ASK	1.485 Gbit/s	4.2 m	电		[37]
2012	德国	220 GHz	OOK	25 Gbit/s	10 m	电		[38]
2012	日本	300 GHz	ASK	24 Gbit/s	50 cm	光	实时	[39]
2012	日本	120 GHz	ASK	10 Gbit/s	5.8 km	光	MMIC	[39]
2013	德国	0.24 THz	QPSK	40 Gbit/s	1 km	光		[30,40-41]
2013	德国	273.5 GHz	16QAM	100 Gbit/s	20 m	光		[31]
2014	日本	300 GHz	QPSK	50 Gbit/s	2 m	电		[42]
2014	英国	200 GHz	QPSK	75 Gbit/s	2 cm	光	实时	[43]
2014	法国	400 GHz	ASK	46 Gbit/s	2 m	光		[44]
2015	英国	200 GHz	QPSK	100 Gbit/s	2 cm	光	RoF	[45]

年份	国家	中心频率	调制格式	传输速率	传输距离	产生方式	注释	参考文献
2015	德国	400 GHz	QPSK	60 Gbit/s	50 cm	光	实时	[46]
2016	日本	320 GHz	QPSK	100 Gbit/s	5～10 cm	光	实时	[47]
2016	瑞典	300～500 GHz	16QAM	260 Gbit/s	0.5 m	光	6 载波	[48]
2017	德国	328 GHz	64QAM	59 Gbit/s		光		[49]
2017	德国	328 GHz	HDTV	6 Gbit/s	1.5 m	光	实时	[49]
2017	丹麦	0.4 THz	16QAM	106 Gbit/s	50 cm	光	单波	[50]
2018	法国	280 GHz	16QAM	100 Gbit/s	0.5 m	光	单波	[51]
2019	德国	0.3 THz	16QAM	115 Gbit/s	110 m	光	KK 接收	[52]
2019	德国	325 GHz	64QAM-OFDM	59 Gbit/s	5 cm	光		[53]
2019	日本	700 GHz	OOK	12.5 Gbit/s		光		[49]

2004 年,NTT 公司开始太赫兹通信的初步尝试,在 120 GHz 的频段上实现了幅移键控(amplitude shift keying,ASK)调制 10 Gbit/s 信号的无线传输。该系统可同时传输 6 路未被压缩的高清电视信号,在 2008 年用于北京奥运会赛事直播,无线传输距离超过 1 km[27]。2006 年,平田(Hirata)等基于微波光子技术设计了 120 GHz 频段太赫兹通信系统,光副载波频率为 125 GHz,数据传输速率为 10 Gbit/s。该系统功耗低,接收功率低于 -30 dBm,通信距离可达 200 m,预计最大传输距离可达 3～4 km。无线链路与 10 Gbit/s 的光纤通信系统连接,可用于光纤通信最后一千米的接入[28]。2008 年,德国布伦瑞克(Braunschweig)通信实验室成功实现了在 300 GHz 信道上实时传输模拟彩色视频基带信号,调制带宽大于 1 kHz,传输距离大于 22 m[29]。2011 年,日本国家信息与通信技术研究所在 W 波段(75～110 GHz)实现了 40 Gbit/s 的 16 正交幅度调制(quadrature amplitude modulation,QAM)光载无线(radio over fiber,RoF)信号传输[32]。丹麦技术大学在 W 波段使用光外差发射机实现了 16QAM 信号在光无线混合链路中的传输,传输速率达到 100 Gbit/s,无线通信距离达到 120 cm[33],该研究成果为当时 W 波段能够做到的最高传输速率,成为太赫兹通信速率上新的突破。2011 年,德国应用固体物理研究所研制了一套工作频率在 220 GHz 的全固态太赫兹无线通信系统,该系统的发射和接收前端包含自主设计和研发的有源多功能毫米波单片集成电路(multi-functional millimeter-wave microwave integrated circuits,MMIC),可实现传输速率为 14 Mbit/s 的 256QAM 信号的传输,通断键控(on-off-keying,OOK)信号数据率可达 25 Gbit/s,无线传输距离为 50 cm。该套系统体积小、功耗低,是使用纯电子方式进行太赫兹通信的一次成功尝试[34]。美国贝尔实验室使用全电方式实现了 625 GHz 的太赫兹通信系统,在载波频率上实现了新的突破。该系统采用 4 次二倍频和 1 次三倍频的方式产生倍频太赫兹源,使用双二进制(duo binary)

基带调制,能在实验室距离达到 2.5 Gbit/s 的传输速率[35],并实现无误码传输[36]。韩国研究者在 240 GHz 和 300 GHz 载波频率上实现了 1.485 Gbit/s 的高清电视(high-definition TV,HDTV)信号实时无线传输,传输距离为 4.2 m[37]。2012 年,德国卡尔斯鲁厄理工学院使用 MMIC 在 220 GHz 的载波频率上实现了 25 Gbit/s 的 10 m 无线 OOK 信号传输[38]。日本研究者使用单向载流子光电二极管(uni-traveling carrier photodiode,UTC-PD)在 300 GHz 频段上实现 24 Gbit/s 无线数据实时传输实验,传输距离为 50 cm,发射功率低于 200 μW,误码率低于 1×10^{-10}[39]。2013 年,德国的柯尼希(Koenig S)等基于光频梳,在 273.5 GHz 的频段上达到了 100 Gbit/s 的传输速率,无线传输距离超过 20 m[40]。2014 年,日本研究者设计并实现了直接正交调制解调的 MMIC,该芯片集成了半吉尔伯特单元混频器用于信号的调制和解调。该方法可实现信号平衡,并且在电路结构简单时达到更高的转换效率。系统在 300 GHz 频段下使用正交相移键控(quadrature phase shift keying,QPSK)调制格式达到 50 Gbit/s 的传输速率,无线传输距离为 2 m[42]。2014 年,英国研究者利用光频梳结合偏振复用技术实现了一个多入多出系统,在 200 GHz 频段实现了 75 Gbit/s 的双通道实时传输[43]。2014 年,法国里尔大学使用集成了宽带天线及外差探测器的太赫兹光混频器在 400 GHz 载波频段上实现了 46 Gbit/s 的无线传输速率[44],无线传输距离为 2 m,发射功率低于 1 μW。2015 年,英国研究者通过使用外部注入增益可调节的光频梳产生太赫兹信号,实现了四载波下行传输的系统,整体下行信道数据传输速率达到 100 Gbit/s,上行 OOK 信号传输速率达到 10 Gbit/s[45],多载波传输可在高频谱效率的情况下增加数据率,降低光电转换器件的带宽要求。丹麦技术大学实现了 400 GHz 载频的太赫兹无线传输系统,能在奈奎斯特信道中实时传输 60 Gbit/s 的波分复用(wavelength division multiplexing,WDM)QPSK 信号,这是当时在高于 300 GHz 的载波频率上能够实现的最高传输速率[46]。2017 年,德国杜伊斯堡艾森大学实现了相干光载无线(coherent radio over fiber,CRoF)太赫兹通信链路,可支持离线 59 Gbit/s 的 64QAM-正交频分复用(orthogonal frequency division multiplexing,OFDM)信号数据传输;该链路可在 328 GHz 上实现高清电视信号的实时传输,调制带宽超过 6 GHz,距离达 1.5 m[49]。

近几年,国外各研究机构在太赫兹通信方面取得了许多新的进展和突破,在 300 GHz 频段上实现 100 Gbit/s 的传输速率已经成为可能。传统实验室环境中实现的超过 100 Gbit/s 的数据传输速率一般是使用空分或频分复用技术来实现的,这会增加系统复杂度和能耗。2017 年,丹麦技术大学实现了单通道 0.4 THz 光无线融合的太赫兹链路,使用一组太赫兹发射机和接收机,不使用空分或频分复用技术达到了 106 Gbit/s 的无线传输速率,无线传输距离为 50 cm。这一结果是通过高频谱效率的调制格式、超宽带太赫兹接收机和发射机,以及先进数字信号处理实现的[50]。2018 年,法国研究者在 280 GHz 频率下实现了 100 Gbit/s 的数据传输速率,误码率低于 10^{-6}[51]。2019 年,德国研究者使用克拉默斯-克勒尼希 (Kramers-Kronig,KK)方案简化接收机结构,使用单个光电二极管达到相干探测的效果,在 0.3 THz 载波上成功传输 115 Gbit/s 净速率 16QAM 信号,传输距离达到 110 m[52]。太赫兹通信传输实验不仅局限于单载波系统,在高频谱效率的 OFDM 系统上也有了新的成果。2019 年,德国杜伊斯堡·埃森大学成功在 325 GHz 载波的相干光载无线系统上传输 64QAM-OFDM 信号,频谱效率达到 5.9 bit/(s·Hz)[53]。对更高载波频率的探索还在继续,基于光子辅助技术,日本研究者使用单行载流子光电二极管和肖特基二极管混频接收机首次在 700 GHz 频段实现超过 12.5 Gbit/s 的传输速率[54]。

太赫兹通信的标准化也在不断推进。2008 年年初,IEEE 即在 IEEE 802.15 框架下成立了太赫兹通信兴趣小组(IGTHz)[48]。2013 年,这个兴趣小组转变为太赫兹通信研究小组,为太赫兹通信的标准化过程作准备。2014 年成立"100G 无线"任务组(TG100G,IEEE 802.15.3d)旨在为太赫兹通信的物理层和媒体访问控制(media access control,MAC)层设计标准[48]。自 2014 年以来,已有 500 多个研究机构和单位对太赫兹通信的标准化作出了贡献。2015 年 5 月发布的应用要求文档(application requirements document,ARD)对太赫兹通信的应用、性能和功能要求作出了描述[55]。该文档介绍了适用于不同用途的网络架构,指定了所选应用的目标通信范围和数据传输速率,被 IEEE 802.15.3d 任务组在后续研究中广泛使用。2016 年 3 月发布的技术要求文档(technical requirements document,TRD)根据范围、数据传输速率、误码率等制定了目标要求,最新版本的 TRD 还提供了一些较低太赫兹频段通信的媒体访问控制协议[56]。2017 年 IEEE 802.15.3d 发布的太赫兹新标准定义了在 252~325 GHz 频率范围内的用于点对点链路的另一个物理层(physical layer,PHY),并定义了两种 PHY 模式,可使用 2.16~69.12 GHz 的 8 个不同带宽实现 100 Gbit/s 的数据传输速率。该标准也定义了固定和移动设备的高数据传输速率无线连接的物理层和 MAC 层的规范[57]。

在太赫兹通信的架构方面,于 2018 年发布的《用于超越 5G 网络的无线太赫兹系统架构》白皮书[58]中给出了三种备选的太赫兹体系架构的技术方案,分别用于点对点(point to point,P2P)连接链路、点对多点(point to multi-points,P2MP)传播链路以及室内准全向链路三个不同场景[58]。

由于太赫兹波束有着更强的方向性,波束成形技术显得尤为重要。真实世界的物理信道具有三维特性,目前广泛使用的二维 MIMO 技术并非是最佳选择[59]。为了降低信道中不可避免的路径损耗,三维波束成形是一种较好的解决方案,用来构造定向波束,延长通信范围并减少干扰[25],还可通过将垂直主瓣精确定位在接收机上来提高信号强度。文献[60]中介绍了太赫兹波束成形的原理与应用,包括基于路径长度的方法、相控阵方法、无源阵列方法以及使用漏播天线等。

1.2.2　国内研究现状

国内研究太赫兹通信的高校和机构有北京大学、复旦大学、浙江大学、北京邮电大学、湖南大学、中国科学院微系统研究所等,部分研究成果总结见表 1-2。

表 1-2　国内太赫兹通信领域部分研究进展

年份	中心频率	调制格式	传输速率	传输距离	产生方式	注释	参考文献
2011	0.14 THz	16QAM	10 Gbit/s	500 m	电	实时	[61]
2012	75~110 GHz	QPSK	108 Gbit/s	1 m	光	PDM	[62]
2013	400 GHz	16QAM QPSK	224 Gbit/s 216 Gbit/s	1.5 m	光	PDM PDM	[63]
2014	0.34 THz	QAM	3 Gbit/s	50 m	电	实时	[64]
2014	0.14 THz	OOK	15 Gbit/s		电		[65]
2016	300~500 GHz	QPSK	160 Gbit/s	50 cm	光	RoF	[66]
2016	400 GHz	16QAM	80 Gbit/s		光	多载波	[67]
2016	120 GHz	16QAM	51.2 Gbit/s	40 m	光	RoF	[68]
2017	140 GHz	OOK	16 Gbit/s	70 cm	光		[69]
2017	450 GHz	16QAM	32 Gbit/s	142 cm	光	PS	[70]
2017	375~500 GHz	QPSK	120 Gbit/s	142 cm	光	PDM	[71]
2017	124.5/150.5 GHz	64QAM	1.056 Tbit/s	3.1 m	光	PDM+PS	[72]
2018	375~500 GHz	QPSK	120 Gbit/s	10 km+142 cm	光	2×2 MIMO	[73]
2019	450 GHz	64QAM	132 Gbit/s	20 km+1.8 m	光	PDM+PS	[74]

浙江大学实现了 300~500 GHz 的光无线链路,使用单发射机实现 160 Gbit/s 的传输速率,这是当年 300 GHz 以上频段速率的新纪录[66]。天津大学通过光频梳外差混频产生太赫兹源,该系统能在 400 GHz 下实现 5 Gbaud 的 4 载波 16QAM 信号传输,总数据传输速率为 80 Gbit/s[1]。中国工程物理研究院提出基于载波一致混频与载波偏置功率合成的无线通信方案,在 140 GHz 载波上实现了 16 Gbit/s 的 OOK 信号无线通信[69]。

在太赫兹通信研究方面,作者所在的复旦大学课题组也取得了许多进展。课题组在 100 GHz 频段实现了 108 Gbit/s 的偏振复用(polarization division multiplexing,PDM)-QPSK 信号经过 80 km 光纤和 1 m 无线链路的融合传输,这是首次在 100 GHz 链路上使用光纤和无线链路传输 100 Gbit/s 信号[62]。课题组实现了 2×2 MIMO 的 W 波段 RoF 系统传输 16QAM 信号经过 100 km 单模光纤及 40 m 的 W 波段无线传输,净传输速率为 51.2 Gbit/s[68]。课题组在 400 GHz 光无线通信系统中实现了双通道 224 Gbit/s 的 PDM-16QAM 信号传输以及双通道 216 Gbit/s 的 PDM-QPSK 信号传输,该成果是太赫兹频段 400 GHz 光无线系统的首次实现,是太赫兹无线传输速率的新纪录[63]。

2017 年,课题组实现了基于平衡预编码光四倍频技术的 D 波段矢量 QPSK 太赫兹信号产生,这是首次在不使用光滤波器的情况下使用一个马赫-曾德尔调制器(Mach-Zehnder modulator,MZM)产生 D 波段矢量太赫兹信号[75]。课题组于 2017 年研究了在太赫兹系统中使用概率整形(probabilistic shaping,PS)技术,与传统的等概率分布 16QAM 相比,概率整形技术能带来较大的误码率改善[70]。使用 MIMO 系统、多载波以及偏振复用等技术都能大幅提升系统速率。课题组于 2017 年实现了首个多载波 2×2 MIMO 太赫兹链路,传输 6 路 20 Gbit/s 的 PDM-QPSK 信号[71]。在高速通信方面,使用概率整形、奈奎斯特整形、查找表(look up table,LUT)等先进数字信号处理技术,能显著提升系统性能。课题组实现了 D 波段光子辅助矢量太赫兹信号的无线传输,能在 3.1 m 无线距离上同时传输两路 PS-64QAM 毫米波信号,净速率达到 1.056 Tbit/s,该成果是当时世界上太赫兹通信系统的最高传输速率[72]。2018 年,课题组实现了 2×2 MIMO 太赫兹链路传输速率和距离的新突破,能在 375～500 GHz 的带宽上将 120 Gbit/s 的 QPSK 信号传输 10 km 光纤以及 142 cm 的无线距离[73]。2019 年,课题组实验证明了 132 Gbit/s 的光子辅助单载波 PDM-64QAM-PS 5.5 太赫兹信号在 450 GHz 载波下传输 20 km 光纤和 1.8 m 无线距离,实验结果表明使用概率星座整形可以显著提高传输容量和系统性能[74]。

1.3　太赫兹通信研究的挑战

尽管太赫兹波在通信领域有非常好的应用前景,目前国内外各研究机构及公司也都取得了不错的成果,但由于其独特的特性,太赫兹通信仍然面临许多挑战[76-83]。

第一,太赫兹信号的频谱范围非常宽,能保证超高数据传输速率,但相应的代价是较高的路径损耗[76]。太赫兹频段的路径损耗对湿度以及发射机与接收机之间的距离非常敏感,在 1 km 传输距离下,太赫兹信号的无线路径损耗可能达到 100 dB[77]。随着频率不断升高,且路径损耗并不是恒定的,使用宽带的连续频带比较困难[78]。

第二,太赫兹的波长非常短,穿透力低,无法穿透墙壁和其他表面。这种特殊的属性可以在其他方面展开应用,例如爆炸物检测[79]、高分辨率成像[80]等,但对移动通信来说是一个挑战。较低的穿透功率会使空间覆盖范围变小,对发射机和接收机链路之间的阻挡非常敏感。

第三,需要高性能的太赫兹器件,包括高性能的太赫兹信号源、放大器、天线和接收机。采用光电混合产生太赫兹信号时需要提高光电转换效率,也需要改善太赫兹天线的增益。由于接收功率与发射功率和天线增益成正比,与路径损耗成反比[81],当载波频率提高时,路径损耗增加。由于技术限制,不能使用太大的发射功率。为了提升接收信号的强度,需要提高天线增益,而天线增益与天线波束宽度成反比[1]，因此，需要使用窄波束的定向天线。使用定向天线需要事先知道发射机和接收机的位置，这在静态或固定的无线通信中可以做到，然而在移动的场景中，必须连续对准和训练发射和接收天线，完美的波束对准难度较大[83]。太赫兹收发机应该尽量集成减小体积和降低功耗。另外，需要开发太赫兹芯片，实现各种数字信号处理算法。

第四，太赫兹带宽很宽，但因为频率太高，各项技术都不太成熟，做出的器件频率响应性能一般。无论采用光子或电子技术产生的太赫兹波信号都容易受到线性和非线性的影响，需要我们开发各种数字信号处理算法解决这些问题。

总之，虽然太赫兹通信面临各种挑战，但鉴于其高速率、高带宽、高保密性的传输特性，在数据需求爆炸的今天有非常大的研究意义与价值，值得在太赫兹领域投入更多的研究。

1.4　本书主要内容与结构安排

本书主要介绍高速太赫兹通信这一先进的研究方向，介绍太赫兹通信的原理以及高速太赫兹通信系统，实现了高性能太赫兹信号的产生、传输和保密应用。在太赫兹信号产生方面，使用概率整形技术提升系统容量，并提出了两种新的光子辅助太赫兹信号产生方案；在高性能太赫兹信号传输方面，使用了 KK 接收机算法提升系统性能；在保密应用方面，使用混沌加密技术增强系统的安全性和保密性。同时也介绍了如何实现太赫兹和光纤无缝融合传输，实现宽带长距离太赫兹信号的传输，并提出了几种多维复用架构。本书介绍的这些技术有望帮助未来的高速无线通信系统提升容量、增强性能。

第 1 章介绍了太赫兹通信的研究背景与意义、国内外的发展和研究现状，以及研究太赫兹通信将要面临的挑战，接着介绍了本书的主要内容与结构安排。

第 2 章介绍了太赫兹通信系统的原理，包括太赫兹信号的发射和接收原理、太赫兹信号的传输链路、路径损耗和大气吸收参数等。

第 3 章介绍了高速单载波太赫兹通信系统的基本算法和实验验证。首先介绍了太赫兹通信系统的后端均衡算法，然后介绍了两种实验系统：其一为纯电子器件的太赫兹通信系统，产生和接收信号均使用电子器件完成，可以最大限度地降低实验装置的复杂性；其二为光生单载波太赫兹通信系统，采用光子拍频方式产生单载波的 16QAM 太赫兹信号。

第 4 章介绍了高速多载波太赫兹通信系统的基本算法和实验验证。针对如何有效降低多载波太赫兹信号的高峰均比和提高信道估计的准确度，可以引入先进的数字信号处理算法提高系统性能，包括离散傅里叶变换扩频（DFT-S）、符号内频域平均（ISFA）和沃尔泰拉（Volterra）非线性补偿算法。在这一章介绍了两个太赫兹正交频分复用的传输实验：在第一个实验里，搭建了一个光载无线通信的

OFDM 太赫兹通信系统;在第二个实验里,研究了高阶 QAM 太赫兹信号传输。我们采用概率整形和沃尔泰拉算法,极大地提高了信号的性能。在波特率为 10 Gbaud 时,经过 13.42 m 无线传输后,实现了 4096QAM 太赫兹信号误码率低于 FEC 软判决的阈值 4×10^{-2} 传输。

第 5 章介绍了基于光偏振复用的 2×2 MIMO 无线链路。相比于单通道载入单通道输出(SISO)无线链路,基于光偏振复用的 2×2 MIMO 无线链路可用于传输偏振复用无线信号,从而有效加倍无线传输容量。随后介绍了基于天线极化复用的 4×4 MIMO 无线链路、同一天线极化 MIMO 无线传输链路和低无线串扰结构简单的基于天线极化分集的 2×2 MIMO 无线链路。还通过实验演示了一个光子辅助的 2×2 MIMO 无线太赫兹波信号传输系统,该系统首次实现了偏振复用太赫兹波信号的 2×2 MIMO 无线传输。

第 6 章介绍了 $375\sim500$ GHz 的多频段太赫兹波信号的 2×2 MIMO 无线传输,这是首次实现多频段的太赫兹波信号的 MIMO 传输。传输链路为 10 km 的有线 SMF-28 光纤和 142 cm 的无线 2×2 MIMO 链路,传输了 6×20 Gbit/s 的六频段 PDM-QPSK 太赫兹波信号。

第 7 章介绍了我们提出的两种光生矢量太赫兹信号的优化方案。首先介绍几种光外调制器的原理,包括相位调制器、马赫-曾德尔调制器和光 IQ 调制器,随后介绍了我们提出的两种方案。第一种方案基于两个级联的光外调制器,能够生成多种频率的矢量太赫兹信号,基于光学独立边带的方案能够增强系统的灵活性和稳定性。我们通过实验证明了该方案,并实现了光纤无线融合传输。第二种方案基于光载波抑制和光单边带调制,无需光滤波器,能进一步降低系统成本。我们同样通过实验验证了方案的有效性,实现了所产生的太赫兹信号的光纤无线融合传输。

第 8 章介绍了概率整形技术在太赫兹通信系统中的应用。首先介绍了概率整形技术的原理,通过仿真证明了概率整形技术在高斯白噪声信道中的优势,并在光子辅助太赫兹系统中使用概率整形技术进行了实验,将概率整形后的星座点与均匀星座点进行了对比,说明了概率整形技术的优势。

第 9 章介绍了 KK 接收机方案在太赫兹通信系统中的应用。首先介绍了 KK 接收机的原理和实现方法以及应用条件,通过仿真证明了 KK 接收机的有效性,最后将 KK 接收机方案应用在光子辅助太赫兹通信的实验系统中。

第 10 章主要介绍了我们在大容量太赫兹信号传输方面的技术及主要研究进展。在大容量太赫兹通信领域,目前的主要进展包括:①实验证明了一个支持超高容量的 D 波段太赫兹传输系统,我们提出的方案应用了独立边带调制和多波段调制,使用多带无载波幅度相位调制(MB-CAP)格式实现了高达 352 Gbit/s 的传输速率;②实验演示了一个 D 波段($110\sim170$ GHz)的 4×4 MIMO PS-64QAM 太赫兹信号的光子辅助无线信号传输系统,无线传输距离为 3.1 m,总传输速率为 1.056 Tbit/s,误码率为 4×10^{-2}。

第 11 章介绍了混沌加密技术在太赫兹通信中的应用。首先分析了在物理层进行通信加密的好处,并介绍了混沌加密系统的优势。接着介绍了混沌加密技术的原理和实现,并给出了加密后的信号星座图以说明其性能。随后通过实验实现了一个采用混沌加密的光生太赫兹通信系统,证明了系统的有效性。据我们所知,这是第一次在太赫兹系统中使用混沌加密方法来增强其保密性。

第 12 章介绍了两种偏振复用正交相移键控(PDM-QPSK)调制的光纤-无线-光纤融合传输系统:基于推挽 MZM 的光纤-无线-光纤融合传输系统和基于相位调制器(PM)的光纤-无线-光纤融合传输系统。在这章的最后部分,介绍了基于外差检测的商业实时相干光发射机和接收机的光纤与无线融合的实时传输通信系统,传输了 138.88 Gbit/s(34.72 Gbaud)PDM-QPSK 毫米波信号,载波为 24 GHz。

第 13 章主要围绕光纤-太赫兹无线-光纤无缝融合系统进行研究。首次提出并试验性地展示了 450 GHz 的无缝光纤-太赫兹-光纤集成系统。

参 考 文 献

[1]　KLEINE-OSTMANN T,NAGATSUMA T. A review on terahertz communications research[J]. Journal of Infrared,Millimeter,and Terahertz Waves,2011,32(2):143-171.

[2]　Cisco Company. Global mobile data trafiic forecast update,2017-2022,White paper[R]. Cisco Visual Networking Index:Forecast and Trends,2017.

[3]　CHERRY S. Edholm's law of bandwidth[J]. IEEE Spectrum,2004,41(7):58-60.

[4]　LUO F L. 5G new radio(NR):standard and technology[J]. Zte Communications,2017,B06:1-2.

[5]　SINGH R,SICKER D. Beyond 5G:THz spectrum futures and implications for wireless communication[C]. 30th European Conference of the International Telecommunications Society(ITS):Towards a Connected and Automated Society,Helsinki,Finland,2019.

[6]　IEEE 5G Initiative Roadmap Committee Members. IEEE 5G and beyond technology roadmap,White Paper[R]. IEEE 5G Initiative Roadmap Committee Members,Tech. Rep.,2017.

[7]　STRINATI E C,BARBAROSSA S,GONZALEZ-JIMENEZ J L. 6G:the next frontier [J]. https:.arxiv.org/abs/1901.03239.

[8]　姚建铨,迟楠,杨鹏飞,等.太赫兹通信技术的研究与展望[J].中国激光,2009,36(9):2213-2233.

[9]　薛冰.THz 波的产生与探测[D].西安:中国科学院研究生院(西安光学精密机械研究所),2009.

[10]　杨坚.太赫兹波源理论模拟与检测实验研究[D].西安:中国科学院研究生院(西安光学精密机械研究所),2010.

[11]　GUZMAN R,DUCOURNAU G,MUNOZ L E G,et al. Compact direct detection Schottky receiver modules for sub-terahertz wireless communications [C]. 41st International Conference on Infrared,Millimeter,and Terahertz waves (IRMMW-THz).

IEEE，2016.

[12] CONSTANTIN F L. Phase-coherent heterodyne detection in the terahertz regime with a photomixer[J]. IEEE Journal of Quantum Electronics，2011，47(11)：1458-1462.

[13] CHATTOPADHYAY G. Terahertz science，technology，and communication [C]. International Conference on Computers & Devices for Communication. IEEE，2013.

[14] PUHRINGER H，PFLEGER M，KATLETZ S. Direct detection of THz pulse position and amplitude[C]. 40th International Conference on Infrared，Millimeter，and Terahertz waves (IRMMW-THz)，IEEE，2015.

[15] HAYASHI S，SAITO S，SEKINE N. Optical heterodyne detection in the terahertz region for accurate frequency measurement [C]. 44th International Conference on Infrared，Millimeter，and16 Terahertz Waves (IRMMW-THz). IEEE，2019.

[16] TEKBIYIK K，EKTI A R，KURT G K，et al. Terahertz band communication systems：challenges，novelties and standardization efforts[J]. Physical Communication，2019，35：100700-100721.

[17] AKYILDIZ I，JORNET J，HAN C. TeraNets：ultra-broadband communication networks in the terahertz band[J]. IEEE Wireless Communications，2014，21(4):130-135.

[18] FEDERICI J，MOELLER L. Review of terahertz and subterahertz wireless communications[J]. Journal of Applied Physics，2010，107(11):111101-111112.

[19] MOLDOVAN A，RUDER M A，AKYILDIZ I F，et al. Los and nlos channel modeling forterahertz wireless communication with scattered rays[C]. IEEE GC Wkshps，2014.

[20] SU K，MOELLER L，BARAT R B，et al. Experimental comparison of terahertz and infrared data signal attenuation in dust clouds [J]. Journal of the Optical Society of America. A Optics image science and vision，2012，29(11)：2360-2366.

[21] SIEGEL P H. Terahertz technology in biology and medicine[J]. IEEE Transactions on Microwave Theory and Techniques，2004，52(10):2438-2447.

[22] KHALIGHI M A，UYSAL M. Survey on free space optical communication：a communication theory perspective [J]. IEEE Communications Surveys & Tutorials，2014，16(4)：2231-2258.

[23] MOLLAHASANI S，ONUR E. Evaluation of terahertz channel in data centers[C]. Noms IEEE/IFIP Network Operations & Management Symposium. IEEE，2016.

[24] AKYILDIZ I F，JORNET J M，HAN C. Terahertz band：next frontier for wireless communications[J]. Physical Communication，2014，12(4):16-32.

[25] ELAYAN H，AMIN O，SHUBAIR R M，et al. Terahertz communication：the opportunities of wireless technology beyond 5G[C]. International Conference on Advanced Communication Technologies and Networking (CommNet)，Marrakech，2018.

[26] IEEE 802.15.3d. Time planning for the task group[S]. IEEE 802.15-14/0155r10，2016.

[27] KUKUTSU N，HIRATA A，KOSUGI T，et al. 10-Gbit/s wireless transmission systems using 120-GHz-band photodiode and MMIC technologies [C]. Compound Semiconductor Integrated Circuit Symposium. IEEE，2009.

[28] HIRATA A，KOSUGI T，TAKAHASHI H，et al. 120-GHz band millimeter-wave photonic wireless link for 10-Gb/s data transmission [J]. IEEE Transactions on

Microwave Theory and Techniques, 2006, 54(5): 1937-1944.

[29] JASTROW C, MUNTER K, PIESIEWICZ R, et al. 300 GHz channel measurement and transmission system[C]. International Conference on Infrared, Millimeter and Terahertz Waves, IRMMW-THz. IEEE, 2008.

[30] HIRATA A, YAMAGUCHI R, KOSUGI T, et al. 10-Gbit/s wireless link using InP HEMT MMICs for generating 120-GHz-band millimeter-wave signal [J]. IEEE Transactions on Microwave Theory &·Techniques, 2009, 57(5): 1102-1109.

[31] KOENIG S, LOPEZDIAZ D, ANTES J, et al. Wireless sub THz communications system with high data rate[J]. Nature Photonics, 2013, 7(12): 977-981.

[32] KANNO A, INAGAKI K, MOROHASHI I, et al. 40 Gb/s W-band (75-110 GHz) 16-QAM radio-over-fiber signal generation and its wireless transmission[J]. Optics Express, 2011, 19(26): 56-63.

[33] PANG X, CABALLERO A, DOGADAEV A, et al. 100 Gbit/s hybrid optical fiber-wireless link in the W-band (75-110 GHz)[J]. Optics Express, 2011, 19(25): 24944-249499.

[34] KALLFASS I, ANTES J, SCHNEIDER T, et al. All active MMIC-based wireless communication at 220-GHz[J]. IEEE Transactions on Terahertz Science &· Technology, 2011, 1(2): 477-487.

[35] MOELLER L, FEDERICI J, SU K. 2. 5 Gbit/s duobinary signalling with narrow bandwidth 0. 625 terahertz source[J]. Electronics Letters, 2011, 47(15): 856-858.

[36] MOELLER L, FEDERICI J, SU K. THz wireless communications: 2. 5 Gb/s error-free transmission at 625 GHz using a narrow-bandwidth 1 mW THz source[C]. General Assembly and Scientific 17 Symposium, 2011 URSI. IEEE, 2011.

[37] CHUNG T J, LEE W H. A 1. 485-Gbit/s video signal transmission system at carrier frequencies of 240 GHz and 300 GHz[J]. ETRI Journal, 2011, 33(6): 965-968.

[38] KALLFASS I, ANTES J, LOPEZ-DIAZ D, et al. Broadband active integrated circuits for terahertz communication[C]. Wireless Conference. VDE, 2012.

[39] SONG H J, AJITO K, MURAMOTO Y, et al. 24 Gbit/s data transmission in 300 GHz band for future terahertz communications [J]. Electronics Letters, 2012, 48(15): 953-954.

[40] HIRATA A, KOSUGI T, TAKAHASHI H, et al. 120-GHz-band wireless link technologies for outdoor 10-Gbit/s data transmission [J]. IEEE Transactions on Microwave Theory &· Techniques, 2012, 60(3): 881-895.

[41] HIRATA A, KOSUGI T, TAKAHASHI H, et al. 120-GHz-band wireless link technologies for outdoor 1810-Gbit/s data transmission [J]. IEEE Transactions on Microwave Theory &· Techniques, 2012, 60(3): 881-895.

[42] SONG H J, KIM J Y, AJITO K, et al. 50-Gb/s direct conversion QPSK modulator and demodulator MMICs for terahertz communications at 300 GHz[J]. IEEE Transactions on Microwave Theory &·Techniques, 2014, 62(3): 600-609.

[43] SEEDS A J, RENAUD C C, DIJK F V, et al. Photonic generation for multichannel THz wireless communication[J]. Optics Express, 2014, 22(19): 23465-23472.

[44] DUCOURNAU G, SZRIFTGISER P, BECK A, et al. Ultrawide-bandwidth single-

channel 0. 4-THz wireless link combining broadband quasi-optic photomixer and coherent detection [J]. IEEE Transactions on Terahertz Science & Technology, 2014, 4(3): 328-337.

[45] SHAMS H, SHAO T, FICE M J, et al. 100 Gb/s multicarrier THz wireless transmission system with high frequency stability based on a gain-switched laser comb source [J]. IEEE Photonics Journal, 2015, 7(3): 1-11.

[46] YU X, ASIF R, PIELS M, et al. 60 Gbit/s 400 GHz wireless transmission [C]. International Conference on Photonics in Switching. IEEE, 2015.

[47] NAGATSUMA T, FUJITA Y, YASUDA Y, et al. Real-time 100-Gbit/s QPSK transmission using photonics-based 300-GHz-band wireless link [C]. IEEE International Topical Meeting on Microwave Photonics (MWP), 2016.

[48] PETROV V, PYATTAEV A, MOLTCHANOV D, et al. Terahertz band communications: applications, research challenges, and standardization activities[C]. 8th International Congress on Ultra Modern Telecommunications and Control Systems and Workshops (ICUMT). IEEE, 2016.

[49] STÖHR A, HERMELO M F, STEEG M, et al. Coherent radio-over-fiber THz communication link for high data-rate 59 Gbit/s 64-QAM-OFDM and real-time HDTV transmission [C]. Optical Fiber Communications Conference and Exhibition. IEEE, 2017.

[50] JIA S, PANG X, OZOLINS O, et al. 0. 4 THz photonic-wireless link with 106 Gbit/s single channel bitrate[J]. Journal of Lightwave Technology, 2018, 36(2): 610-616.

[51] CHINNI V K, LATZEL P, ZÉGAOUI M, et al. Single-channel 100 Gbit/s transmission using III-V UTC-PDs for future IEEE 802. 15. 3d wireless links in the 300 GHz band [J]. Electronics Letters, 2018, 54(10): 638-640.

[52] HARTER T, FÜLLNER C, KEMAL J N, et al. Generalized Kramers-Kronig receiver for coherent THz communications[J]. 2019. arXiv: 1907. 03630 [physics. app-ph].

[53] HERMELO M F, SHIH P T, STEEG M, et al. Spectral efficient 64-QAM-OFDM terahertzcommunication link[J]. Optics Express, 2017, 25(16): 19360.

[54] TADAO N, MASATO S, TAIKI H, et al. 12. 5-Gbit/s wireless link at 720 GHz based on photonics[C]. 44th International Conference on Infrared, Millimeter, and Terahertz Waves (IRMMW-THz), 2019.

[55] IEEE 802. 15. 3d. Application Requirements Document [S]. IEEE 802. 15-14/0304r16, 2015.

[56] IEEE 802.15. 3d. Technical Requirements Document [S]. IEEE 802. 15-14/0309r20, 2016.

[57] IEEE standard for high data rate wireless multi-media networks - amendment 2: 100Gb/s wireless switched point-to-point physical layer, in IEEE standard 802. 15. 3d-2017[S]. amendment to IEEE Standard 802. 15. 3-2016 as amended by IEEE standard 802. 15. 3e-2017, 2017: 1-55.

[58] BOULOGEORGOS A, ALEXIOU A, KRITHARIDIS D, et al. Wireless terahertz system architectures for networks beyond 5G[J]. 2018. arXiv: 1810. 12260 [cs. NI].

[59] CHENG X, YU B, YANG L, et al. Communicating in the real world: 3D MIMO[J].

IEEE Wireless Communications，2014，21(4)：136-144.

[60] HEADLAND D，MONNAI Y，ABBOTT D，et al. Tutorial：terahertz beamforming，from concepts to realizations[J]. APL Photonics，2018，3(5)：051101.

[61] 王成,刘杰,吴尚昀,等. 0.14 THz 10 Gbps 无线通信系统[J]. 信息与电子工程，2011，9(3)：265-269.

[62] LI X，DONG Z，YU J，et al. Fiber wireless transmission system of 108-Gb/s data over 80-km fiber and 2×2 MIMO wireless links at 100GHz W-Band frequency[J]. Optical Letter，2012，37(24)：5106-5108.

[63] LI F，YU J，ZHANG J，et al. A 400G optical wireless integration delivery system[J]. Optics Express，2013，21(16)：18812-18819.

[64] WANG C，LU B，LIN C，et al. 0.34-THz wireless link based on high-order modulation for future wireless local area network applications[J]. IEEE Transactions on Terahertz Science & Technology，2014，4(1)：75-85.

[65] 邓贤进.太赫兹高速通信技术研究[J].中国工程物理研究院科技年报,2014.

[66] YU X，JIA S，HU H，et al. THz photonics-wireless transmission of 160 Gbit/s bitrate [C]. Optoelectronics and Communications Conference. IEEE，2016.

[67] JIA S，YU X，HU H，et al. 80 Gbit/s 16-QAM multicarrier THz wireless communication link in the 400 GHz band [C]. European Conference on Optical Communication；Proceedings of. VDE，2016.

[68] WANG K，YU J. Transmission of 51.2 Gb/s 16QAM single carrier signal in a MIMO radio-overfiber system at W-band[J]. Microwave & Optical Technology Letters，2017，59(11)：2870-2874.

[69] 林长星,陆彬,吴秋宇,等.基于混频偏置合成的高速太赫兹无线通信系统[J].太赫兹科学与电子信息学报,2017，15(1)：1-6.

[70] WANG K，LI X，KONG M，et al. Probabilistically shaped 16QAM signal transmission in a photonics-aided wireless terahertz-wave system[C]. Optical Fiber Communication Conf.，2018.

[71] LI X，YU J，WANG K，et al. 120Gb/s wireless terahertz-wave signal delivery by 375GHz-500GHz multi-carrier in a 2 × 2 MIMO system [C]. Optical Fiber Communication Conf.，2018.

[72] LI X，YU J，ZHAO L，et al. 1-Tb/s photonics-aided vector millimeter-wave signal wireless delivery 19 at D-band[C]. Optical Fiber Communication Conf.，2018.

[73] LI X，LI X，YU J，et al. 120Gb/s wireless terahertz-wave signal delivery by 375GHz-500GHz multi-carrier in a 2 × 2 MIMO system[C]. Optical Fiber Communication Conference，2018.

[74] LI X，YU J，ZHAO L，et al. 132-Gb/s photonics-aided single-carrier wireless terahertz-wave signal transmission at 450GHz enabled by 64QAM modulation and probabilistic shaping[C]. Optical Fiber Communication Conf，2019.

[75] ZHOU W，LI X，YU J. Pre-coding assisted generation of a frequency quadrupled optical vector D-band millimeter wave with one Mach-Zehnder modulator[J]. Optics Express，2017，25(22)：26483-26491.

[76] GHASEMPOUR Y，SILVA C，CORDEIRO C，et al. Next-generation 60 GHz

communication for 100 Gb/s Wi-Fi[J]. IEEE Communications Magazine，2017，99：1-7.

[77] COUPECHOUX M. Link budget 4G[Z]. Telecom ParisTech，Institut Mines-Télécom，Tech. Rep. INFRES/RMS，2016. https：marceaucoupechoux. wp. imt. fr/files/2018/02/BdL-4G-eng. pptx. pdf.

[78] SCHNEIDER T，WIATREK A，PREUSSLER S，et al. Link budget analysis for terahertz fixed wireless links［J］. IEEE Transactions on Terahertz Science and Technology，2012，2(2)：250-256.

[79] FEDERICI J F，SCHULKIN B，HUANG F，et al. THz imaging and sensing for security applications-explosives，weapons and drugs[J]. Semiconductor Science and Technology，2005，20(7)：266-280.

[80] NADAR S，VIDELIER H，COQUILLAT D，et al. Room temperature imaging at 1. 63 and 2. 54 THz with field effect transistor detectors[J]. Journal of Applied Physics，2010，108(5)：1716.

[81] BORAH D K，BOUCOUVALAS A C，DAVIS C C，et al. A review of communication-oriented optical wireless systems[C]. EURASIP Journal on Wireless Communications and Networking，2012.

[82] Augmented and Virtual Reality：the First Wave of 5G Killer Apps[S]. ABI research，Qualcomm，Tech. Rep. ，Jan 2017. https：www. qualcomm. com/media/documents/files/augmented-and-virtual-reality-the-first-wave-of-5g-killer-apps. pdf.

[83] 余建军. 光子辅助的毫米波通信技术[M]. 北京：科学出版社，2018.

第 2 章　太赫兹信号的生成和探测

本章主要介绍太赫兹通信系统中太赫兹信号的产生和探测。由于太赫兹信号频率很高,生成稳定连续且成本低廉的优质信号成为限制太赫兹通信进一步发展乃至商业化的瓶颈之一。与此同时,接收端也需要高灵敏度的太赫兹接收器件和先进的数字信号处理算法来保证通信系统的质量,因此本章将对目前太赫兹信号的产生与探测的主要方式进行介绍。

2.1　太赫兹信号生成

目前产生太赫兹信号的主要方式分两种:一种是基于电学的;一种是基于光学的。图 2-1 展示了这两种方法的大致分类,本节主要从这两个方向进行阐述。

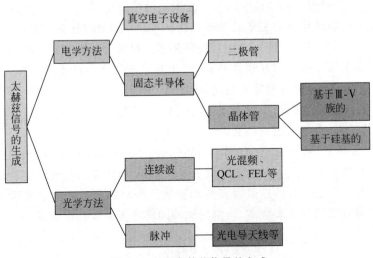

图 2-1　产生太赫兹信号的方式

2.1.1　电子器件方式生成太赫兹信号

电学方式生成太赫兹信号的方法比较简单,也可以分成两种:一种是使用电学器件直接生成太赫兹频段的信号;另一种是使用倍频的方法间接地达到太赫兹频段。

(1)直接使用电子器件生成太赫兹信号。生成太赫兹信号的电器件主要分为两种：一种是电真空器件；另一种是固态半导体器件。在通信中使用的主要是后者，使用半导体晶体管制成的集成电路（integrated circuit，IC）振荡器、谐振隧道二极管（resonant tunnel diode，RTD）[1]、布洛赫（Bloch）振荡器[2]等产生太赫兹信号。在固态半导体器件中又可以分为两种：一种是二极管；另一种是半导体晶体管。电子二极管可以在更高的频率工作，并且在多种太赫兹系统的信号生成与检测领域广泛应用。耿氏二极管和碰撞雪崩渡越时间（IMPATT）二极管的生成频率都可以高于 100 GHz，耿氏二极管可以产生输出功率大于 100 mW 的太赫兹信号，而 IMPATT 二极管可以产生输出功率大于 1 W 的太赫兹信号。谐振隧道二极管产生的太赫兹信号频率可以高于 100 GHz，但是功率低于 1 mW，在集成天线中表现优异。半导体晶体管主要是基于Ⅲ-Ⅴ族和硅基的晶体管，高电子迁移率晶体管（high electron mobility transistor，HEMTs）和异质结双极晶体管（heterojunction bipolar transistor，HBTs）是基于Ⅲ-Ⅴ族的复合半导体器件，这类器件的优点在于运行速率较高，生成信号的频率可以高达 600 GHz，预估最大频率可以超过 1 THz[3]，且具有较大的击穿电压和较高的衬底电阻率，它们分别影响器件的输出功率和信号传播损耗。但是硅基的器件也有独特的优势，如具有更高的兼容性，设计环境成熟，可以提供精准的设备模型，且可靠性高、成本低，适合大批量生产。

（2）使用倍频法生成太赫兹信号。毫米波信号的生成已经是一种较为成熟的技术，将生成的较低频率的毫米波信号（约几十吉赫兹）通过倍频器进行倍频，可以得到太赫兹波段的信号。使用基于肖特基势垒二极管（SBD）的二极管倍频器可以实现，倍频器利用二极管的非线性特征，产生并且获得需要的谐波分量，达到倍频的效果。使用倍频方法目前达到的最高频率为 625 GHz[4-5]，借助上下变频以及多种调制混频的方法实现，由于电子器件的转换损失，导致发射和接收功率低，传输距离也比较近，且传输速率较低。

如图 2-2 所示，太赫兹电信号作为载波，使用混频器将基带信号进行混频，产生调制信号，放大后使用太赫兹天线发射，实验中会使用太赫兹透镜进行波束的会聚，尽量提升太赫兹信号的质量以及传输距离。全电的太赫兹通信发射机结构简单，对设备带宽和增益要求较高，调制解调期间转换损失大且设备贵。

图 2-2　基于电器件的太赫兹通信系统信号发射端

太赫兹信号的调制格式可以是幅移键控、正交调制或其他高阶 QAM 调制。其中开关键控是幅移键控最简单的调制。图 2-3 为 OOK、BPSK、QPSK 以及

16QAM 星座图示意图。为了使信号有最好的性能,符号一般采用等间距的方形网格分布。这种星座图也能够直观反映产生的 IQ 信号的质量。除了用误码率反映信号的质量,另外一个常用信号质量评价方式是采用矢量幅度误差(error vector magnitude,EVM)。这个参量能够相对直观地反映信号符号相对于理想位置的偏离程度。图 2-4 为非理想情况下一个星座点的矢量误差示意图。EVM 的均方根能够用下面的公式表示:

$$\text{EVM}_{\text{RMS}} = \sqrt{\dfrac{\dfrac{1}{N}\sum\limits_{k=1}^{N}e_k}{\dfrac{1}{N}\sum\limits_{k=1}^{N}(I_{\text{ideal},k}^2 + Q_{\text{ideal},k}^2)}} \times 100\% \tag{2-1}$$

$$e_k = (I_{\text{ideal},k} - I_{\text{meas},k})^2 + (Q_{\text{ideal},k} - Q_{\text{meas},k})^2 \tag{2-2}$$

在式(2-1)和式(2-2)中,e_k 代表矢量误差,N 是总的符号数,$I_{\text{ideal},k}$、$Q_{\text{ideal},k}$、$I_{\text{meas},k}$、$Q_{\text{meas},k}$ 分别是理想和测量得到的每符号的 I 和 Q 矢量值。

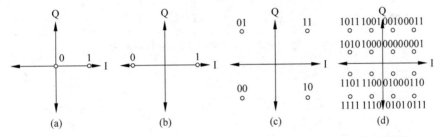

图 2-3　(a) OOK,(b) BPSK,(c) QPSK,以及(d) 16QAM 星座示意图

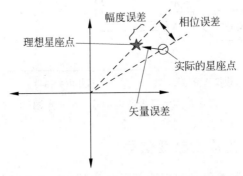

图 2-4　非理想情况下一个星座点的矢量误差示意图

毫米波或太赫兹 QAM 信号产生时需要将 I 信号和 Q 信号与同频的本振信号混频调制,通过向量求和组合以后产生高频 QAM 信号。图 2-5 为高频 QAM 信号产生的示意图。

图 2-6 为一种常规使用的 IQ 毫米波电信号产生的示意图。I(in-phase)和 Q(quadrature-phase)信号经过数/模转换器(DAC)产生。I 信号和 Q 信号分别经过低

通滤波后,和本振信号经过混频器上变频。上变频的 IQ 信号经过功率合并放大后经过天线发射。这种方式目前能够产生超过带宽 10 GHz、频率为 100 GHz 的信号。

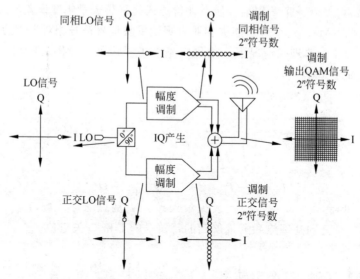

图 2-5　高频 QAM 信号产生示意图,总比特数为 2^n

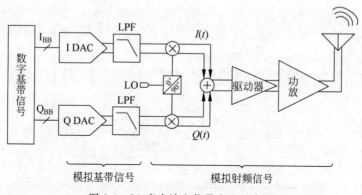

图 2-6　IQ 毫米波电信号产生示意图

2.1.2　光学方式生成太赫兹信号

光学方式生成太赫兹信号的方法可以分为脉冲法和连续波法,脉冲法较为常用的是使用光电导天线,使用快速光电导材料如 GaAs,在金属结构中作为快速开关,以恒定电压偏置时,光电导开关中没有光感应电荷载流子,因此设备中没有电流流动。用短光脉冲照射时,光电导开关闭合,达到高度导电状态,天线结构中出现短暂的电流激增,根据麦克斯韦电磁方程,时变电流会感应出自由传播的太赫兹电磁波,这种脉冲具有 0.1～2.5 THz 的带宽,波长范围是 0.12～3 mm。

在实验中常使用的是连续波法,光子辅助生成太赫兹信号以及使用半导体激光器直接生成的方式都属于连续波法。

光子辅助的方法也称为光学外差法,产生的太赫兹信号的频率一般在 1 THz 以下。光学外差法利用激光的高频率和光器件的高带宽,可以突破电子器件带宽不足的限制,产生频率较高的太赫兹信号。具体实现方式为使用两路具有一定频率差的激光器生成两路激光,两个激光光束通常是由频率稳定的窄带宽激光源产生,输入光束的偏振、频率和相位必须稳定。使用外调制器将电信号调制到其中一路的激光载波中,另外一路激光不携带任何信息,随后使用光耦合器将两束激光耦合在一起,输入到光电探测器中,光外差拍频产生频率为两束光频率之差的太赫兹信号。这种方法生成的太赫兹信号会受激光器的线宽限制。为了解决两路信号产生频率漂移的问题,目前常用的方法有锁模激光器、双模激光器,等等。为了节约成本,光频梳可以为生成太赫兹信号创造另外的一种可能。使用射频源驱动光外调制器,产生多个具有一定频率间隔的光信号,可以选择任意两个光信号拍频生成太赫兹信号。这种方式能够自主选择太赫兹信号的频率,具有一定的灵活性,且能够降低使用单个激光器生成太赫兹信号的成本。

假设两路激光器输出的光信号分别表示为

$$E_1(t) = A_1 \exp[\mathrm{j}2\pi f_1 t + \mathrm{j}\theta_1(t)] \tag{2-3}$$

$$E_2(t) = A_2 \exp[\mathrm{j}2\pi f_2 t + \mathrm{j}\theta_2(t)] \tag{2-4}$$

式中,A_1 和 A_2 分别代表两路光信号的幅度,f_1 和 f_2 分别为光信号频率,$\theta_1(t)$ 和 $\theta_2(t)$ 分别代表各激光器的初始相位信息[6]。其中第一路光经过数据信息调制后,表示为

$$E_s(t) = A_1[I(t) + \mathrm{j}Q(t)] \exp[\mathrm{j}2\pi f_1 t + \mathrm{j}\theta_1(t)] \tag{2-5}$$

式中,$I(t)+\mathrm{j}Q(t)$ 代表调制的基带矢量信号,随后两路光信号在耦合器中耦合,信号表示为

$$E(t) = \frac{A_1[I(t)+\mathrm{j}Q(t)]\exp[\mathrm{j}2\pi f_1 t + \mathrm{j}\theta_1(t)] + \mathrm{j}A_2\exp[\mathrm{j}2\pi f_2 t + \mathrm{j}\theta_2(t)]}{\sqrt{2}}$$

$$\tag{2-6}$$

进入平方律检测的探测器后,两路光拍频产生的电信号电流可以表示为

$$\begin{aligned}
I(t) &= R|E(t)|^2 \\
&= RA_1^2[I^2(t)+Q^2(t)] + RA_2^2 + 2RA_1A_2 I \cdot \\
&\quad \sin\{2\pi(f_1-f_2)t + [\theta_1(t)-\theta_2(t)]\} + \\
&\quad 2RA_1A_2 Q\cos\{2\pi(f_1-f_2)t + [\theta_1(t)-\theta_2(t)]\}
\end{aligned} \tag{2-7}$$

式中,R 代表光电探测器的响应度,单位是 A/W,其具体表达式为

$$R = \frac{e\eta}{\hbar f} \tag{2-8}$$

式中,e 为电子电量,η 为光电探测器的量子效率,$\hbar$ 为普朗克常量,f 为光电探测器探测到的光载波中心频率值。

式(2-7)可以简化为

$$I(t) = RA_1^2[I^2(t) + Q^2(t)] + RA_2^2 +$$

$$2RA_1A_2[I(t)\sin(2\pi f_\Delta t + \theta_\Delta(t)) + Q(t)\cos(2\pi f_\Delta t + \theta_\Delta(t))] \quad (2-9)$$

式中,f_Δ 代表 f_1 和 f_2 之差,$\theta_\Delta(t)$ 代表 $\theta_1(t)$ 和 $\theta_2(t)$ 之差。由式(2-9)可以看到,电流表达式的前两项为直流分量,最后一项为所需要的太赫兹波信息,当调节两路激光器输出的光频率差到太赫兹波段,经过光电探测器拍频后就可产生太赫兹频段的信号。

目前国内外产生宽带太赫兹信号的主流方式是光子辅助拍频方式,这种光子辅助技术具有非常多的优点。首先,生成的频率可以精确调整,灵活性较高,只需要对两个泵浦激光器进行不同频率的调整就可以获得各种不同频率的太赫兹信号,在理论上可以覆盖所有可用的大气传输窗口[7]。其次,带宽动态调整成为可能,由于我们使用的调制器是光通信的电光调制器,在进行电光转换后传输带宽也可以非常宽,系统的主要限制还是产生载波所需要的器件。此外,多载波生成系统为提升系统容量起到了重要的作用,使用不同的调制格式,更加提升了系统的灵活性和系统容量。但是,这种技术需要精密的光学器件及平台,发射光功率也有限,且光子辅助技术的转换效率比较低,当使用相同的平均功率时,系统的转换效率与泵浦激光器的占空比成反比,从光信号到太赫兹信号的转换效率为 $10^{-6} \sim 10^{-5}$,典型的输出功率在微瓦量级[6]。

太赫兹系统的另一个关键组件是光混频器,它必须具有高响应性、高饱和输出功率和宽带宽响应,才能在太赫兹范围内获得高输出功率。单向载流子光电二极管可以满足这些关键要求[7],电子的短传输时间和耗尽层中的低空间电荷效应可为 UTC 设备提供高带宽响应(大于 1 THz)。

在一个将 UTC-PD 与宽带对数周期天线集成在一起的系统中,频率在 1.04 THz 时,430 mW 的光功率输入可以产生 2.3 μW 的辐射功率。在行波(TW)UTC-PD 中也获得了辐射输出功率和带宽的增强。将行波 UTC-PD 与谐振天线集成在一起,可以进一步提高辐射输出功率和带宽,在 914 GHz 时,100 mW 的光功率输入可以产生 24 μW 的辐射功率。目前商用的产品基本采用这一结构。

对于单个 UTC 设备,功耗限制了总发射功率,但是基于光电二极管阵列的功率组合技术可以产生更高的输出功率水平。在一种设置中,单个芯片中的双 UTC 光电二极管在 300 GHz 频率下的输出功率超过 1 mW,每个 PD 的光电流为 20 mA。

图 2-7 展示的是基于光子辅助的太赫兹通信系统信号发射端,研究从结构简单的 ASK 调制,到高阶 QAM 调制提高频谱效率,后面又陆续采用波分复用和偏振复用技术提升系统容量,结合先进数字信号处理技术提高系统的传输质量,从而进一步完善现有的太赫兹通信系统。

半导体激光器产生太赫兹信号的方法可以提供更高频段的太赫兹信号,比如

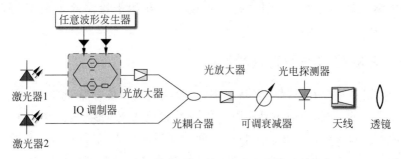

图 2-7　基于光子辅助的太赫兹通信系统信号发射端

1 THz 以上的信号。一般这种方法使用的是量子级联激光器(QCL)、自由电子激光器(FEL)等，一般使用 QCL 发射相对功率较高的连续波。QCL 最初是用于中红外光谱区域和远红外光谱区域发射的半导体激光器，后来针对长波长进行优化后，可以发射频率高达几太赫兹的信号。THz-QCL 体积小且结构非常紧凑，便于集成，其载流子寿命很短，可直接对激光器高速调制，但缺点在于这种激光器在超低温下才能工作，应用范围受到一定限制。FEL 和同步加速器光源中的激光介质实际上是非常高速的电子，它们通过周期性的磁性结构自由移动，能够发射非常高的功率，可在很宽的频段范围内进行调谐，但是其体积庞大且价格昂贵，因此在基础物理实验中的用途有限[8]。图 2-8 展示的是基于量子级联激光器的太赫兹通信系统信号发射端。

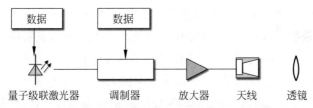

图 2-8　基于量子级联激光器的太赫兹通信系统信号发射端

在太赫兹通信系统中，太赫兹信号放大器是另外一个重要的器件。目前商用的放大器主要由美国和德国公司生产。其中德国公司辐射计量物理有限责任公司(Radiometer Physics GmbH)生产的低噪声放大器在 260～350 GHz 频段能够提供 25 dB 增益，噪声系数为 12 dB 左右。美国 VDI 公司的放大器最高能够做到 260 GHz，典型增益为 24 dB，饱和输出功率为 16 dBm。

2.2　太赫兹信号接收

2.1 节介绍了电学方式和光学方式生成太赫兹信号的方式，也介绍了基于电器件、光子辅助和量子级联激光器的太赫兹通信系统的信号发射端。本节主要介绍太赫兹通信系统的接收端，从直接接收和相干检测两个角度切入进行分类。

2.2.1 太赫兹信号的直接检测

由于太赫兹信号在空气中衰减严重，接收机的灵敏度非常重要。直接检测是一种简单常见的方式，目前主要使用 SBD 包络检测或电子辐射热计（HEB）。电学方式生成的太赫兹电信号在经过自由空间传播后使用天线进行接收，接收的信号经由二极管探测器可以直接将太赫兹信号转换为基带信号，随后进行数字信号处理。此种情况适合 OOK 或 ASK 等简单幅度调制的系统，对于较为复杂的 QAM调制系统甚至更高阶的系统则无法适用。商用肖特基势垒二极管的截止频率为1～10 THz，具有高灵敏度、宽带宽、低噪声的优势，在后续不需要复杂的载波恢复电路，具有可集成化和降低系统功耗的优势。图 2-9 所示为使用该二极管直接检测方式的接收端示意图，天线在接收到太赫兹信号以后，还会使用前置放大器对信号进行适度放大。

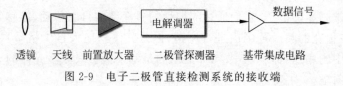

图 2-9　电子二极管直接检测系统的接收端

HEB 混频器一般用在相干接收机中，但是一些特定的情况下同样用在直接接收机中[9]。古兹曼（Guzman R）等使用单个准光学肖特基接收器模块测试了 90～330 GHz 载波频率范围内的性能，实现了在不同亚太赫兹载波频率下的 1 Gbit/s传输[10]。采用肖特基接收器最新的实验发表在文献[11]中，采用肖特基势垒二极管和 KK 接收机算法实现了 100 Gbit/s QPSK 信号在 0.3 THz 传输 110 m 的无线距离。图 2-10 为他们的实验装置图，图（a）为发射机照片，图（b）为接收机照片。

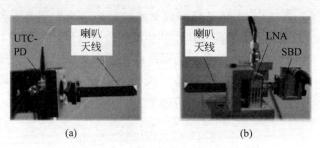

图 2-10　文献[11]中基于包络检测的太赫兹信号发射和接收照片

（a）发射端；（b）接收端

2.2.2　太赫兹信号的外差相干检测

为了满足太赫兹检测对于灵敏度的需求,外差相干检测是一种非常好的方式[12-15]。使用这种方式可以很好地获得太赫兹信号的灵敏度和相位信息,降低激光器的线宽,也可以提升外差相干接收机的灵敏度。简单来说可以分为以下三种情况。

(1) 太赫兹信号经由天线接收以后,与电信号本振源一同输入到电混频器中,即可实现电信号的外差检测,常用的电混频器为 SBD 或测光仪(Bolometer),如图 2-11(a)所示。

(2) 太赫兹信号经由天线接收以后,选择一个光源作为本振信号源进行光信号到电信号的转变,随后与接收的太赫兹信号一起使用电混频器完成外差检测,这种情况常用的混频器为 SBD 或超导体-绝缘-超导体(SIS)。这种方式的优点在于不用再使用光纤传输本振光信号,而且可以调节生成信号的固有频率,也增加了接收机的带宽,如图 2-11(b)所示。

(3) 太赫兹信号经过天线(透镜)接收以后,使用光电混合的方式与两束一定间距的光本振信号进行混频,得到中频的电信号,此处常用的混频器是光电导体(PC)、电光材料(EO)以及光电探测器(PD)等,如图 2-11(c)所示。

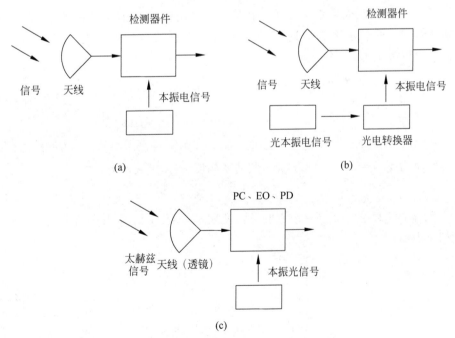

图 2-11　实现外差相干检测的三种不同方案

我们展示了使用光电接收器和可调谐光本地振荡器(LO)的相干无线太赫兹

通信。图 2-12 给出了光电导太赫兹接收机(Rx)中的光电下转换的一张照片,下面将给出相关数学模型的详细推导过程。

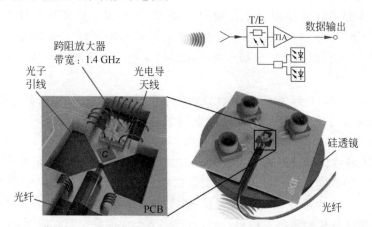

图 2-12　光电导太赫兹接收机(Rx)中的光电下转换的照片

太赫兹数据信号由发射端发送,载波的角频率为 $\omega_S = 2\pi f_S$,非对称蝶形(领结形)天线接收到太赫兹信号,在其馈电点两端产生太赫兹波电压:

$$U(t) = \hat{U}_S(t)\cos(\omega_S t + \varphi_S(t)) \tag{2-10}$$

式中,$U_S(t)$ 是调制太赫兹波的电压幅度,$\varphi_S(t)$ 是调制相位,天线的馈电点与光电二极管相连,两个未调制的连续光由光电二极管接收。连续光场 $E_{LO,a}(t)$ 和 $E_{LO,b}(t)$ 可表示为

$$\begin{cases} E_{LO,a}(t) = \hat{E}_{LO,a}\cos(\omega_{LO,a}t + \varphi_{LO,a}) \\ E_{LO,b}(t) = \hat{E}_{LO,b}\cos(\omega_{LO,b}t + \varphi_{LO,b}) \end{cases} \tag{2-11}$$

式中,$\omega_{LO,a}$ 和 $\omega_{LO,b}$ 为频率,$\hat{E}_{LO,a}$ 和 $\hat{E}_{LO,b}$ 为振幅,$\varphi_{LO,a}$ 和 $\varphi_{LO,b}$ 为相位。拍频信号频率为 $\omega_{LO} = |\omega_{LO,a} - \omega_{LO,b}|$,其功率幅度 $\hat{P}_{LO}$ 可表示为

$$P_{LO}(t) = P_{LO,0} + \hat{P}_{LO,1}\cos(\omega_{LO}t + \varphi_{P,LO}) \tag{2-12}$$

$P_{LO,0}$ 和 $\hat{P}_{LO,1}$ 由归一化的电场强度表示,相位 $\varphi_{P,LO}$ 由这两束连续光的相对相位表示:

$$\begin{cases} P_{LO,0} = \dfrac{1}{2}(\hat{E}_{LO,a}^2 + \hat{E}_{LO,b}^2) \\ \hat{P}_{LO,1} = \hat{E}_{LO,a}\hat{E}_{LO,b} \\ \varphi_{P,LO} = \varphi_{LO,a} - \varphi_{LO,b} \end{cases} \tag{2-13}$$

根据式(2-14),光生载流子由吸收光子产生:

$$G(t) = gP_{LO}(t) = G_0 + \hat{G}_{LO}\cos(\omega_{LO}t + \varphi_{LO}) \tag{2-14}$$

式中,g 是光电导体灵敏度的比例常数,如果 LO 功率振荡的周期与光电导体的自

由载流子的寿命处于相同数量级，则电导振荡的相位 φ_{LO} 可能不同于光功率振荡 $\varphi_{P,LO}$。光电导体的合成电流 $I(t)$ 由时变电导 $G(t)$ 和时变电压 $U(t)$ 的乘积给出：

$$I(t) = G(t)U(t)$$

$$= \underbrace{G_0\hat{U}_S(t)\cos(\omega_S t + \varphi_S(t))}_{(1)} +$$

$$\underbrace{\frac{1}{2}\hat{G}_{LO}\hat{U}_S(t)\cos((\omega_S + \omega_{LO})t + \varphi_S(t) + \varphi_{LO})}_{(2)} +$$

$$\underbrace{\frac{1}{2}\hat{G}_{LO}\hat{U}_S(t)\cos((\omega_S - \omega_{LO})t + \varphi_S(t) - \varphi_{LO})}_{(3)} \tag{2-15}$$

在使用跨阻放大器（TIA）放大电流 $I(t)$ 后，只有式（2-15）的低频部分（3）存在，这导致中频 $\omega_{IF} = |\omega_S - \omega_{LO}|$ 的电流为

$$I_{IF}(t) = \frac{1}{2}\hat{G}_{LO}\hat{U}_S(t)\cos(\omega_{IF}t + \varphi_S(t) - \varphi_{LO}) \tag{2-16}$$

因此中频信号包含太赫兹数据信号的幅度和相位信息，可通过低频电子设备进行处理。

文献[13]使用图 2-11(c)的方式得到了太赫兹信号探测的最新研究结果。图 2.13(a)和(b)分别为太赫兹信号的发射端和接收端照片。发射端采用两束频率间距为 300 GHz 左右的激光拍频产生几个吉比特的 QPSK 信号。随后在 UTC-PD 中拍频产生功率为 −15 dBm 的太赫兹信号，经过 58 m 无线传输后采用级联的两个太赫兹放大器进行放大，然后采用如图 2-11(c)所示的光电混频方式进行信号下变频探测。两个 LO 光信号频率间距为 309 GHz 左右。文献[13]使用这个方式实现了最高速率为 10 Gbit/s（单通道）和 30 Gbit/s（多通道）的信号传输，无线距离超过 58 m。

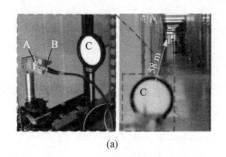
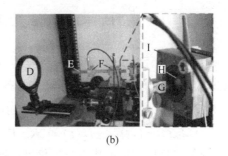

　　(a)　　　　　　　　　　　　　　　(b)

图 2-13　文献[13]中发射端照片(a)和接收端照片(b)，其中 A 为 UTC-PD，B 为天线，C 为聚焦透镜，D 为聚焦透镜，E 为天线，F 为太赫兹放大器，G 为天线，H 为太赫兹光电混频器

　　太赫兹信号的探测也可以使用平衡探测的方式，这样有助于抑制直流分量，确保输出的光电流最大。平衡探测方式的光载无线链路中相干探测系统示意图如图 2-14 所示[16]。但平衡接收机带宽有限，报道的最高带宽为 100 GHz[14]。

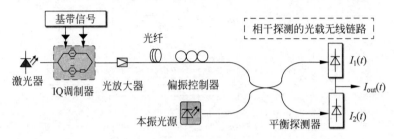

图 2-14　平衡探测的光载无线链路中的相干探测系统

　　为了保证接收信号光与本振光的偏振态相同，需要使用偏振控制器（polarization controller，PC）来调节信号光的偏振使它们有相同的偏振方向。如果所有器件是保偏的，则 PC 就不需要。

　　经过调制后的光信号可以表示为

$$E_S(t) = A(t)\exp\left[j(\omega_S t + \theta_S(t))\right] \tag{2-17}$$

式中，$A(t)$ 为复信号幅度，ω_S 为光载波角频率，θ_S 为光信号的相位。定义 LO 为

$$E_{LO}(t) = E_0 \exp\left[j(\omega_{LO}t + \theta_{LO}(t))\right] \tag{2-18}$$

式中，E_0 为本振光的振幅，ω_{LO} 为本振光的角频率，θ_{LO} 为本振光的相位。

　　将进入平衡探测器的光信号表示为

$$\begin{cases} E_1(t) = \dfrac{1}{\sqrt{2}}E_S(t) + E_{LO}(t) \\[3mm] E_2(t) = \dfrac{1}{\sqrt{2}}E_S(t) - E_{LO}(t) \end{cases} \tag{2-19}$$

　　经过 PD 拍频后，从平衡接收机的两部分输出的电流分别为[16]

$$\begin{cases} I_1(t) = \dfrac{R}{2}\left[P_S + P_{LO} + 2\sqrt{P_S P_{LO}}\cos\{\omega_{IF}t + \theta_S(t) - \theta_{LO}(t)\}\right] \\[3mm] I_2(t) = \dfrac{R}{2}\left[P_S + P_{LO} - 2\sqrt{P_S P_{LO}}\cos\{\omega_{IF}t + \theta_S(t) - \theta_{LO}(t)\}\right] \end{cases} \tag{2-20}$$

式中，ω_{IF} 为接收光信号和 LO 的频率之差，在外差探测中 ω_{IF} 即中频信号的频率。R 为 PD 的探测响应度。平衡探测的输出电流为

$$I(t) = I_1(t) - I_2(t) = 2R\sqrt{P_S P_{LO}}\cos\left[\omega_{IF}t + \theta_S(t) - \theta_{LO}(t)\right] \tag{2-21}$$

　　图 2-11(b)方案的优点是不仅可以通过光纤电缆传输太赫兹 LO 信号，而且由于光信号生成所固有的更宽的频率可调性，还可以增加接收机带宽。而图 2-11(c)的方案所示的外差（或零差）系统可以提供更大的带宽。

2.3　两种光电探测器的比较

采用光子辅助方式能够有效克服电子器件带宽瓶颈,相对容易地产生超高速无线太赫兹信号,有效促进光纤网络和无线网络的无缝融合。

在光子辅助技术中,产生太赫兹信号的最重要的器件是进行光-电转换的光电探测器。目前在太赫兹波段主要使用的两种光电探测器是 pn 结光电二极管(PIN-PD)和 UTC-PD。

PIN-PD 的原理如图 2-15(a)所示,UTC-PD 的原理示意图如图 2-15(b)所示。在 PIN-PD 中,光吸收与电子-空穴对的创建都发生在本征的 InGaAs 区域中。UTC-PD 的有源区由两层组成,一层是中性窄间隙光吸收层(p 型 InGaAs),另一层是未掺杂或轻掺杂的 n 型宽间隙载流子收集层(InP)。电子-空穴对仅在吸收层中形成,载流子收集层对波长为 $1.55~\mu\mathrm{m}$ 的照明光是透明的。在 UTC 结构中,只有电子充当有源载流子,带宽和输出电流同时得到了提高[17]。

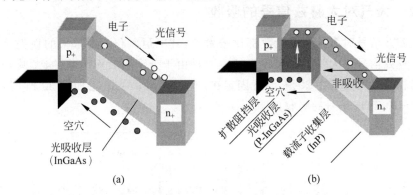

图 2-15　两种不同光电探测器示意图
(a) PIN-PD; (b) UTC-PD

已有文献对两款商用 PIN-PD 和 UTC-PD 的性能作了测试比较[18]。测试表明,在 300 GHz 以下频段,两款 PD 的功率差异较为显著。在 250 GHz 处,UTC-PD 的辐射功率为 100 μW,PIN-PD 功率为 30 μW;而在 130 GHz 处,PIN-PD 功率为 200 μW,UTC-PD 功率仅为 30 μW[18]。这种输出功率的差异主要是由于 UTC-PD 的高饱和电流。通常在载波频率为 300 GHz 以下的系统中使用 PIN-PD 较多,而当频率上升至 300 GHz 以上时,使用基于 UTC-PD 的接收机较多。

2.4　太赫兹信号传输链路

2.4.1　自由空间信道传输模型

经典的弗里斯(Friis)公式[19]描述了太赫兹信号在自由空间信道中传输时的

功率衰减。在视距传输下,接收信号的功率为

$$P_r(d) = \frac{P_t G_t G_r \lambda^2}{(4\pi)^2 L d^2} \tag{2-22}$$

式中,$P_r(d)$ 是发射机和接收机距离为 d 时接收信号的功率,P_t 是发射信号的功率,G_t 是发射天线的增益,G_r 是接收天线的增益,λ 是发射的信号的波长,L 是系统的损耗系数。

当 d 趋近于零时,式(2-20)趋于无穷,这显然是不成立的。因此,对式(2-22)作出修正,引入参考距离 d_0。修正后的公式为

$$P_r(d) = \frac{P_t G_t G_r \lambda^2}{(4\pi)^2 L d_0^2} \frac{d_0^2}{d^2} = P_r(d_0) \frac{d_0^2}{d^2}, \quad d > d_0 \tag{2-23}$$

考虑到不同环境带来的影响,对式(2-23)进一步修正,引入环境因子 n,有

$$\text{PL}_{LD}(d)[\text{dB}] = \text{PL}_F(d_0) + 10n\lg\left(\frac{d}{d_0}\right) \tag{2-24}$$

2.4.2　大气对太赫兹信号的吸收

太赫兹信号对多种环境参数都比较敏感,其中距离和湿度带来的损失是最大的。太赫兹信号在大气中的吸收损耗主要是由于分子吸收而引起的,尤其是水分子。当相对湿度固定在 20%,温度固定在 25℃,距离从 1 m 增加到 30 m 时,大气对 0.1~10 THz 信号的吸收如图 2-16 所示[20]。

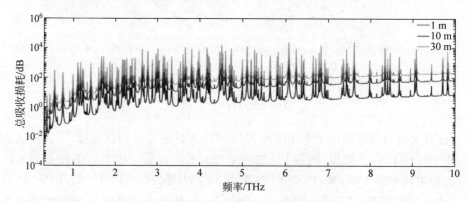

图 2-16　0.1~10 THz 时的大气总吸收损耗(相对湿度 20%,温度 25℃)

从图 2-16 可以看出,不同频率的太赫兹信号在大气中的吸收强度不同,且存在吸收峰值和低吸收的窗口。由于研究范围截止到 1 THz,将观察窗口放大,只考虑 300 GHz~1 THz 的波段中的大气吸收。固定距离为 10 m,水蒸气浓度从 0 g/m³ 不断增加到 23 g/m³ 时,大气的总吸收损耗如图 2-17 所示[20]。

从图 2-17 可知,太赫兹信号在大气中的衰减随频率变化,其中存在着一些较为平坦的频率窗口,在这些频率窗口上有望获得更大的通信带宽。部分传输窗口

总结见表 2-1[20]。

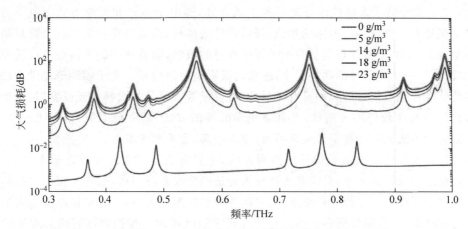

图 2-17　300 GHz～1 THz 时的大气总吸收损耗(距离为 10 m,温度 25℃)

从表 2-1 可知,可用的频段对距离和湿度比较敏感。在 0.3 m 时,最大可获得的连续带宽高达 250 GHz,距离增加到 1 m 时,该可用频段宽度随即下降到 150 GHz 左右。在传输距离达到 10 m 时,该频段可获得 10 GHz 的带宽,高于毫米波频段目前所能提供的带宽[20]。因此,在无线频谱资源短缺的今天,对太赫兹波段进行频率窗口分析是非常必要的。

表 2-1　部分太赫兹波段的传输窗口

距离/m	平均中心频率/GHz	平均带宽/GHz	连续窗口个数
0.3	424.5,659.5,842,946	249,173,150,50	4(＞50 GHz), 0(＜50 GHz)
1	374.5,498.5,599,684,843,946.5	149,95,44,120,146,49	5(＞50 GHz), 1(＜50 GHz)
1～2	340,416.25,497.25,603.25, 683.25,847,946.5	80,62.5,88.5,35.5,114.5,136, 43	5(＞50 GHz), 2(＜50 GHz)
3～10	313,351.7,416.8,466.7,504.5, 611,681.2,854.7,946.2	76.75,56.75,18.75,56.5,20, 104.5,120.75,36	5(＞50 GHz), 3(＜50 GHz)
10～11	313,351.5,414.75,467,503.5, 611.5,646.25,694.25,856.75, 945.75	26,45,46.5,16,48,10,25.5, 66.5,106.5,29.5	2(＞50 GHz), 8(＜50 GHz)

2.5　本章小结

本章重点介绍了太赫兹通信的几个主要方面,从电学和光学两个角度阐述了信号的生成,从直接接收和外差相干接收角度介绍了太赫兹通信的接收。此外,还对比了两种光电探测器,介绍了自由空间条件和大气对于太赫兹链路的影响。

2.1 节介绍了太赫兹信号的两种生成方式,即电学方式和光学方式。电学方式的优势在于方便进行电路的集成,降低器件的体积,也能够在一定程度上降低信号生成的成本,但是缺点是受到电子器件本身的限制,随着频率的升高会造成功率的降低,影响生成信号的功率大小,进而间接影响通信质量。光子辅助等光学方法的优势在于生成信号的频率具有灵活性,可以覆盖大部分的太赫兹频段窗口,且生成信号具有比较好的方向性,尤其是光学混频的方式,频率范围宽,信噪比较高。但是光学方法的问题在于集成度不高,成本较高,也不利于量产。

2.2 节介绍了太赫兹信号的检测方法,主要分为直接检测和外差相干检测。直接检测方法较为简单,只需要选择较为合适的接收器件即可,而外差相干检测的方式对于器件有一定的选择要求,需要额外的本振源进行拍频,且本振源需要满足稳定的状态,要求相对更多一些。这种方式灵敏度相比直接检测都有很大程度的提升,但是不利于系统的集成。

2.3 节介绍了两种光子辅助技术中的光电探测器,较为常用的有 PIN 光电二极管和单向载流子光电二极管。

2.4 节介绍了自由空间和大气对于太赫兹信号传输信道的影响,阐述了自由空间信道传输模型以及一定条件下的大气总吸收损耗,并总结了部分太赫兹频率的传输窗口。

本章系统地介绍了太赫兹通信系统的一些具体情况,太赫兹通信是一个前景广阔的发展方向,值得进一步研究。

参 考 文 献

[1] ASADA M, ORIHASHI N, SUZUKI S. Voltage-controlled harmonic oscillation at about 1 THz in resonant tunneling diodes integrated with slot antennas[J]. Japanese Journal of Applied Physics,2007,46: 2904-2906.

[2] UNUMA T, SEKINE N, HIRAKAWA K. Dephasing of Bloch oscillating electrons in GaAs-based superlattices due to interface roughness scattering [J]. Applied Physics Letters,2006,89(16): 61-117.

[3] LAI R, MEI X B, DEAL W R,et al. Sub 50 nm InP HEMT device with f_{max} greater than 1 THz[C]. International Electron Devices Meeting. IEEE,2007.

[4] MOELLER L, FEDERICI J, SU K. 2. 5 Gbit/s duobinary signalling with narrow bandwidth 0. 625 terahertz source[J]. Electronics Letters,2011,47(15): 856-858.

[5] MOELLER L, FEDERICI J, SU K. THz wireless communications: 2. 5 Gb/s error-free transmission at 625 GHz using a narrow-bandwidth 1 mW THz source[C]. General Assembly and Scientific Symposium,2011 URSI. IEEE,2011.

[6] SAFIAN R, GHAZI G, MOHAMMADIAN N. Review of photomixing continuous-wave terahertz systems and current application trends in terahertz domain [J]. Optical

Engineering,2019,58(11):110901. 1-110901. 28.

[7]　VIDAL B. Photonic-assisted G-band wireless links for 5G backhaul[C]. 20th International Conference on Transparent Optical Networks,2018.

[8]　TAN P,HUANG J, LIU K F,et al. Terahertz radiation sources based on free electron, lasers and their applications[J]. 中国科学:信息科学(英文版),2012,55(1):1-15.

[9]　TONG C E, TRIFONOV A,SHURAKOV R,et al. A microwave-operated hot-electron-bolometric power detector for terahertz radiation[J]. IEEE Transactions on Applied Superconductivity,2015,25(3):1-4.

[10]　GUZMAN R,DUCOURNAU G, MUNOZ L E G,et al. Compact direct detection Schottky receiver modules for sub-terahertz wireless communications [C]. 41st International Conference on Infrared,Millimeter,and Terahertz Waves (IRMMW-THz). IEEE,2016.

[11]　HARTER T, FÜLLNER C,KEMAL J N,et al. 110-m THz wireless transmission at 100 Gbit/s using a Kramers-Kronig Schottky barrier diode receiver[C]. European Conference on Optical Communication,2018.

[12]　余建军. 光子辅助的毫米波通信技术[M].北京:科学出版社,2018.

[13]　HARTER T, UMMETHALA S, BLAICHER M, et al. Wireless THz link with optoelectronic transmitter and receiver [J]. Optica 6,2019,6(8):1063-1070.

[14]　NELLEN S, GLOBISCH B, ROBERT B, et al. Recent progress of continuous-wave terahertz systems for spectroscopy, non-destructive testing, and telecommunication [C]. Conference on THz, RF, millimeter, and submillimeter-wave technology and applications,2018.

[15]　https:www. finisar. com/communication-components/bpdv412xr[OL]. [2020-8-20].

[16]　余建军,迟楠,陈林. 基于数字信号处理的相干光通信技术[M].北京:人民邮电出版社,2013.

[17]　KLEINE-OSTMANN T, NAGATSUMA T. A review on terahertz communications research[J]. Journal of Infrared,Millimeter,and Terahertz Waves,2011,32(2):143-171.

[18]　NELLEN S, ISHIBASHI T,DENINGER A,et al. Experimental comparison of UTC- and PIN-photodiodes for continuous-wave terahertz generation [J]. Journal of Infrared, Millimeter,and Terahertz Waves,2020,41:343-354.

[19]　FRIIS H T. A note on a simple transmission formula[J]. Proceedings of the Ire,1946,34 (5):254-256.

[20]　ROHIT S, DOUGLAS S. Beyond 5G:THz spectrum futures and implications for wireless communication [C]. 30th European Conference of the International Telecommunications Society (ITS):Towards a Connected and Automated Society,2019.

第3章 单载波太赫兹通信系统中的基本算法和实验验证

3.1 引　　言

正如第 2 章所述,产生太赫兹信号的一种方法是利用全电子方式,使用射频源和倍频器直接产生太赫兹频段的载波信号,在混频器的作用下将基带信号调制到载波上,直接发送到自由空间中进行传输。这种方式结构简单、易于实现,使用基于倍频链的太赫兹源在 625 GHz 载波频率下可实现传输速率为 2.5 Gbit/s 的无误码传输[1]。然而,全电子方式受电子器件带宽的限制,市面上很少有商用器件能够处理太赫兹频段的信号,即使有器件,价格也十分昂贵。

为了突破电子器件带宽的限制,光子辅助技术应运而生,并得到了广泛关注。与带宽有限的全电子技术相比,大带宽光子技术在实现太赫兹波的产生、调制和检测方面更为现实[2-4]。在光子辅助技术方案中,两个自由运行的激光器分别产生两个具有不同波长的光载波,使用光电探测器实现两个光信号的拍频,即需要的宽带太赫兹信号。但是,保持两个激光器之间的频率间隔恒定是比较困难的,在检测的信号中会带有频率和相位的偏移。传统的锁相环技术已无法在太赫兹频段继续工作,需要后续的先进数字信号处理技术来纠正频率和相位。和全电子技术相比,光子辅助的太赫兹信号产生方案具有相对较复杂的结构和较低的转换效率,载波恢复和载波相位噪声校正必不可少。

相对于其他调制码,由于方案简单、便于调试、眼图清晰等诸多优点,单载波非归零码(non-return-to-zero,NRZ-OOK)调制格式在经典的太赫兹通信系统中依然得到应用和研究,其后端数字信号处理程序也较为简单,因此,研究单载波 NRZ-OOK 太赫兹通信系统仍然是有必要的。另外,目前已报道的基于微波光子学的太赫兹通信系统通常采用光单载波调制[5-7],作为光单载波调制的有力竞争者,光正交频分复用调制具有较高的频谱效率,可以明显提高传输速率,对光纤传输中存在的色散和偏振模色散具有稳健性[8-10]。在无线移动通信系统中,OFDM 调制格式还能有效抵抗多径效应。因此,光子辅助的 OFDM 太赫兹通信系统是值得研究的。第 4 章将讨论这种多载波的太赫兹通信系统。

3.2 节将首先介绍单载波太赫兹传输系统中用到的基本算法。接着,3.3 节将介绍一种高速太赫兹通信系统的实验系统。我们实现了一个经典的全电太赫兹通信系统,OOK 信号传输速率为 3.5 Gbit/s,载波频率高达 441.504 GHz。3.4 节将介绍一种光生单载波 16QAM 太赫兹通信系统。我们也将概率整形技术引入该系统中用来提高系统性能[11-14]。

3.2 高速单载波太赫兹通信系统的基本 DSP 算法

3.2.1 单载波太赫兹通信系统中的基本 DSP 算法

经典的全电单载波太赫兹通信系统结构如图 3-1 所示。在发射端 DSP 中,首先产生固定长度的伪随机二进制脉冲序列(pseudo-random binary sequence,PRBS),再将其映射为需要传送的符号,通常使用的单载波调制格式有 OOK 调制和 QAM 调制。通常我们使用滤波器对基带信号频谱进行整形,常用的滤波器有升余弦(raised cosine,RC)滤波器,在需要进一步提升频谱效率时还可采用奈奎斯特滤波器[15]。滤波后的信号需要进行数字上采样,以便于与发送端数/模转换器件的采样速率相匹配[16-17]。全电系统中,发射端电混频器将基带模拟信号与太赫兹源混频,经过太赫兹天线和无线信道传输。

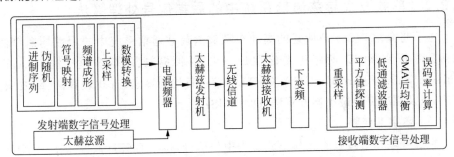

图 3-1 全电单载波太赫兹通信系统结构框图

在接收端,接收信号下变频后成为中频信号。在接收端 DSP 中,首先需要对接收信号进行重采样处理。我们的全电太赫兹通信系统使用 OOK 调制,因此接收端数字信号处理算法较为简单。对接收信号进行平方律检波后,使用低通滤波滤出基带信号[18],使用盲均衡恒模算法(constant modulus algorithm,CMA)[19]对基带信号进行均衡后即可进行误码率的计算。这些是最基本的数字信号处理算法,在以后的章节可以看到,可以采用更加复杂的算法克服非线性效应从而极大地提高太赫兹信号性能。

光载无线太赫兹通信系统结构如图 3-2 所示。发射端 DSP 流程与全电系统没有较大差别,但由于其传输链路能够融合光纤与无线传输,光信号在光纤中传输后幅度会衰减,并存在光纤线性和非线性效应导致的信号畸变[20],针对光与无线融合链路的数字信号处理算法会相应复杂一些。

在接收端,进行重采样后还需要进行数字下变频过程,将中频信号变换为基带数字信号,使用匹配滤波器滤波后进行后续数字信号处理。在相干探测系统中,由于本振光源和发射端激光器之间的频率差是不稳定的,本振光源激光器还存在线宽,拍频后产生的电信号存在频率和相位的偏移,给信号的后端恢复带来难度。传统锁相环技术在太赫兹频段下已经无法工作,因此需要采用针对以上损耗和失真的数字信号处理算法,如频率和相位的恢复算法、判决引导的最小均方算法,进一步纠正信号畸变和损失。

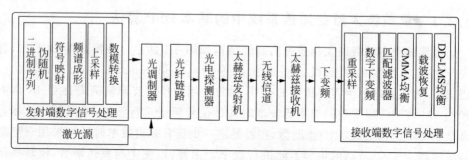

图 3-2　光载无线太赫兹通信系统结构框图

3.2.2　单载波太赫兹通信系统中的后端信号处理算法

本节将介绍 3.2.1 节所述的高速单载波太赫兹通信系统中的后端均衡算法,包括数字下变频、IQ 两路正交化和归一化、时钟提取、级联多模算法(cascaded multi-modulus algorithm,CMA/CMMA)信道盲均衡算法、查找表算法、载波恢复算法,以及判决引导最小均方算法(DD-LMS)。

（1）数字下变频

经过外差相干接收后太赫兹波变为中频信号,携带有矢量数据 $I(t)+jQ(t)$。后续数字信号处理算法适用于基带信号,所以需要利用一个频率和中频频率一样的数字域本振源与中频信号相乘,随后通过数字滤波器滤除高频分量得到基带信号,即完成数字下变频。

（2）IQ 两路正交化和归一化

理论上,I 路和 Q 路是正交的,即相位存在 $\pi/2$ 的差值。但是在实际系统中,IQ 两路受到噪声干扰而破坏正交性,因此在进行后续算法处理前,需要将 I 路和 Q 路进行正交化处理。同时还需要利用功率归一化来解决光电探测器响应和 ADC 转换器造成的精度问题,提高后续算法的补偿准确度。正交化算法可以采用格拉姆-施密特(Gram-Schmidt)算法实现[16],其计算过程如下:

$$I_{\text{out}} = \frac{r_{\text{I}}(t)}{\sqrt{P_{\text{I}}}}, \quad P_{\text{I}} = E\{r_{\text{I}}^2(t)\} \tag{3-1}$$

$$Q' = r_{\text{Q}}(t)\frac{\rho r_{\text{I}}(t)}{P}, \quad \rho = E\{r_{\text{I}}(t)r_{\text{Q}}(t)\} \tag{3-2}$$

$$Q_{\text{out}} = \frac{Q'(t)}{\sqrt{P_Q}}, \quad P_Q = E\{r_Q^2(t)\} \tag{3-3}$$

式中，$r_I(t)$ 和 $r_Q(t)$ 分别代表接收端捕获到的 I 路和 Q 路的信号，I_{out} 和 Q_{out} 分别代表正交化后的 I 路和 Q 路信号输出。

（3）时钟提取

在系统接收端需要用到 ADC 对信号进行抽样，但是 ADC 采用的时钟独立于发送端时钟，并且在实际中 ADC 自身时钟振荡器达不到理想值，这会造成接收端与发送端的时钟存在频率和相位偏移。此外，信号在信道中受到各种损伤会加大发送端和接收端时钟之间的频率偏移和相位抖动。

时钟提取可以补偿发送端和接收端时钟之间存在的误差，准确找到信号的最佳采样点。奥德(M. Oerder)等提出的级联数字滤波的平方时钟恢复算法是一种有效的时钟误差补偿方法[17]。接收端接收到的携带 QAM 矢量信息的单载波信号可以表示为

$$r(t) = \sum_{n=-\infty}^{+\infty} a_n g_T(t - nT - \xi(t)T) + n(t) \tag{3-4}$$

式中，a_n 代表发送端传输的 QAM 矢量信号，$g_T(t)$ 代表传输信号脉冲，T 代表符号周期，$n(t)$ 代表信道噪声，$\xi(t)$ 代表未知的慢变时延即时钟误差。算法流程如图 3-3 所示，接收端信号利用数字匹配滤波器 $g_R(t)$ 滤波后以 N 倍符号速率进行抽样，抽样值进行模平方值计算。随后以 L 个符号为一组，求出该组共 LN 个抽样点的傅里叶变换，最后对结果取相位即可得到关于时钟误差的无偏估计。

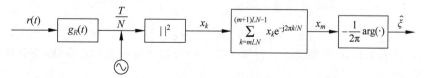

图 3-3　级联数字滤波的平方时钟恢复算法流程

（4）CMA/CMMA 信道盲均衡算法

根据是否使用训练序列，可将信道均衡算法分为盲均衡算法和基于训练序列的均衡算法。盲均衡算法无需训练序列开销，通过梯度下降法调节均衡器的抽头数系数，以达到减小代价函数的目的，利用信号本身的统计信息作为收敛的标准。因其计算复杂度低、易于实现，在通信系统中的应用十分广泛，适用于恒定包络的信号和部分非恒定包络信号的均衡，能够纠正系统中的线性损失。

我们可以利用 4 个滤波器组成的蝶形结构自适应滤波器组来进行太赫兹无线信道估计和均衡，同时实现偏振复用信号的偏振解复用及无线串扰的抑制[18]。滤波器组结构如图 3-4 所示。

该结构的输出和输入关系可以表达为

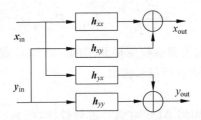

图 3-4　蝶形滤波器组结构图

$$x_{\text{out}}(k) = \boldsymbol{h}_{xx}^{\mathrm{T}} \boldsymbol{x}_{\text{in}} + \boldsymbol{h}_{xy}^{\mathrm{T}} \boldsymbol{y}_{\text{in}} = \sum_{m=0}^{M-1} h_{xx}(m) x_{\text{in}}(k-m) + h_{xy}(m) y_{\text{in}}(k-m)$$

$$\text{(3-5)}$$

$$y_{\text{out}}(k) = \boldsymbol{h}_{yx}^{\mathrm{T}} \boldsymbol{x}_{\text{in}} + \boldsymbol{h}_{yy}^{\mathrm{T}} \boldsymbol{y}_{\text{in}} = \sum_{m=0}^{M-1} h_{yx}(m) x_{\text{in}}(k-m) + h_{yy}(m) y_{\text{in}}(k-m)$$

$$\text{(3-6)}$$

式中，$\boldsymbol{x}_{\text{in}}$ 和 $\boldsymbol{y}_{\text{in}}$ 分别代表输入滤波器组的 x 和 y 两个状态上的接收信号，x_{out} 和 y_{out} 分别代表滤波器组输出值，M 代表滤波器抽头数目。$\boldsymbol{h}$ 代表信道传输矩阵，这些矩阵值是未知的，可以用随机梯度算法来对信道进行估计并且不断更新信道矩阵中的系数，更新的算法如下：

$$\boldsymbol{h}_{xx} \rightarrow \boldsymbol{h}_{xx} + \mu \varepsilon_x x_{\text{out}} \boldsymbol{x}_{\text{in}}^* \tag{3-7}$$

$$\boldsymbol{h}_{xy} \rightarrow \boldsymbol{h}_{xy} + \mu \varepsilon_x x_{\text{out}} \boldsymbol{y}_{\text{in}}^* \tag{3-8}$$

$$\boldsymbol{h}_{yx} \rightarrow \boldsymbol{h}_{yx} + \mu \varepsilon_y y_{\text{out}} \boldsymbol{x}_{\text{in}}^* \tag{3-9}$$

$$\boldsymbol{h}_{yy} \rightarrow \boldsymbol{h}_{yy} + \mu \varepsilon_y y_{\text{out}} \boldsymbol{y}_{\text{in}}^* \tag{3-10}$$

式中，μ 代表步长，ε 代表误差。恒模算法是一种经典的误差收敛算法，该算法的误差函数为

$$\varepsilon(i) = \frac{E \mid Z_{x,y} \mid^{2p}}{E \mid Z_{x,y} \mid^{p}} - \mid Z_{x,y}(i) \mid \tag{3-11}$$

式中，$Z_{x,y}$ 代表滤波器组接收到的符号。该算法通常用于幅值恒定的调制格式，如 4QAM 和 mPSK。功率归一化后的表达式为

$$\varepsilon(i) = 1 - \mid z(i) \mid \tag{3-12}$$

对于 16QAM 调制信号，相比于 CMA 算法，CMMA 算法对 SNR 性能有显著提高，但同时降低了均衡器收敛过程的稳健性。在盲均衡多模算法中，发射信号的半径是一个重要参数，能否恢复信号，很大程度上依赖于对发射信号半径的正确判断。由于 QAM 信号不同环之间的间隔小于符号之间的最小间隔，在信噪比非常低或者信号严重失真时，通过统计信息对信号半径的判断会不准确[21]。因此，可以首先使用 CMA 算法进行信号的预收敛，再使用 CMMA 算法进行处理，在不影响性能的情况下增加系统的稳健性。

（5）频率偏移和相位偏移恢复算法

在光子辅助太赫兹通信系统中，需要使用本振光与信号光拍频产生太赫兹信号。然而，本振光源与发射端激光器之间的频率差难以保证完全恒定，会带来频率偏移；同时，激光器的线宽会给信号带来相位偏移。因此，在 RoF 太赫兹通信系统中，在 DSP 处理过程中进行载波的频率和相位恢复是非常有必要的。

通常使用基于经典的维特比（Viterbi-Viterbi）算法的载波恢复算法[19]来恢复 m-PSK 调制格式系统中载波的频率和相位。频偏和相偏估计的系统结构如图 3-5 所示。

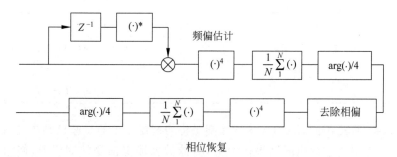

图 3-5　RoF 系统中频偏和相偏估计的系统框图

首先计算信号的 M 次方，其中 $M = 2^N$，N 为相位调制阶数，即可移除数据调制相位。随后计算相位旋转速率，得到本振光源与发射端激光器的频偏。移除频偏之后，再次对信号进行 M 次方操作，即可移除数据调制相位[19]。最后，通过判断采样相位在 QPSK 信号的编码区域中的位置，即可完成解码。

维特比算法适用于恒模调制的信号，如 QPSK 信号，对于高阶 QAM 的适用性较低。需要使用盲相位搜索算法（blind phase search，BPS）用于高阶 QAM 调制信号的载波频率和相位估计[21]。

（6）LMS/DD-LMS 算法

最小均方（least mean square，LMS）算法属于使用训练序列的均衡算法，由最小均方误差准则确定代价函数及收敛方法，其结构如图 3-6 所示。

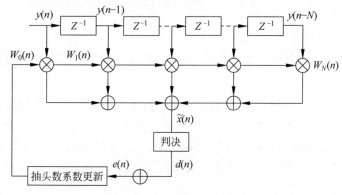

图 3-6　LMS 算法的结构框图

图中，$d(n)$ 为已知训练信号，$e(n)$ 为真实值和均衡器均衡后信号 $\tilde{x}(n)$ 的误差，$W(n)$ 为均衡器的系数，$y(n)$ 为接收信号。使用真实值与均衡器均衡后信号的误差更新抽头数系数，直到收敛为止。最后利用收敛完成的滤波器系数对接收信号进行均衡。LMS 算法的信息总结见表 3-1。

表 3-1　LMS 算法的信息总结

信息	值
判决信号	$\tilde{x}(n) = \displaystyle\sum_{i=0}^{N} w_i(n) y(n-i)$
误差信号	$e(n) = d(n) - \tilde{x}(n)$
抽头数系数更新算法	$W(n+1) = W(n) + 2\mu e(n) Y(n)$
初始均衡器系数	$w(0) = 1, i = n;$ $w(0) = 0, i \neq n$

与 LMS 算法不同，DD-LMS 算法则是将均衡器输出的星座点判决之后得到标准星座点，再将这个判决的结果作为 LMS 滤波器输出信号的期望值，使用期望值与均衡器输出结果的误差来更新滤波器系数。DD-LMS 是一种盲均衡算法，不需要依靠训练序列，其结构如图 3-7 所示。DD-LMS 算法可与 CMA 算法结合使用，能够有效校正星座点的失真和畸变。

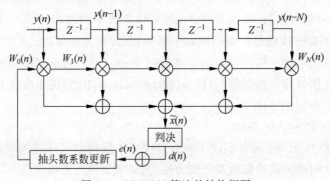

图 3-7　DD-LMS 算法的结构框图

3.3　电生太赫兹无线通信系统实验研究

3.1 节、3.2 节分别介绍了单载波和多载波高速太赫兹通信系统以及相应的信号处理与恢复算法，本节将介绍对于太赫兹通信系统的实验研究。

鉴于电生太赫兹无线通信系统结构简单、实现方便，我们提出并实现了一种电生太赫兹通信系统，该系统使用全电结构，载波频率高达 441.504 GHz，在距离为

88 cm 的自由空间上实现了 3.5 Gbit/s 的 OOK 信号的点对点传播。我们提出的系统具有结构简单、功耗低的优点，并且首次通过实验实现了该波段的全电太赫兹通信系统。

3.3.1　电生太赫兹无线通信系统实验设置

我们提出的高速电生太赫兹无线通信系统实验设置如图 3-8 所示[20]。我们使用正弦波发生器和倍频器来产生太赫兹频段的载波。无需借助光子学，不需要精密的光学器件，系统更加简洁、易于实现。

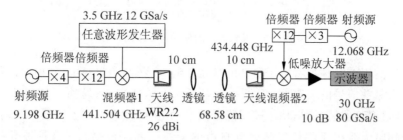

图 3-8　高速电生太赫兹无线通信系统实验设置图

首先使用射频信号源生成一个频率为 9.198 GHz 的正弦波，并使用倍频器将其频率四倍频，变为 9.198×4 GHz。级联的另一个倍频器将这个频率再倍频 12 倍，将频率转换为 9.198×4×12 GHz = 441.504 GHz，该正弦波即需要的太赫兹载波。我们使用在数字域生成了一组符号长度为 2^{15} 的 OOK 信号，并使用任意波形发生器（AWG）来生成基带电信号，AWG 的最大采样速率为 12 GSa/s，3 dB 带宽为 3.5 GHz，输出电压峰峰值为 1 V。使用发射端的混频器 1（MIXER1）将带有 OOK 信息的基带信号调制到太赫兹载波上，生成携带信息的太赫兹信号，混频器 1 的参数见表 3-2，混频器 1 不同频率的损耗曲线如图 3-9 所示。

表 3-2　混频器 1 的性能参数

特　　　性	参　　　数
工作射频频段	325～500 GHz
射频输出法兰	WR2.2
倍频倍数最高/最低	48/12
本振源输入功率	6.77～10.42 GHz(低) 27.08～41.67 GHz(高)
射频功率限制	Compr. /Damage−20 dB/−10 dB
混频器转换损耗	16 dB
最大可用中频信号带宽	40 GHz
显示平均噪声水平	−150 dBm/Hz

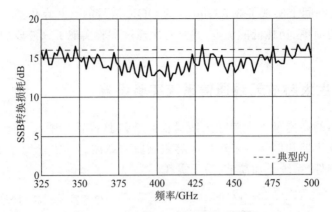

图 3-9　混频器 1 的损耗与频率曲线

　　普通商用电混频器有电子器件的带宽限制,在我们的实验中,使用的混频器可以支持太赫兹信号的大带宽,但仍然具有很大的转换损耗,转换损耗高达 16 dB。因此,经过混频器后,输出功率随即降低到 −30 dBm 左右。在混频器 1 之后,发射机中的喇叭天线用于将信号传输到自由的无线空间。该喇叭天线的波导接口为 WR2.2,增益为 26 dBi。为了更好地会聚太赫兹信号,在发射机和接收机之间使用了两个太赫兹透镜,这两个透镜的焦距为 10 cm,直径为 5 cm。

　　在室内 88 cm 的自由空间无线传输后,使用与发射机中的喇叭天线同样的喇叭天线来接收太赫兹信号,它的波导接口仍然是 WR2.2。在接收端使用一个频率为 12.068 GHz 的正弦波信号源产生本振信号,使用两个倍频器(分别为 3 倍和 12 倍)将该射频源倍频 36 倍,生成 434.448 GHz 的太赫兹信号作为本振源。混频器 2 使用本振源实现太赫兹信号的相干接收,将太赫兹信号转换为频率为 7.056 GHz 的中频信号。它还集成了一个增益为 10 dB 的低噪声放大器(LNA),用以放大接收信号的功率。混频器 2 和 LNA 结合的转换损耗如图 3-10 所示。我们使用带宽为 30 GHz,采样速率为 80 GSa/s 的示波器用来捕捉接收到的数据,整个通信系统的系统图如图 3-11 所示。

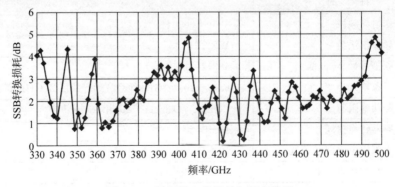

图 3-10　混频器 2 的损耗与频率曲线

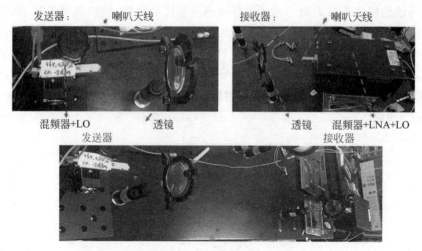

图 3-11　高速太赫兹无线通信系统实验装置图

3.3.2　实验结果及分析

在无线传输 88 cm 后,中频信号由高速示波器采集。在接收到中频信号后,我们进行了离线数字信号处理。首先将接收到的信号进行平方律检测,使用滤波器滤除基带信号后,使用 CMA 算法进行盲均衡即可恢复发送的 OOK 符号,恢复的 OOK 符号如图 3-12 所示。

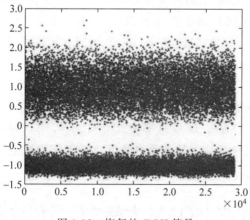

图 3-12　恢复的 OOK 符号

从图 3-12 中可以看到,恢复的 OOK 符号在 −1 和 1 的分布比较集中,并且正负符号之间具有较大的区分度,能够清晰地区分开。与已知的发送符号序列相比,计算得到的误码率(BER)低于 3.8×10^{-3},满足 7% 的硬判决前向纠错(hard decision forward error correction,HD-FEC)阈值。值得注意的是,符号“1”的幅度波动较大,波动范围在 0~2,这是因为太赫兹信号经过 88 cm 的传输,信号衰减较大,信号的信噪比十分有限。为了更好地测试系统的性能,我们调节了基带信号的波特率并测量了对应的 BER,相应的 BER 曲线如图 3-13 所示。可以看到,当波特率达到 3.5 Gbaud 时,BER 满足 7% 的 HD-FEC 阈值。随着信号波特率的增加,信号带宽增大,因此信道的衰减增大,信号的 BER 降低。当波特率达到 4.4 Gbaud 时,BER 仍能满足 20% 的软判决前向纠错(soft decision forward error correction, SD-FEC)阈值。

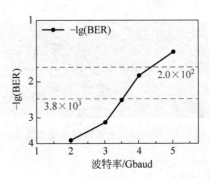

图 3-13　OOK 太赫兹通信系统的误码率与传输数据波特率的关系曲线

实验结果表明,太赫兹波在短距离无线范围内的高速通信中具有巨大潜力,超大带宽能让太赫兹波足够支持高速数据传输。正如图 3-8 所示,在发射端我们没有使用放大器,这是因为由于目前的商用放大器不能满足太赫兹频带的超宽带要求。在发射端没有放大器,发射功率相对较低,因此本实验中的太赫兹信号只能在实验室距离内发射,无线传播距离只有 88 cm。虽然我们使用的混频器可以支持 500 GHz 的频率范围,但是它具有高达 16 dB 的固有转换损耗,这也导致了较短的传输距离。除此之外,我们使用的 AWG 的 3 dB 带宽为 3.5 GHz,这也限制了传输系统的速率。

我们提出的太赫兹系统实现了在 440.504 GHz 的载波频率下传输 OOK 信号,无线传输距离为 88 cm,信号速率为 3.5 Gbit/s,测试得到的 BER 在 7% 的 HD-FEC 阈值下。这种高速太赫兹无线通信系统仅使用纯电子设备,结构十分简单,是我们研究高速太赫兹通信的一次很好的尝试。

3.4　光生单载波 16QAM 太赫兹信号传输系统实验研究

我们通过实验实现光生单载波 16QAM 太赫兹传输无线通信系统,传输速率为 32 Gbit/s,太赫兹链路中的无线传输距离为 142 cm。我们将 PS 技术引入太赫兹传输系统,经过解调和数字信号处理后,分别测量了 PS-16QAM 信号和均匀 16QAM 的 BER 性能。将在第 8 章详细介绍 PS 技术。此外,我们比较了在概率整形情况下不同概率分布下的误码性能。根据实验结果,可以得出结论,PS 技术可以在更高的数据传输速率下有效地改善光子辅助无线太赫兹通信系统的系统性能。

3.4.1 实验设置

光子辅助无线太赫兹通信系统的实验装置如图 3-14 所示。在发射端,我们使用了两个线宽小于 100 kHz 的外腔激光器(ECL)来生成两束连续波(CW)光波。ECL1 的工作频率为 193.10 THz,ECL2 的工作频率为 193.55 THz。因此,它们之间的频率间隔为 450 GHz,该频率属于太赫兹频段。ECL1 产生的 CW 光被传输到 IQ 调制器中,该调制器在 1 GHz 处具有 2.3V 半波电压,在 32 GHz 处具有 3 dB 的光带宽。我们在基带产生的 8 Gbaud 单载波的 PS-16QAM 驱动信号由任意波形发生器生成,其 IQ 信号分量由两个并行的电放大器(EA)放大,用于调制 ECL1 产生的连续光波。随后,我们采用保偏掺铒光纤放大器(PM-EDFA)来放大信号。该 PM-EDFA 的输出功率为 13.0 dBm。ECL2 用作光本振,其输出功率为 13.0 dBm。ECL2 和携带信号 ECL1 产生的激光通过保偏光纤耦合器(PM-OC)进行耦合。

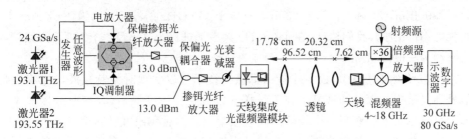

图 3-14 光子辅助无线太赫兹通信系统的实验装置图

经过 EDFA 放大后,生成光载太赫兹信号,并被传输到日本电报电话公司(NTT Electronics)的天线集成光混频器模块(AIPM,IODPMAN-13001)中,以产生 450 GHz 的太赫兹电信号,电信号随后被发射到自由空间。我们使用了一个光学衰减器用于调节 AIPM 的输入功率,该 AIPM 的典型输出功率为 −28 dBm,工作频率范围为 300~2500 GHz,它是一个 UTC-PD 和一个蝶形天线的集成。

在 142 cm 的无线链路中,有三个太赫兹透镜可以用来聚焦太赫兹频段的信号。通过调整三个透镜的位置,可以最大化接收信号的功率。这些透镜之间的距离关系如图 3-14 所示。前两个透镜的直径为 10 cm,焦距为 20 cm,第三个透镜的直径为 5 cm,焦距为 10 cm。在太赫兹信号的接收端,使用增益为 26 dBi 的太赫兹波段天线来接收无线信号。对于信号的下变频,使用 36 阶谐波的太赫兹肖特基混频器,它工作在 300~500 GHz,能够将本地振荡源的频率倍频 36 倍,再与接收到的太赫兹信号混频产生中频信号。在这里,我们使用的电 LO 信号的频率为 12.278 GHz,产生的 IF 信号载波频率约为 8 GHz(450−12.278×36)。中频信号由一个 LNA 放大,它的增益为 40 dB,饱和输出功率为 14 dBm,工作频率范围为 4~18 GHz。我们使用数字存储示波器将模拟信号转换为数字信号,该存储示波器的采样速率为 80 GSa/s,电气带宽为 30 GHz。当输入功率为 13 dBm 时,光混频器的输出功率为 −30 dBm。路径损耗为 88.5 dB,因此,进入太赫兹接收机的功率为 −69.5 dBm。混频器的转换损耗为 18 dB,因此,经过太赫兹混频器之后信号的功率为 −87.5 dB,这导致 LNA 的输入功率很低,因此经过 LNA 之后的 SNR 非常低。在这种低 SNR 系统中,可以使用 PS 技术来提高 BER 性能。

3.4.2 实验结果及分析

由于无线传输功率 P_T、无线传输距离 d 以及发射机接收机天线增益比 G_T/G_R 是已知的,根据第 2 章所述内容,我们基于弗里斯(Friis)传输方程式估算了 1.4 m 无线传输后的无线接收功率 P_R[22-23]:

$$P_R[dBm] = P_T + G_T + G_R - 20\lg(4\pi d/\lambda) - L_F - L_A d \tag{3-13}$$

式中,λ 表示无线传输链路的工作波长,L_F 表示天线馈线的损耗,L_A 表示大气损耗因子,晴天时对应于 450 GHz 的 L_A 值约为 10 dB/km。在我们的实验中,P_T 为 −230 dBm,G_T 和 G_R 均为 26 dBi,对应于 450 GHz 的波长 λ 约为 0.67 mm,L_F 约为 3 dB。因此,我们估计,在 450 GHz 频率下进行 1.4 m 无线传输后,无线接收功率约为 −69.5 dBm。

在信号恢复过程中,数字外差相干探测技术可以实现对太赫兹波段概率整形信号高灵敏度的探测和恢复。在无线接收端经模拟下变频后,太赫兹波段概率整形信号可以被下变频到一个较低的载波频率上。然后我们可以利用一系列先进的数字信号处理算法从中频概率整形信号中恢复出原始的发送数据:可以基于一个数字本振实现中频概率整形信号到基带的下变频,在载波相位恢复算法后进一步采用 DD-LMS 算法来提升性能,也可以引进高速光纤传输系统中采用的 LUT 算法或者沃尔泰拉算法来补偿非线性效应对高级 QAM 信号的影响。

在我们的实验中,PS-16QAM 信号的数字信号处理方法与均匀分布 16QAM 信号的数字信号处理方法类似。主要的 DSP 包括时钟恢复、下变频、色散(CD)补偿、级联多模算法(CMMA)均衡、载波恢复、差分解码和 BER 计算[20]。其中,SC-16QAM 信号的 PRBS 长度为 $2^{15} \times 4 - 1$。

图 3-15 给出了 PM-OC 之后的 PS-16QAM 信号的光谱,其带宽分辨率为 0.1 nm。因为我们传输的 PS-16QAM 信号分布为麦克斯韦-玻耳兹曼(Maxwell-Boltzmann)分布,为了比较不同概率分布下的 BER 性能,我们将 PS-16QAM 信号的净传输速率保持为 32 Gbit/s。此时 PS-16QAM 信号的波特率从 8.648 Gbaud 到 9.142 Gbaud,而均匀分布的 16QAM 信号的波特率固定为 8 Gbaud。因为在相同的波特率下,不等概率的星座点分布会使信源熵变低,因此 PS 技术在传输速率上有开销,我们在实验中测试的 PS 信号的净传输速率都保持在 32 Gbit/s。这样

才能在不同概率分布下测量 BER 性能,比较 PS 信号和均匀分布信号的性能情况。

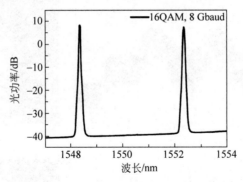

图 3-15　PS-16QAM 信号经过保偏光纤耦合器后的光谱

图 3-16 给出了不同概率分布下的 PS-16QAM 信号以及均匀分布 16QAM 信号的 BER 随输入功率变化的曲线。根据测试结果,我们采用的 PS 信号在波特率为 9.412 Gbaud 时具有最佳的 BER 性能。在 SD-FEC 阈值为 2.0×10^{-2} 时,PS 技术可以将系统灵敏度提高大约 1 dB。考虑到 SD-FEC 的 20% 开销,净传输速率为 $(1-20\%)\times32$ Gbit/s=25.6 Gbit/s。

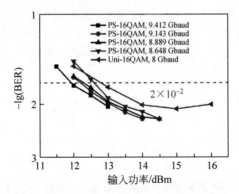

图 3-16　不同概率分布下 PS-16QAM 信号及均匀分布
16QAM 信号的 BER 随输入功率变化曲线

我们还给出了 PS-16QAM 及均匀 16QAM 信号下变频后的电谱图,以及经过解调和数字信号处理之后的星座图,如图 3-17 所示。AIPM 的输入功率均固定在 13.0 dBm。其中,均匀 16QAM 符号所含的信息量是 4 bit/symbol,PS-16QAM 符号所含的信息量是 3.4 bit/symbol。从恢复出的星座点可以看出,对于 PS-16QAM,内部点的传输概率要高于外部点的传输概率。值得注意的是,当 PS 信号的开销较高时,内部点的传输概率较高。当波特率为 9.412 Gbaud,每个符号的净信息量为 3.4 bit/symbol 时,PS 信号的开销为 15%。

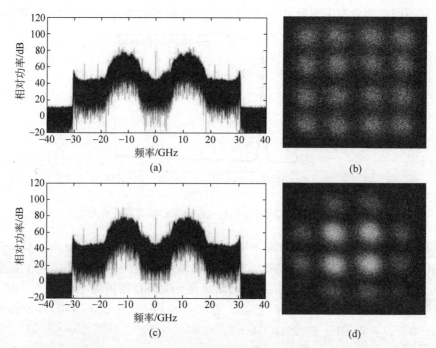

图 3-17　均匀 16QAM 与 PS-16QAM 信号传输实验结果。4 bit/symbol 的均匀 16QAM 信号
(a)下变频后的电谱图;(b) 接收端信号星座图。3.4 bit/symbol 的 PS-16QAM 信号;
(c) 下变频后的电谱图;(d) 接收端信号星座图

3.5　本章小结

在本章中,首先介绍了太赫兹通信系统的后端均衡算法。在单载波太赫兹通信系统中,主要使用的是盲均衡算法以及判决反馈最小均方误差算法,在光生太赫兹波系统中还存在载波频率和相位偏移的问题,针对这些问题均有对应算法解决,能够将接收到的信号最大程度恢复为原始发送信号。

为了证明太赫兹通信系统的性能,我们通过实验搭建了两种不同的系统。

其一为纯电子器件的太赫兹通信系统,产生和接收信号均使用电子器件完成,可以最大限度地降低实验装置的复杂性。我们所提出的系统可以实现速率为 3.5 Gbit/s 的 OOK 信号传输,太赫兹载波频率高达 441.504 GHz,系统 BER 低于 7% 的 HD-FEC 阈值。当波特率达到 4.4 Gbaud 时,BER 满足 20% 的 SD-FEC 阈值,这也是该频段的太赫兹通信实验中第一次通过电子方法实现太赫兹信号的产生和无线传输。

其二为光生单载波太赫兹通信系统。我们采用光子拍频方式产生单载波的 16QAM 太赫兹信号。为了延长无线传输距离,将概率整形技术应用在该系统中。我们实现了 32 Gbit/s 的 16QAM 信号在 450 GHz 下无线传输 1.4 m,采用概率整形技术可以将系统灵敏度提高大约 1 dB。从解调后的星座图中也能看出，概率整形后的星座点更加清晰，应对非线性效应的能力更强。

参 考 文 献

[1] MOELLER L, FEDERICI J, SU K. THz wireless communications：2. 5 Gb/s error-free transmission at 625 GHz using a narrow-bandwidth 1 mW THz source[C]. General Assembly and Scientific Symposium, URSI. IEEE, 2011.

[2] SEEDS A J, SHAMS H, FICE M J, et al. Terahertz photonics for wireless communications[J]. Journal of Lightwave Technology, 2015, 33(3)：579-587.

[3] KOENIG S, BOES F, LOPEZ-DIAZ D, et al. 100 Gbit/s wireless link with mm-wave photonics[C]. Optical Fiber Communication Conference and Exposition and the National Fiber Optic Engineers Conference, 2013.

[4] NAGATSUMA T, HORIGUCHI S, MINAMIKATA Y, et al. Terahertz wireless communications based on photonics technologies[J]. Optics Express, 2013, 21(20)：23736-23747.

[5] JIA S, YU X, HU H, et al. THz wireless transmission systems based on photonic generation of highly pure beat-notes[J]. IEEE Photonics Journal, 2016, 8(5)：1-8.

[6] SEEDS A J, FICE M J, BALAKIER K, et al. Coherent terahertz photonics[J]. Optics Express, 2013, 21(19)：22988-23000.

[7] YU X, ASIF R, PIELS M, et al. 60 Gbit/s 400 GHz wireless transmission[C]. International Conference on Photonics in Switching (PS). IEEE, 2015.

[8] LI X, XU Y, XIAO J, et al. Modulation optimization for D-band wireless transmission link [C]. Proc. OFC, Los Angeles, California, 2017.

[9] LI X, XIAO J, LI F, et al. Large capacity optical wireless signal delivery at W-band：OFDM or single carrier[C]. Proc. OFC, Anaheim, California, 2016.

[10] LI F, CAO Z, LI X, et al. Fiber-wireless transmission system of PDM-MIMO-OFDM at 100 GHz frequency[J]. Journal of Lightwave Technology, 2013, 31(14)：2394-2399.

[11] BÖCHERER G, STEINER F, SCHULTE P. Bandwidth efficient and rate-matched low-density parity-check coded modulation[J]. IEEE Transactions on Communications, 2015, 63(12)：4651-4665.

[12] FEHENBERGER T, LAVERY D, MAHER R, et al. Sensitivity gains by mismatched probabilistic shaping for optical communication systems[J]. IEEE Photonics Technology Letters, 2016, 28(7)：786-789.

[13] WANG K, YU J, CHIEN H C, et al. Transmission of probabilistically shaped 100 Gbaud DP-16QAM over 5200km in a 100GHz spacing WDM system[C]. European Conference on Optical Communication, 2018.

[14] TEHRANI M N, TORBATIAN M, SUN H, et al. A novel nonlinearity tolerant super-gaussian distribution for probabilistically shaped modulation[C]. European Conference on Optical Communication, 2018.

[15] 余建军,迟楠,陈林. 基于数字信号处理的相干光通信技术[M]. 北京：人民邮电出版

社,2013.

[16] FATADIN I，SAVORY S J，IVES D. Compensation of quadrature imbalance in an optical QPSK coherent receiver [J]. IEEE Photonics Technology Letters，2008，20（20）：1733-1735.

[17] OERDER M，MEYR H. Digital filter and square timing recovery[J]. IEEE Transactions on Communications,1988,36(5)：605-612.

[18] LI X，YU J，DONG Z，et al. Investigation of interference in multiple-input multiple-output wireless transmission at W-band for an optical wireless integration system[J]. Optics Letters,2013,38(5)：742-744.

[19] BENVENISTE A，GOURSAT M. Robust identification of a non-minimum phase system：blind adjustment of a linear equalizer in data communications [J]. IEEE Transactions on Automatic Control,1980,25(3)：385-399.

[20] ZHAO M，ZHOU W，YU J. 3.5 Gbit/s OOK THz signal delivery over 88 cm free-space at 441.504 GHz[J]. Microwave and Optical Technology Letters，2018，60（6）：1435-1439.

[21] VITERBI A. Nonlinear estimation of PSK-modulated carrier phase with application to burst digital transmission [J]. IEEE Transactions on Information Theory,1983,29(4)：543-551.

[22] ZHAO M，WANG K，YU J，et al. ROF-OFDM system within terahertz-wave frequency range from 350 GHz to 510 GHz[J]. Proc. SPIE 10946，Metro and Data Center Optical Networks and Short-Reach Links II,2019：109460E.

[23] 余建军.光子辅助的毫米波通信技术[M].北京：科学出版社,2018.

第4章　多载波太赫兹通信基本算法和实验验证

4.1　引　　言

正交频分复用技术是一种信号调制格式和特殊的多载波复用方案,它具有较高的频谱效率,并且能抵抗无线传输中的多径衰落和光纤传输中的色散效应及偏振模色散效应,因此成为在光子辅助产生毫米波和太赫兹通信中极具优势的信号调制格式[1-2]。虽然利用 OFDM 调制格式的毫米波通信系统得到了广泛应用,但是仍然需要在毫米波系统中解决 OFDM 调制信号存在的缺陷。这些 OFDM 信号自身存在的问题主要是峰均功率比(peak-to-average power ratio,PAPR)过大,过高的 PAPR 在光子辅助毫米波和太赫兹通信系统中会影响放大器等器件的正常工作,因此需要利用降低 PAPR 的方法来提高信号传输质量。此外在光子辅助毫米波和太赫兹通信系统中 OFDM 信号会受到包括光信道和无线信道的噪声干扰,如何准确对信道进行估计是一个重要的问题。针对降低 PAPR 和提高信道估计准确度,可以考虑利用先进的数字信号处理(digital signal processing,DSP)手段。

本章介绍基于先进 DSP 算法的 OFDM 太赫兹通信系统。先对基于光外差拍频方案和相干接收的太赫兹通信系统进行介绍,然后详细介绍能降低 OFDM 信号中 PAPR 的离散傅里叶变换扩频技术,以及能提高信道估计准确度的符号内频域平均技术。在高频太赫兹系统中,不论采用全电子技术还是光子辅助技术,都会因发射机和接收机端的非理想光电元件以及传输信号的高峰均功率比而容易受到非线性效应的影响。为了减轻非线性效应,可以采用沃尔泰拉非线性补偿算法进行非线性补偿。我们将这三种算法级联引入毫米波和太赫兹系统,通过实验验证系统性能的提高。

4.2　基于光外差拍频方案和相干接收的太赫兹通信系统

基于光外差拍频方案和相干接收的太赫兹通信系统的结构示意图如图 4-1 所示,系统中信号采用的是 OFDM 调制格式。发送端采用光外差拍频方案产生太赫兹波,该方案中两路独立的激光器各自发出光信号,其中一路利用外部调制器将电 OFDM 信号调制到光上,随后两路光信号进入光电二极管中。利用平方律检测的

PD,两路光波之间进行拍频,可以产生出两路光频率之差的太赫兹信号。这种方案结构简单,且能灵活控制产生所需要的太赫兹频率。产生的电太赫兹波随后通过天线发送出去。接收端使用相干接收方案,系统具有很高的接收灵敏度。无线信号通过天线接收后,在一个混频器中和射频源发送出来的射频信号进行外差相干下变频。下变频后的信号是中频 OFDM 信号,该中频信号被实时数字示波器捕获。接收到的数字信号随后进行数字下变频至基带 OFDM 信号、OFDM 信号解调和误码率计算等处理。

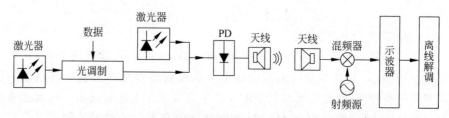

图 4-1　基于光外差拍频方案和相干接收的太赫兹通信系统示意图

4.3　多载波 OFDM 调制格式

OFDM 技术是一种信号调制格式,也是一种特殊的多载波复用方案。1966 年贝尔实验室常(R. W. Chang)首次提出了 OFDM 的原理,在线性带宽限制的传输信道中同时进行最大速率的数据传输,实现无信道间干扰和无码间干扰(intersymbol interference, ISI)[3]。随后常申请了 OFDM 的专利[4]。1985 年西米尼(L. Cimini)首次对 OFDM 技术在无线信道中的应用进行分析和模拟[5]。1996 年齐(P. Qi)等首次将 OFDM 技术在光通信中应用[6]。

OFDM 技术的思想是将高速串行的数据流转换为低速率的并行数据流,如图 4-2 所示。相比于串行的高速数据流,低速的并行数据流使得传输中码元符号时间更长,因此 OFDM 信号在传输中具有抗无线信道中衰落和多径干扰,以及光纤信道中色散的性能。在 OFDM 信号中,并行的数据流被调制到不同频率的载波上实现频分复用,并且这些载波之间的频率相互正交,频谱示意图如图 4-3 所示。普通的频分复用信号的频谱如图 4-3(a)所示,各载波频率之间保留频率间隔。而OFDM 信号的各载波频率保持正交而相互重叠,如图 4-3(b)所示,这样极大地提高了频谱效率,并且各载波可以根据实际应用进行不同调制格式的数据传输。

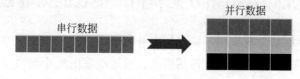

图 4-2　数据串并转换示意图

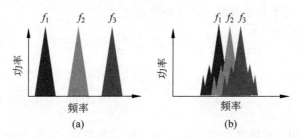

图 4-3　普通的频分复用信号和 OFDM 信号频谱示意图

(a) 普通的频分复用信号频谱示意图；(b) OFDM 信号频谱示意图

图 4-4 展示了 OFDM 信号的调制和解调过程。经过发送端调制后的 OFDM 信号可以表示为[7]

$$s(t) = \begin{cases} \sum_{i=0}^{N-1} x_i \cdot \mathrm{rect}\left(t - t_s - \frac{T}{2}\right) \exp\left[\mathrm{j}2\pi f_i(t - t_s)\right], & t_s \leqslant t \leqslant t_s + T \\ 0, & t < t_s \text{ 或 } t > t_s + T \end{cases}$$

(4-1)

式中展示了一个符号周期的信号表达式，T 代表符号周期，x_i 代表第 i 个子载波携带的数据，f_i 代表第 i 个子载波的频率，N 代表子载波数目，rect 表示矩形函数，且有 $\mathrm{rect}(t) = 1, |t| \leqslant T/2$。

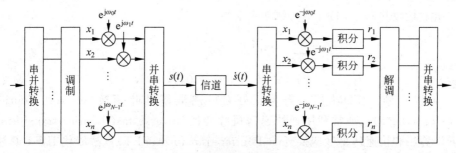

图 4-4　OFDM 信号调制和解调过程

OFDM 信号中的正交性体现在各子载波的频率之间。在一个 OFDM 符号内，符号周期为各子载波的周期整数倍，并且相邻子载波的周期数目相差 1。在频率上第 i 个子载波的频率可定义为

$$f_i = f_0 + \frac{i}{T}$$

(4-2)

则存在正交关系式

$$\frac{1}{T} \int_0^T \exp(\mathrm{j}2\pi f_n) \exp(-\mathrm{j}2\pi f_m) \, \mathrm{d}t = \begin{cases} 0, & m \neq n \\ 1, & m = n \end{cases}$$

(4-3)

如图 4-4 所示，OFDM 信号在接收端可以利用该正交关系，和对应频率的载波

进行积分即可解调出各子载波上的传输数据表达式

$$r_i = \frac{1}{T}\int_{t_s}^{t_s+T} \exp\left[-j2\pi\frac{i}{T}(t-t_s)\right] \sum_{k=0}^{N-1} x_k \exp\left[j2\pi\frac{k}{T}(t-t_s)\right] dt$$

$$= \frac{1}{T}\sum_{k=0}^{N-1} x_k \int_{t_s}^{t_s+T} \exp\left[j2\pi\frac{k-i}{T}(t-t_s)\right] dt$$

$$= x_i \tag{4-4}$$

在实际应用中,如果要按照图 4-4 所示的结构系统,需要大量的乘法器、积分器和滤波器等设备,极大地增加了 OFDM 信号传输系统的复杂度和成本。而 DSP 能有效解决该问题,降低系统复杂度和成本。考虑一个 OFDM 符号周期内,模拟信号可以简单表示为

$$s(t) = \sum_{i=0}^{N-1} x_i \exp\left(j2\pi\frac{i}{T}t\right) \tag{4-5}$$

以 N/T 的采样速率对 OFDM 信号抽样,将信号数字化后第 k 个时刻抽样值可以表示为

$$s[k] = \sum_{i=0}^{N-1} x_i \exp\left(j2\pi\frac{i}{T}\frac{kT}{N}\right) = \sum_{i=0}^{N-1} x_i \exp\left(j2\pi\frac{ik}{N}\right)$$

$$= \mathrm{IDFT}\{x[i]\}, \quad k = 0,1,\cdots,N-1 \tag{4-6}$$

OFDM 信号调制正好对应逆离散傅里叶变换(inverse discrete Fourier transform,IDFT)。

在接收端进行 OFDM 信号解调表示为

$$x[i] = \sum_{k=0}^{N-1} s_k \exp\left(-j2\pi\frac{ik}{N}\right)$$

$$= \mathrm{DFT}\{s[k]\}, \quad i = 0,1,\cdots,N-1 \tag{4-7}$$

可以看到,OFDM 信号解调正好对应离散傅里叶变换(discrete Fourier transform,DFT)。通常利用逆快速傅里叶变换(inverse fast Fourier transform,IFFT)算法和快速傅里叶变换(fast Fourier transform,FFT)算法取代 IDFT 算法和 DFT 算法,将运算复杂度从 $O(N^2)$ 降低至 $O(N\log_2 N)$。

在 OFDM 调制时,FFT 的长度选择需要进行综合考虑。增加 FFT 的长度会增加发射器和接收器的处理难度,以及增加信号的 PAPR。但与此同时可以减少循环前缀的比例开销,增加频谱效率。在实际应用中 FFT 长度通常是 2 的幂级数,常见的长度通常在 128~1024。

当 OFDM 信号在多径衰落信道中传输时,会引起 ISI。如图 4-5(a)所示,慢子载波在传播过程中,当前周期内有时间为 T_d 的信息部分落到下一个符号周期中。为了消除 ISI,需要在 OFDM 的每个符号中插入保护时间,只要保护时间大于多径时延扩展,则多径就不会引起 ISI。在保护区间未放信号的 OFDM 系统称为补零 OFDM(zero padding OFDM,ZP-OFDM)系统。ZP-OFDM 系统有比较低的传输功率。多径效应使 FFT 积分时间内两个子载波的周期不再是整数倍,从而子载波

不能保持相互正交,引起载波间干扰(inter-carrier interference,ICI),如图 4-5(b)
所示。为了减小 ICI,OFDM 符号可以在保护时间内发送循环前缀(cyclic prefix,
CP)。CP 是 OFDM 符号尾部信号复制到头部构成,这样可保证经时延的 OFDM
信号在 DFT 积分周期内总是整数倍周期。在多径时延小于保护时间情况下,不会
造成 ISI,同时还保证了各个子载波之间的相互正交,如图 4-5(c)所示。

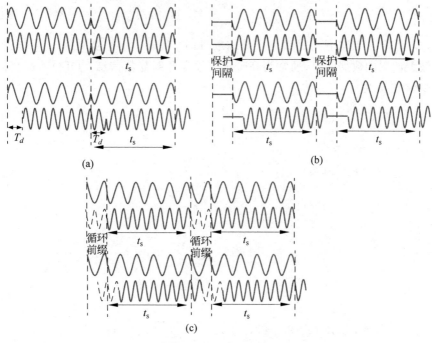

图 4-5　保护时间、ICI 和循环前缀示意图

(a) 保护时间示意图;(b) ICI 示意图;(c) 循环前缀示意图

　　符号同步算法用在接收端捕获 OFDM 信号后,对 OFDM 信号的起始位置进
行判定。1997 年施密尔(T. M. Schmidl)等提出了基于训练序列(training
sequence,TS)的同步算法,但是该经典算法存在定时平台,无法精确定位[8]。之
后敏(H. Minn)等改进了施密尔的同步算法,利用相反数的方法消除定时平台[9]。
接着炳俊(P. Byungjoon)等提出了一种基于共轭对称的四段结构 TS,使得符号同
步精度得到进一步提高[10]。信道估计算法和降低 PAPR 算法在后续章节有具体
应用,在此不再赘述。

4.4　离散傅里叶变换的扩频技术

4.4.1　离散傅里叶变换扩频技术原理

　　OFDM 调制技术有一个主要的缺点是调制信号具有高的 PAPR。当传输的

OFDM 信号的瞬时功率过大,系统中电放大器增益在此时会趋于饱和,对 OFDM 信号进行剪裁从而产生信号非线性失真。尤其在光子辅助毫米波系统中,光纤传输时也存在非线性,减小 PAPR 的影响对于系统更具有挑战性。

DFT-S 技术可以用来减小 OFDM 信号的 PAPR,使多载波调制的 OFDM 具有单载波信号的特性[11]。一个周期内的 OFDM 调制信号的时域波形可以表示为

$$s(t) = \sum_{k=1}^{N} a_k e^{j2\pi \frac{k-1}{T_s} t}, \quad t \in [0, T_s] \tag{4-8}$$

式中,N 代表 OFDM 信号的调制子载波数目,T_s 代表一个符号周期,a_k 代表各个子载波上调制的数据信息,通常为高阶正交幅度调制复数信息。OFDM 调制信号的 PAPR 定义为

$$PAPR = \frac{\max\{|s(t)|^2\}}{E\{|s(t)|^2\}}, \quad t \in [0, T_s] \tag{4-9}$$

令功率归一化,有

$$E\{|s(t)|^2\} = N, \quad t \in [0, T_s] \tag{4-10}$$

$$|s(t)|^2 = \sum_{n=1}^{N} \sum_{k=1}^{N} a_k a_n^* e^{j2\pi \frac{k-n}{T_s} t}$$

$$= N + 2\text{Re}\left\{ \sum_{n=1}^{N-1} \sum_{k=n+1}^{N} a_k a_n^* e^{j2\pi \frac{k-n}{T_s} t} \right\}$$

$$= N + 2\text{Re}\left\{ \sum_{k=1}^{N-1} e^{j2\pi \frac{k-n}{T_s} t} \sum_{n=1}^{N-k} a_{k+n} a_n^* \right\} \tag{4-11}$$

当 z 为复数,有 $\text{Re}(z) \leqslant |z|$,$\left| \sum z_n \right| \leqslant \sum |z_n|$,得

$$PAPR = \frac{N + 2\text{Re}\left\{ \sum_{k=1}^{N-1} e^{j2\pi \frac{k-n}{T_s} t} \sum_{n=1}^{N-k} a_{k+n} a_n^* \right\}}{N}$$

$$\leqslant 1 + \frac{2}{N} \sum_{k=1}^{N-1} |\rho(k)| \tag{4-12}$$

式中,$\rho(k)$ 为 IFFT 输入信号的非周期自相关函数[12],具体表示为

$$\rho(k) = \sum_{n=1}^{N-k} a_{k+n} a_n^*, \quad k = 1, 2, \cdots, N \tag{4-13}$$

由式(4-13)可知,当系统中 IFFT 输入信号的自相关函数值越小,OFDM 信号中 PAPR 被控制得越小。利用 DFT 矩阵能减小信息序列的相关性,从而降低系统中 OFDM 信号的 PAPR。

4.4.2   离散傅里叶变换扩频技术应用

基于 DFT-S 技术的 OFDM 信号调制和解调流程如图 4-6 所示。在调制端,一

个周期的数据信息 N 被分为 n 个组,每个组中 M 个点先进行 DFT,然后再将这 N 个点整体进行 IDFT。在解调端,与调制端相对应,接收数据在进行 N 个点的 DFT 之后,还需要分成 n 组,对每个组进行 M 个点的 IDFT。可以看出与传统的 OFDM 信号调制解调相比,基于 DFT-S 技术的 OFDM 信号不同点在于调制端和解调端需要分别额外地进行 DFT 和 IDFT。

　　进行 DFT-S OFDM 信号调制时,分组值大小是一个重要的参数。将信号数据 N 分为 n 个组时,n 的大小需要进行选择。考虑 n 取最大值,即 n 等于 N 时,该 DFT-S OFDM 调制过程可以看成传统的 OFDM 信号调制,其 PAPR 并不会得到改善。考虑 n 取最小值,即 n 等于 1 时,该 DFT-S OFDM 调制过程实质可以看成单载波调制,此时 PAPR 是最小的,具有单载波的性质。所以 n 的取值越小,DFT-S OFDM 信号的 PAPR 越小,在保证 OFDM 调制的基础上,n 能达到的最小值等于 2。

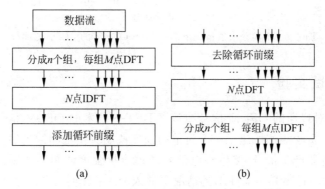

图 4-6　DFT-S OFDM 信号调制和解调流程示意图
(a) DFT-S OFDM 调制端;(b) DFT-S OFDM 解调端

　　通常在 OFDM 系统中,为了衡量信号的 PAPR 大小,引入一个互补累积分布函数(complementary cumulative distribution function,CCDF)的变量,该变量表示 OFDM 信号的 PAPR 超过特定阈值的概率分布。图 4-7 显示了仿真情况下当 n 取不同值时,DFT-S OFDM 所拥有的 CCDF 曲线[12]。从图中可以看到,仿真情况与理论分析一致,当 n 取 2 时信号具有最好的 CCDF 曲线,随着 n 增大,信号的 PAPR 情况越大。仿真图中也可以看出传统 OFDM 信号的 CCDF 曲线最差,相比基于 DFT-S 的 OFDM 信号而言具有较高 PAPR 值。在后续系统应用中,选取 n 等于 2 进行 DFT-S OFDM 信号调制,以最大程度改善信号 PAPR。

　　此外,在进行 DFT-S OFDM 信号调制时,用于信道估计的 TS 需要被讨论是否进行额外的 DFT 和 IDFT。根据 DSP 的对应规则,TS 在 DFT-S OFDM 信号调制端中也应该进行额外的 DFT,此时 TS 变成模拟序列。但是 TS 在整个 OFDM 符号中只占很小部分,额外进行 DFT 带来的 PAPR 改善很小。文献[13]中表明,在光信道中,TS 不进行额外 DFT,即采用数字 TS 更有利于系统性能。这是因为相比数字 TS 而言,模拟 TS 在传输中更容易受到光信道的影响,导致信道估计时响应幅度和相位抖动更为严重[13]。在后续系统应用中,选择使用数字 TS,即和传统 OFDM 一样,不对 TS 进行额外 DFT,以最优化系统性能。

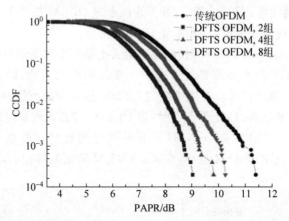

图 4-7   不同分组值情况下的 DFT-S OFDM 的 CCDF 值曲线

4.4.3   测试实验

这里,针对普通的 OFDM 信号和基于 DFT-S 技术的 OFDM 信号进行了简单的实验测试。实验测试搭建了一个简单的强度调制直接检测的光通信系统。利用任意波形发生器产生信号,然后将电信号通过直接强度调制器调制到光上。光信号在背靠背(back to back,BTB)的情况下进入 PD 中转换为电信号,最后通过示波器接收进行信号恢复。该实验测试中使用的 DFT-S OFDM 信号采用数字 TS,分组数目大小为 2。

测试结果如图 4-8 所示,信号中子载波采用 QPSK 映射方式。图 4-8(a)~(c)分别表示信号速率为 1 Gbaud、2 Gbaud 和 4 Gbaud 时,接收端传统 OFDM 信号的解调星座图,当信号速率增大至 4 Gbaud 时,BER 达到 1×10^{-4}。图 4-8(d)~(f)分别表示信号速率为 1 Gbaud、2 Gbaud 和 4 Gbaud 时,接收端 DFT-S OFDM 信号的解调星座图。从星座图对比可看出,传统 OFDM 信号的解调星座图更为发散,系统性能较差。并且当 DFT-S OFDM 信号速率增大至 4 Gbaud 时,BER 仍然为 0。

此外,系统还测试了子载波采用 16 阶正交幅度调制(16-ary quadrature amplitude modulation,16QAM)映射方式下的传统 OFDM 和 DFT-S OFDM 的传输性能。其结果如图 4-9 所示,从图中可以看出与 QPSK 映射方式的结果类似,DFT-S OFDM 信号的传输质量明显优于传统 OFDM 信号,接收端解调星座点更收敛,BER 更低,能通过降低 PAPR 来提高系统的传输性能。

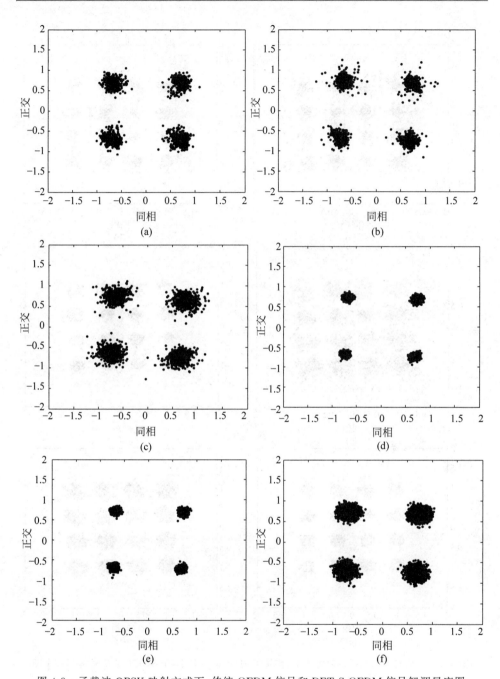

图 4-8　子载波 QPSK 映射方式下,传统 OFDM 信号和 DFT-S OFDM 信号解调星座图
(a) OFDM,1 Gbaud,BER＝0;(b) OFDM,2 Gbaud,BER＝0;(c) OFDM,4 Gbaud,BER＝1×10⁻⁴;
(d) DFT-S OFDM,1 Gbaud,BER＝0;(e) DFT-S OFDM,2 Gbaud,BER＝0;(f) DFT-S OFDM,
4 Gbaud,BER＝0

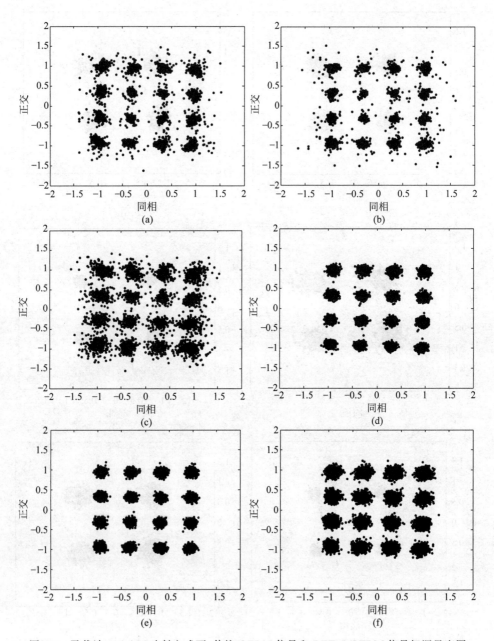

图 4-9　子载波 16QAM 映射方式下，传统 OFDM 信号和 DFT-S OFDM 信号解调星座图

(a) OFDM，1 Gbaud，BER＝$6.5×10^{-4}$；(b) OFDM，2 Gbaud，BER＝$5.5×10^{-4}$；(c) OFDM，4 Gbaud，

BER＝$2.0×10^{-3}$；(d) DFT-S OFDM，1 Gbaud，BER＝0；(e) DFT-S OFDM，2 Gbaud，BER＝0；

(f) DFT-S OFDM，4 Gbaud，BER＝$7.5×10^{-5}$

4.5　符号内频域平均技术

4.5.1　信道估计

信道估计是 OFDM 系统中一个关键的过程。在光纤和无线信道中传输的信号会受到光纤中的色度色散和偏振模色散等损伤因素的干扰，以及无线信道中多径衰落和频率选择性衰落等影响，而通过必要的信道估计可以获得信号传输所在的信道信息，随后通过补偿信号受到的损伤，保证接收端能恢复出准确的数据信息。

信道估计技术可以分为三类：第一类是已知数据辅助类，即在发送的未知数据信息里添加特定的已知数据，当在接收端接收到数据时可以通过这些数据的大小和位置来获得所需要的传输信道响应信息，准确恢复传输数据；第二类是盲估计类，在发送端不插入任何已知数据，在系统接收端利用接收信号的统计信息特性来估计传输信道特性，恢复数据信息；第三类是半盲估计，该方式联合前面两种方法获得传输信道特性。第二类盲估计和第三类半盲估计因为不需要或者仅仅需要很少的额外已知信息，使得系统的频谱利用率较高，但是使用的算法复杂度较高，收敛速度和信道估计的准确性相应降低。

本章中的信道估计使用的是第一类数据辅助的方案，这种方案简单、计算复杂度低，适合高速的 OFDM 系统。但是该方案相应的代价是增加了冗余，降低了系统频谱效率。传统的 OFDM 信道估计中，插入 TS 或者导频是常用的数据辅助手段。本章采用的是在特定数目的码元符号前插入定量的已知 TS。获得信道响应的算法主要包括最小二乘（least square，LS）算法[15]、线性最小均方误差（linear minimum mean squared error，LMMSE）算法[16]，以及最大似然（maximum-likelihood，ML）信道估计算法[17]。其中 LMMSE 算法和 ML 算法复杂度相对较大，LS 算法因为简单、复杂度低而运用最为广泛，本章即采用 LS 算法。下面简单对该算法在信道估计中的应用进行介绍和推导。

在系统发送端插入的已知训练数据为 X_P，接收端接收到的传输后训练数据为 Y_P，假设 TS 数据传输时所在位置的信道响应为 H_P，受到的加性高斯白噪声干扰为 W_P，则有

$$Y_P = X_P H_P + W_P \tag{4-14}$$

利用 LS 算法对式（4-14）中的信道响应 H_P 进行估计，则需要使得下式最小：

$$J = (Y_P - \hat{Y}_P)^{\mathrm{H}} (Y_P - \hat{Y}_P) = (Y_P - X_P \hat{H}_P)^{\mathrm{H}} (Y_P - X_P \hat{H}_P) \tag{4-15}$$

式中，$\hat{H}_P$ 是传输信道频域响应 H_P 的估计值，$\hat{Y}_P$ 是 TS 数据的输出值。使得式（4-15）有最小值，则需要满足下面的条件式：

$$\frac{\partial\{(Y_P - X_P\hat{H}_P)^H(Y_P - X_P\hat{H}_P)\}}{\partial\hat{H}_P} = 0 \qquad (4\text{-}16)$$

通过式(4-16)可以得到信道频域响应,推导出利用 LS 算法得到的信道频域响应估计值为

$$\hat{H}_{P,\mathrm{LS}} = X_P^{-1}Y_P \qquad (4\text{-}17)$$

从式(4-17)可以看出,利用 LS 算法时,仅需要获知发送端的数据信号 X_P 和接收端接收的信号 Y_P,而不需要额外知道包括信道噪声 W_P 等在内的统计特征信息。可以看出 LS 算法的优点是计算复杂度小,实现简单。

4.5.2　符号内频域平均技术原理

OFDM 传输系统中随机噪声的存在会导致信道估计的准确性降低。为了消除系统中随机噪声的影响,通常利用多个 TS 插入传输数据中,接收端计算出各个 TS 的信道响应后取平均。这种消除噪声的方法插入了大量已知辅助数据,导致系统的频谱利用率降低。在不增加过多辅助数据的情况下,为了消除系统中的随机噪声影响,提高信道估计准确性,ISFA 技术被提出[18-20]。

传统的利用 TS 来估计信道响应的系统里,在一个 TS 内,计算得到的第 k 个子载波的信道响应估计值为 H_k。将这个子载波和与它相邻的前面 m 个以及后面 m 个子载波,总共 $2m+1$ 个子载波的信道响应值取平均,可以得到第 k 个子载波位置的优化后信道响应估计值,公式如下:

$$H_{\mathrm{ISFA}} = \frac{\sum\limits_{k'=k-m}^{k+m} H_{k'}}{\min(k'_{\max}, k+m) - \max(k'_{\min}, k-m) + 1} \qquad (4\text{-}18)$$

式中,$k'_{\max}$ 和 $k'_{\min}$ 分别代表一个 OFDM 符号周期内的最大和最小的子载波序号,当计算过程中 k' 的序号值不在子载波序号范围内,$H_{k'}$ 的取值默认为 0。按照式(4-18)计算得到的即优化后的信道响应估计值,随后用于恢复传输的数据信息。

在计算每个子载波信道响应时用到的取平均的子载波数目称为抽头大小。抽头的数值选取影响 ISFA 技术的性能。当增大抽头时,意味着取平均的子载波样本数更大,更有利于对随机噪声的抑制。但是当抽头数目过大时,子载波样本之间的相关性会减小,降低信道估计的准确性。因此,抽头大小的选择需要平衡随机噪声的抑制和载波间的相关性。

4.6　基于 DFT-S 和 ISFA 的 OFDM 毫米波相干接收系统

4.6.1　实验装置

基于 DFT-S 技术和 ISFA 技术的 OFDM 信号 W 波段毫米波相干接收系统实

验装置如图 4-10 所示。OFDM 信号是离线利用 MATLAB 软件生成,每个符号周期采用了 256 个子载波,其中携带的数据信息包括 193 个子载波,各个子载波均采用高阶 16QAM 映射方式。每个符号周期内插入了 32 个点的 CP,每 100 个 OFDM 符号周期内插入了一个 TS 用来进行信道估计,TS 长度占一个 OFDM 码元周期。

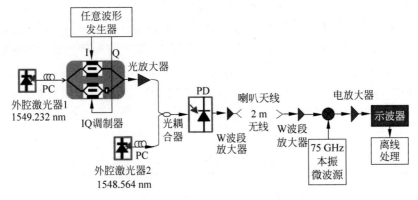

图 4-10　W 波段毫米波相干接收系统实验装置图

随后将离线生成的 OFDM 数据导入任意波形发生器中,该任意波形发生器具有 8 GSa/s 的采样速率,以及 13 GHz 的带宽。因此可以算出发送端发送的数据传输速率为:$8 \times 193/256 \times 4 \times 256/(32+256) \times 0.99$ Gbit/s＝21.2 Gbit/s。

外腔激光器 1 的工作波长设置在 1549.232 nm,输出功率为 14.5 dBm。电 OFDM 信号通过任意波形发生器生成后,利用同相/正交相(in-phase/quadrature-phase,IQ)调制器调制到连续光波上,随后光 OFDM 信号通过保偏的掺铒光纤放大器放大光功率,与另一路连续光波在保偏耦合器中耦合。另一路光从外腔激光器 2 中产生,波长为 1548.564 nm,功率为 13 dBm。两路光耦合后的频谱如图 4-11 所示,控制两路光信号的功率大小相近,频率间隔为所需要的 W 波段频率即可,本实验设置频率间隔为 84.5 GHz。

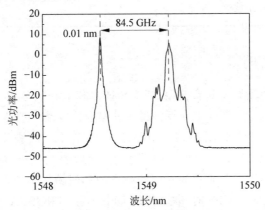

图 4-11　频率间隔 84.5 GHz 的两路光信号光谱图

如图 4-10 所示,随后两路光在 3 dB 带宽为 100 GHz 的 PD 中进行拍频,产生的 84.5 GHz 毫米波通过一个增益为 30 dB、饱和输出功率为 3 dBm 的 W 波段电放大器。然后通过 W 波段的喇叭天线(25 dBi 增益,WR-10 接口)发射出去,无线传输 2 m 的距离后被另一个相同的 W 波段喇叭天线接收。接收端利用一个与发送端相同的 W 波段电放大器放大电信号,之后 84.5 GHz 电毫米波利用相干探测接收,与输出功率为 16 dBm 的 75 GHz 本振微波源进行下变频。下变频的信号通过一个工作频率为 DC 约 40 GHz 的电放大器放大,随后下变频信号被实时数字存储示波器获得,该示波器的采样速率为 50 GSa/s,3 dB 模拟带宽为 16 GHz。最后由示波器捕获的中频信号在 MATLAB 中利用 DSP 方式进行离线恢复,包括变频至基带、DFT-S OFDM 信号解调,以及 BER 测量。此次实验的各关键器件参数见表 4-1。

表 4-1　W 波段毫米波相干接收系统中关键器件参数

器　　件	参　　数
外腔激光器 1	工作波长:1549.232 nm 线宽:约 100 kHz 输出功率:14.5 dBm
外腔激光器 2	工作波长:1548.564 nm 线宽:约 100 kHz 输出功率:13 dBm
光电探测器	3 dB 带宽:100 GHz
W 波段电放大器	增益:30 dB 饱和输出功率:3 dBm
W 波段喇叭天线	增益:25 dBi 接口:WR-10
本振微波源	频率:75 GHz 输出功率:16 dBm
数字存储示波器	采样速率:50 GSa/s 3 dB 带宽:16 GHz

4.6.2　实验结果

本实验对比地测试了联合使用 DFT-S 技术和 ISFA 技术,以及分别使用这两种技术的系统性能。如图 4-12 所示,测试过程中接收端 OFDM 信号的星座图、频域频谱图以及时域波形图被展示出来。图 4-12(a)代表系统接收光功率为 −5.5 dBm 时,仅使用 ISFA 技术的情况下,接收到的 OFDM 信号星座图。而图 4-12(c)和图 4-12(e)分别代表对应的频谱图和时域波形图。图 4-12(b)代表系统接收光功率为 −5.3 dBm 时,联合使用 DFT-S 技术和 ISFA 技术的情况下,接收到的 OFDM 信号星座图。图 4-12(d)和图 4-12(f)分别代表光功率为 −5.3 dBm

时对应的频谱图和时域波形图。对比可以看到,在接收光功率大小基本相同的条件下,使用了 DFT-S 技术的信号星座图更收敛,错误率更低。图 4-12(f)中信号的幅度相对较为平均,而图 4-12(e)中信号的 PAPR 较高,可以看出 DFT-S 技术改善了系统中 OFDM 信号的 PAPR。

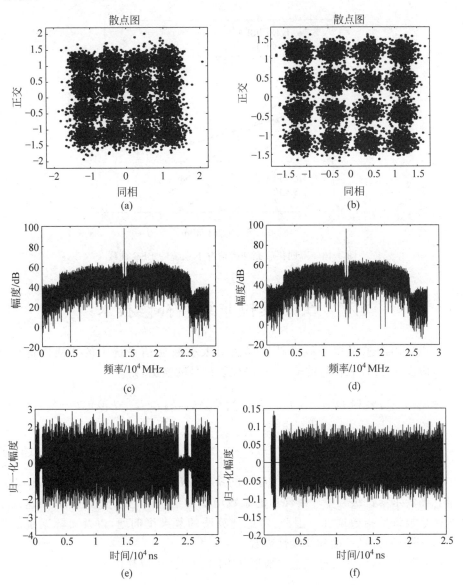

图 4-12　接收信号星座图、频谱图以及时域波形图

(a) 接收功率为 −5.5 dBm 时使用 ISFA 的接收信号星座图;(b) 接收功率为 −5.3 dBm 时使用 ISFA 和 DFT-S 的接收信号星座图;(c) 接收功率为 −5.5 dBm 时使用 ISFA 的接收信号频谱图;(d) 接收功率为 −5.3 dBm 时使用 ISFA 和 DFT-S 的接收信号频谱图;(e) 接收功率为 −5.5 dBm 时使用 ISFA 的接收信号波形图;(f) 接收功率为 −5.3 dBm 时使用 ISFA 和 DFT-S 的接收信号波形图

　　图 4-13 展示了仅使用 DFT-S 技术、仅使用 ISFA 技术，以及两种技术联合使用情况下系统的 BER 曲线图。可以看到，两种技术联合使用时较仅使用一种技术时，系统的 BER 性能得到提高，接收灵敏度均有 0.5 dB 以上的提高。在联合使用两种技术情况下，当接收光功率为-6.3 dBm 时，BER 低于 HD-FEC 阈值 3.8×10^{-3}。

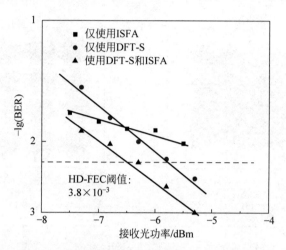

图 4-13　不同接收光功率情况下系统的 BER 曲线

4.7　沃尔泰拉非线性补偿技术

　　可以采用沃尔泰拉非线性补偿算法对太赫兹通信系统中的非线性进行补偿[21]，假设 $x(t)$ 代表信号的输入，$y(t)$ 代表信号的输出，则有

$$y(t)=h_0+\sum_{k=0}^{M-1}h_1(k)x(t-k)+\sum_{k_1=0}^{M-1}\sum_{k_2=k_1}^{M-1}h_2(k_1,k_2)x(t-k_1)x(t-k_2)+\cdots+$$

$$\sum_{k_1=0}^{M-1}\cdots\sum_{k_n=k_{n-1}}^{M-1}h_n(k_1,\cdots,k_n)x(t-k_1)\cdots x(t-k_n) \tag{4-19}$$

式中，h_n 表示沃尔泰拉级数中非线性项的系数，M 表示系统的记忆长度，h_0 表示常量。当沃尔泰拉级数中非线性项的系数增加和系统的记忆长度增加，表达式中非线性参数将呈指数增加。因此，考虑到算法的复杂度问题，以及实际系统的需要，调整系统的记忆长度和非线性项数。

　　在一般系统中，非线性项数一般取 2，则式(4-19)可以简化为

$$y(t)=h_0+\sum_{k=0}^{M-1}h_1(k)x(t-k)+$$

$$\sum_{k_1=0}^{M-1}\sum_{k_2=k_1}^{M-1}h_2(k_1,k_2)x(t-k_1)x(t-k_2) \tag{4-20}$$

　　根据记忆长度的大小，把非线性系统分为有记忆和无记忆系统，当 $M=0$ 时，

上式可简化为

$$y(t) = h_0 + h_1 x(t) + h_2 x^2(t) \qquad (4\text{-}21)$$

在文献[22]中提到了采用相邻信号的平方差的非线性补偿算法:

$$y_i = \sum_{j=-N}^{N} v_j x_{i-j} + \sum_{k=-N}^{N} \sum_{j=-N}^{k-1} v_{k,j} (x_{i-k} - x_{i-j})^2 \qquad (4\text{-}22)$$

式中,x 和 y 分别代表沃尔泰拉级数的输入和输出信号。N 代表沃尔泰拉级数的抽头数目,也就是非线性系统的记忆长度。v_j 和 $v_{k,j}$ 分别代表线性和非线性滤波器的权重系数。

沃尔泰拉非线性补偿技术一般用来在时域中处理实数信号。在文献[23]中,由于传输的信号是离散多音调(DMT)信号,是实数,所以可以直接处理。如果信号是 OFDM 虚数信号,则不能直接由沃尔泰拉非线性补偿技术处理。考虑到这一点,OFDM 信号被分成 IQ 部分,在接收端分别由沃尔泰拉非线性补偿技术进行处理。均衡器可以描述为

$$y_{i(\text{I,Q})} = \sum_{j=-N}^{N} v_j x_{i-j} + \sum_{k=-N}^{N} \sum_{j=-N}^{k-1} v_{k,j} (x_{(i-k)(\text{I,Q})} - x_{(i-j)(\text{I,Q})})^2 \qquad (4\text{-}23)$$

式中,x 和 y 分别代表沃尔泰拉级数的输入和输出信号。N 代表沃尔泰拉级数的抽头数目,也就是非线性系统的记忆长度。v_j 和 $v_{k,j}$ 分别代表线性和非线性滤波器的权重系数,基于最小均方自适应更新权重系数,LMS 的使用将在下面介绍。方程中的 I 和 Q 表示信号的 IQ 部分。在接收端,数字信号处理将接收到的中频信号向下转换为基带信号,用施密尔对基带信号进行归一化,接收端的 IQ 信号将分别进行沃尔泰拉非线性处理[23]。

4.8　太赫兹 RoF-OFDM 通信系统实验验证

本节将介绍两个太赫兹 OFDM 传输实验。第一个实验介绍工作在 350～510 GHz 的基于光子辅助技术的光纤无线融合 OFDM(RoF-OFDM)通信系统[24]。这个系统可在 450 GHz 的频率下提供 4.46 GHz 带宽(相当于 8.92 Gbit/s 的有效数据传输速率)的 OFDM-QPSK 信号的光纤无线融合传输。在光纤链路上的传输距离可以达到 35 km,无线链路的长度为 2.5 英寸*,系统 BER 为 3.8×10^{-3}。我们实现的这个系统在 350～510 GHz 的太赫兹波段频率范围内具有相对稳定的系统性能,证明了太赫兹在超宽带通信上的潜力与应用前景。第二个实验介绍高阶 QAM OFDM 信号传输。在这个实验里我们采用概率整形技术和沃尔泰拉算法提高高阶 QAM OFDM 的性能。我们成功地实现了最高阶为 4096QAM 信号传输无线距离超过 13.42 m,速率超过 50 Gbit/s。

---

* 1英寸=2.54 厘米。

4.8.1　350～510 GHz RoF-OFDM 通信系统实验装置

我们实现的 350～510 GHz RoF-OFDM 通信系统实验装置如图 4-14 所示。在发射端,我们使用两个自由运行的外腔激光器,利用光外差拍频生成和调制太赫兹信号。ECL1 的输出光功率为 15 dBm,线宽<100 kHz,工作波长固定在 1552.524 nm,输出连续波光载波。ECL2 的输出光功率为 11 dBm,线宽<100 kHz,作为发射端的光本振源。我们将 ECL2 的工作波长调整在 1548.395～1549.715 nm 范围内,以使光载波与光本振源之间的频率差位于 350～515 GHz 范围内,从而测试在宽带太赫兹范围内系统的工作性能。

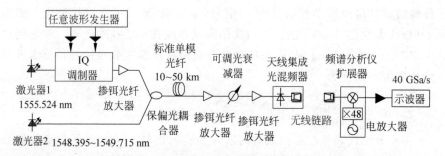

图 4-14　光子辅助太赫兹通信系统实验装置图

我们通过 10 Gbaud 的基带 OFDM-QPSK 电信号来调制光载波。在数字域使用逆傅里叶逆变换产生大小为 1024 的基带 OFDM-QPSK 数字信号,并使用泰克(Tektronix)AWG 将基带数字信号转换为电信号。使用 1024 个子载波中的 505 个来承载 QPSK 数据,并利用前面提到的离散傅里叶变换扩展(DFT-spread)技术来降低每个 OFDM 符号的峰均功率比[25]。在 IFFT 之后,将 32 点循环前缀添加到每个 OFDM 符号中,每 42 个 OFDM 符号之前添加一个 TS,其中包括两个 OFDM 符号,以帮助接收端的信道估计。因此,一个 OFDM 帧包括一个 TS 和随后的 42 个 OFDM 符号。此外,还在每个 OFDM 帧之前添加 1024 个零点,用来帮助基于接收机的时间同步。我们发送的 10 Gbaud OFDM-QPSK 信号的有效带宽为 $(42 \times 505)/(1024 + 44 \times 1056)$ GHz$\times 10 \approx 4.46$ GHz。

使用 IQ 调制器进行数据调制,该 IQ 调制器的 3 dB 光带宽为 32 GHz,1 GHz 频点上的半波电压为 2.3 V。生成的 OFDM-QPSK 光信号由保偏掺铒光纤放大器放大,然后通过保偏光纤耦合器与光 LO 耦合,产生光太赫兹信号。

图 4-15 给出了 PM-OC 耦合后的光谱,其分辨率为 0.01 nm,分别对应于两路光之间 350 GHz、400 GHz、450 GHz 和 510 GHz 的频率差。接下来,将产生的 RoF 信号通过长度为 10～50 km 的单模光纤(SMF-28)传输,该光纤在 1550 nm 处具有 17 ps/(km·nm)的色散。光功率由一个 EDFA 进行放大,随后使用日本电报电话公司的天线集成光混频器模块(AIPM,IOD-PMAN-13001)实现太赫兹

信号的光/电转换,集成的天线将转换后的太赫兹信号辐射到可用空间。该 AIPM 可被看作 UTC-PD 与太赫兹天线的单片集成,其工作范围为 300～2500 GHz,典型输出功率为 -28 dBm。我们在 AIPM 之前添加了可调光衰减器,便于调整 AIPM 的输入功率以进行 BER 测量。

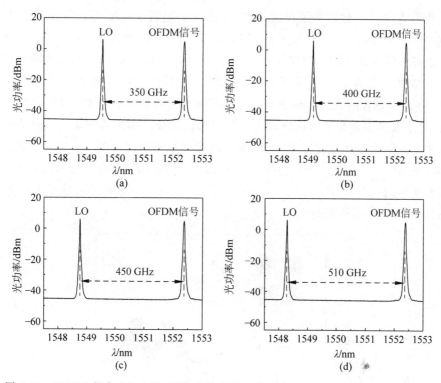

图 4-15　PM-OC 耦合后的光谱,两路光的频率差分别为:(a)350 GHz,(b)400 GHz, (c)450 GHz,(d)510 GHz

　　在 1～5 英寸距离的无线传输后,我们使用增益为 25 dBi 的喇叭天线接收太赫兹电信号,该天线的工作频率为 330～500 GHz。然后,使用由正弦波本振源驱动的频谱分析仪扩展器(SAX,VDI 模型:WR2.2SAX)将接收到的太赫兹波电信号下变频为较低频段的中频(IF)信号。该 SAX 可以看作是混频器和倍频器的集成,其工作频率范围为 330～500 GHz,最大可用 IF 带宽为 40 GHz。在 330～500 GHz 的工作频率范围内,其转换损耗相对平坦,平均值约为 16 dB。对于本振输入范围为 6.88～10.42 GHz 和 27.5～41.67 GHz 的 SAX,其倍频系数分别为 48 和 12。在实验中,我们使用的倍频倍数为 48 倍,本振射频信号频率范围为 6.88～10.42 GHz。

　　在得到中频信号后,我们使用电放大器来增强下变频后的 IF 信号,该电放大器的增益为 40 dB,工作频率范围在 4～18 GHz。接着,我们使用数字存储示波器(DSO)捕获该信号,该示波器的电带宽为 13 GHz,采样速率为 40 GSa/s。随后的离线数字信号处理包括下变频、时间同步、训练序列辅助的信道估计和恢复、

QPSK 解映射,以及 BER 计算。同时,我们采用了前面提到的符号内频域平均 ISFA 算法来提高信道估计的准确性[25]。

4.8.2   350~510 GHz RoF-OFDM 通信系统实验结果及分析

我们将太赫兹载波频率设置为 450 GHz,首先测量系统的 BER 性能。驱动 SAX 的 LO 频率设置为 9.253 GHz,因此下变频的 IF 频率为 5.856 GHz。当我们将无线传输距离从 1 英寸增加到 5 英寸时,测量得到的系统 BER 与无线传输距离的关系如图 4-16 所示。对于图 4-16 的测量,我们将 AIPM 的输入功率设置为 12.7 dBm,考虑没有光纤传输的情况。随着无线传输距离的增加,BER 性能逐渐变差,这主要是因为距离增加导致无线路径损耗增加。如果能够增加一对太赫兹透镜来聚焦无线太赫兹信号[22,26-27],相应的无线传输距离会随之增加。当无线传输距离增加到 3 英寸时,BER 仍处于 3.8×10^{-3} 的硬判决前向纠错阈值之下。示波器捕获到的 5.856 GHz IF 信号频谱和与 1 英寸无线传输距离对应的 QPSK 星座图如图 4-16 中的插图所示。

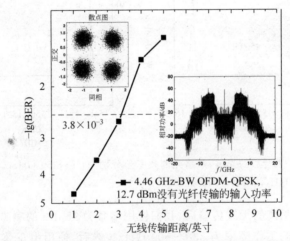

图 4-16   RoF-OFDM 信号的 BER 与无线传输距离的关系,其中的插图给出了捕获的 5.856 GHz 的 IF 信号频谱和恢复的 QPSK 星座图,对应于 1 英寸无线传输距离

将 AIPM 的输入功率从 9.7 dBm 增加到 12.7 dBm 时,测得的 BER 性能与 AIPM 输入功率的关系如图 4-17 所示。对于图 4-17 的测量,考虑 2.5 英寸无线传输,但不考虑光纤传输。观察到 BER 随着输入功率的增加而逐渐变好,并且当输入功率增加到约 12.2 dBm 时,它达到了 HD-FEC 的阈值。

当光纤传输距离从 0 增加到 50 km 时,测得的 BER 性能与光纤传输距离的关系如图 4-18 所示。对于图 4-18 的测量,我们将 AIPM 的输入功率设置为 12.7 dBm,考虑 2.5 英寸无线传输。观察到 BER 随着光纤传输距离的增加而逐渐变差,但是当光纤传输距离增加到 35 km 时,它仍然没有超过 HD-FEC 阈值。

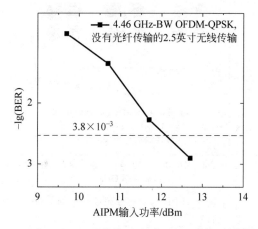

图 4-17　RoF-OFDM 系统的 BER 与 AIPM 输入功率的关系

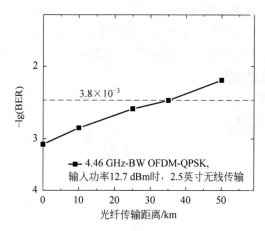

图 4-18　RoF-OFDM 系统的 BER 与光纤传输距离的关系

　　为了验证系统在超宽带条件下工作的能力,在 350～515 GHz 的范围内调整太赫兹载波频率,与之相对应测得的系统 BER 性能如图 4-19 所示。驱动 SAX 的LO 频率设置为 7.438 GHz,对于 350 GHz、400 GHz、425 GHz、450 GHz、475 GHz、500 GHz、510 GHz 和 515 GHz 载波频率,发射端射频信号源的频率分别为 8.468 GHz、8.994 GHz、9.253 GHz、9.774 GHz、10.294 GHz、10.504 GHz和 10.584 GHz。将 AIPM 的输入功率设置为 12.7 dBm,考虑 2.5 英寸无线传输和无光纤传输。观察到在 350～510 GHz 的太赫兹波频率范围内,BER 均在 HD-FEC 阈值以下,系统 BER 性能相对稳定,证明了超宽带太赫兹通信系统性能的稳定性。

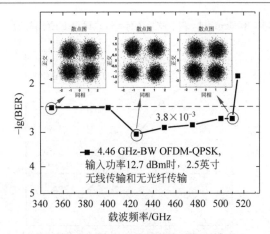

图 4-19 BER 与太赫兹载波频率的关系

4.8.3 高阶 QAM 太赫兹 RoF-OFDM 通信系统实验

图 4-20(a)为外差相干检测一个 117 GHz 载频太赫兹传输系统的实验装置图[23]。图 4-20(b)和(c)显示了 OFDM 生成和恢复的离线 DSP 流程图。在 MATLAB 中,先生成长度为 2^{15} 的伪随机二进制序列,并将其映射为概率整形的

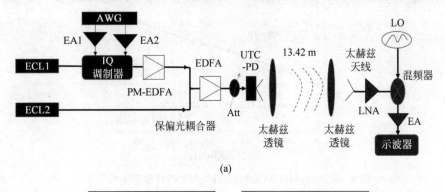

(a)

PRBS	下变频
PS QAM调制	IQ平衡
S/P	重采样
1024 IFFT	同步
加CP	沃尔泰拉补偿
P/S	FFT和QAM解调
加TS	BER

(b)   (c)

图 4-20 实验装置和算法流程图

(a) 117 GHz 太赫兹系统的外差相干检测实验装置图;(b) OFDM 生成的离线 DSP 流程图;(c) OFDM 恢复的离线 DSP 流程图

256QAM、1024QAM、2048QAM 和 4096QAM 信号。256QAM、1024QAM、2048QAM 和 4096QAM 信号去掉 PS 开销后每符号比特数分别为：7.2856、8.0586、9.0592 和 10.0585。快速傅里叶变换长度为 1024，其中 980 个子载波用于数据传输。在 IFFT 之后，在并行到串联(P/S)转换之前添加一个 64 点循环前缀。一帧数据由两个训练序列和 12 个 OFDM 符号组成。OFDM 符号前加 TS，用于同步和信道估计。离线产生的 OFDM 信号将被加载进入任意波形发生器。加载到 AWG 的两路模拟信号被两个并行的线性放大器放大，然后用来驱动 IQ 调制器。被放大的信号将采用 3 dB 带宽为 32 GHz 的 IQ 调制器对外腔激光器(ECL1)产生的光载波进行调制，调制器的插入损耗为 6 dB。该信号通过光耦合器与 ECL2 进行耦合，信号光由偏振控制器使信号光和调制器在一个偏振态上。耦合信号将通过 100 m 的标准单模光纤传输。我们用可调谐光衰减器来调节信号进入 UTC-PD 的功率。117 GHz 的太赫兹波信号将在 UTC-PD 中拍频产生，通过集成的蝶形天线发射出来，然后用一个直径为 10 cm、焦距为 20 cm 的透镜将太赫兹信号变成平行信号在自由空间中传输。经过 13.42 m 空间传输后的无线信号将由相同的透镜聚焦，随后由一个 25 dBi 增益的 D 波段天线接收，通过混频器和 112 GHz 的电本地振荡器下变频为中频信号，由 13 GHz 40 GSa/s 的数字存储示波器捕获。我们测量得到的 13.42m 无线链路损耗为 5.8 dB。在接收端，离线处理包括下变频、重采样、帧同步、沃尔泰拉非线性补偿、FFT、信道估计、QAM 解调和译码，然后进行误码率计算，如图 4-20(c)所示。

4.8.4 高阶 QAM 太赫兹 RoF-OFDM 通信系统实验结果

10 Gbaud 1024QAM 信号不同抽头数的误码率性能如图 4-21 所示，发现平行的沃尔泰拉非线性补偿算法的最优抽头数为 335。由于抽头数比较长，运算量较

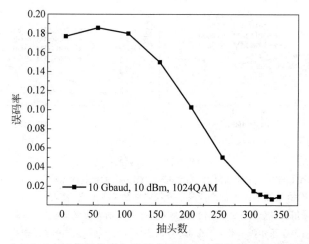

图 4-21 10 Gbaud 1024QAM 信号的沃尔泰拉非线性滤波器的抽头数和对应的误码率曲线图

大。在最佳输入功率 9 dBm 时,采用最优抽头数为 335 时的 BER 为 7×10^{-3},而抽头数为 305 时,BER 只能做到 1.6×10^{-2}。从图中可见采用适当的抽头数能够极大地提高传输系统的性能。

图 4-22(a)为不采用沃尔泰拉算法和波特率为 10 Gbaud 的信号接收光功率(ROP)与误码率的关系曲线。从图中可以看到最佳输入功率为 9 dBm,但随着ROP 的不断增大,导致 UTC-PD 工作在饱和区,性能变差。在 9 dBm 输入功率时,对应的 BER 分别为 0.14(256QAM)、0.155(1024QAM)、0.19(2048QAM)和0.23(4096QAM)。图 4-22(b)为不采用沃尔泰拉算法和在输入 UTC-PD 功率为10 dBm 时的信号在不同波特率情况下与 BER 的关系曲线。波特率为 5 Gbaud时,对应的 BER 分别为 0.066(256QAM)、0.095(1024QAM)、0.114(2048QAM)和 0.142(4096QAM)。而波特率在 10 Gbaud 时,对应的 BER 分别为 0.141(256QAM)、0.175(1024QAM)、0.195(2048QAM)和 0.222(4096QAM)。图 4-22(c)

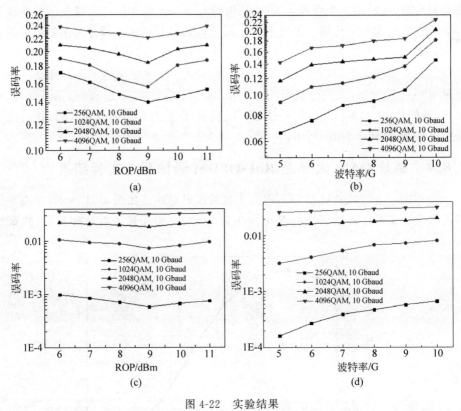

图 4-22　实验结果

(a) 不采用沃尔泰拉算法和不同调制 QAM 信号(10 Gbaud)的接收的光功率和对应的误码率曲线图;
(b) 采用沃尔泰拉算法和不同波特率情况下与误码率的关系曲线(输入 UTC-PD 输入功率固定在10 dBm);(c) 采用沃尔泰拉算法和不同 QAM 信号的接收的光功率和对应的误码率曲线图(固定波特率 10 Gbaud);(d) 采用沃尔泰拉算法和不同波特率情况下与误码率的关系曲线(输入 UTC-PD 输入功率固定在 10 dBm)

为波特率为 10 Gbaud 时采用沃尔泰拉算法情况时不同 QAM 信号的接收光功率和对应的误码率曲线图。在 9 dBm 输入功率时,对应的 BER 分别为 5.7×10^{-4}(256QAM)、6.5×10^{-3}(1024QAM)、0.017(2048QAM)和 0.031(4096QAM)。图 4-22(d)为 BER 与波特率的关系曲线(输入 UTC-PD 输入功率固定在 10 dBm)。波特率为 5 Gbaud 时,对应的 BER 分别为 1.6×10^{-4}(256QAM)、3.1×10^{-3}(1024QAM)、0.016(2048QAM)和 0.026(4096QAM)。而波特率在 10 Gbaud 时,对应的 BER 分别为 5.5×10^{-4}(256QAM)、0.0075(1024QAM)、0.019(2048QAM)和 0.03(4096QAM),这些 BER 均低于 FEC 软判决的阈值 4×10^{-2},这样经过 FEC 处理后均可以实现无误码传输。

如图 4-23 所示为波特率为 7 Gbaud 时,UTC-PD 输入功率为 10 dBm,传输

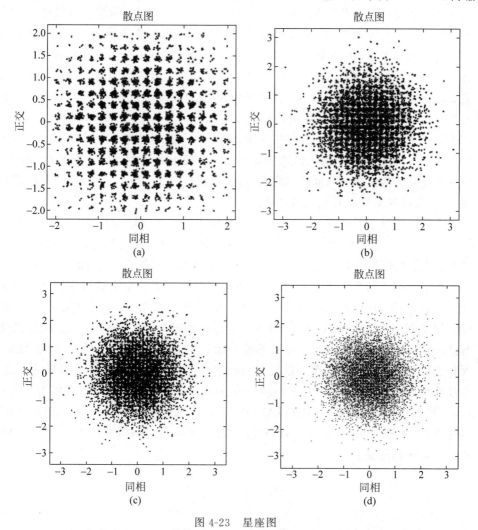

图 4-23　星座图

(a) 256QAM；(b) 1024QAM；(c) 2048QAM；(d) 4096QAM

13.42m 无线距离后不同 QAM 信号的星座图分别为：(a)256QAM,(b)1024QAM,(c) 2048QAM 和（d）4096QAM。10 Gbaud 信号的 256QAM、1024QAM、2048QAM 和 4096QAM 速率分别为 52.78 Gbit/s、58.38 Gbit/s、65.63 Gbit/s 和 72.86 Gbit/s。对应的频谱效率分别近似为 5.2 bit/(s·Hz)、5.8 bit/(s·Hz)、6.6 bit/(s·Hz)和 7.3 bit/(s·Hz)（假设带宽为 10 GHz）。

4.9　本章小结

考虑到将 OFDM 调制格式应用到太赫兹系统中存在的 OFDM 信号固有缺陷,针对如何有效降低 PAPR 和提高信道估计的准确度,可以引入先进的 DSP 算法以提高系统性能。本章先对基于光外差拍频方案和相干接收的高频毫米波和太赫兹波进行了系统介绍,然后引入 DFT-S 技术和 ISFA 技术,对这两种 DSP 算法进行了介绍和推导,在 W 波段毫米波相干接收系统实验中应用了这两种算法。系统利用光外差拍频产生 84.5 GHz 的 W 波段毫米波,随后利用喇叭天线无线传输了 2 m,在接收端使用本地高频振荡器驱动混频器实现毫米波下变频,利用外差相干检测技术解调信号。实验成功地将 21.2 Gbit/s 84.5 GHz 载频的 16QAM OFDM 信号传输 2 m 的无线距离,BER 控制在 7% 冗余度的 HD-FEC 阈值 $3.8×10^{-3}$ 以内。实验验证了优化信道估计的 ISFA 技术和减少信号 PAPR 的 DFT-S 技术能提高传输性能。两种技术联合使用时较仅使用一种时,系统的 BER 性能得到提高,接收灵敏度均有 0.5 dB 以上的提高。

在高频太赫兹系统中,不论采用全电子技术还是光子辅助技术,由于发射机和接收机端的非理想光电元件以及传输信号的高峰均功率比而容易受到非线性效应的影响。为了减轻非线性效应,可以采用沃尔泰拉非线性补偿算法进行非线性补偿。

本章介绍了两个太赫兹 OFDM 的传输实验。在第一个实验里搭建了一个光载无线通信的 OFDM 太赫兹通信系统,通过实验证明了太赫兹波段内 RoF-OFDM 系统的可行性。实验结果表明,我们的系统在 350 GHz 至 510 GHz 的太赫兹波频率范围内具有相对稳定的系统性能。在第二个实验里研究了高阶 QAM 太赫兹信号传输。采用概率整形技术和沃尔泰拉算法极大地提高了信号的性能。在波特率为 10 Gbaud 时,经过 13.42 m 无线传输后实现了 BER 分别为 $5.5×10^{-4}$(256QAM)、0.0075(1024QAM)、0.019(2048QAM)和 0.03(4096QAM)的信号传输,这些 BER 均低于 FEC 软判决的阈值 $4×10^{-2}$,这样经过 FEC 处理后均可以实现无误码传输。

参 考 文 献

[1]　YU J J, HUANG M F, QIAN D, et al. Centralized lightwave WDM-PON employing 16-QAM intensity modulated OFDM downstream and OOK modulated upstream signals[J].

IEEE Photonics Technology Letters,2008,20(18)：1545-1547.

[2] PENG W R，WU X X，ARBAB V R,et al. Theoretical and experimental investigations of direct-detected RF-tone-assisted optical OFDM systems［J］. Journal of Lightwave Technology,2009,27(10)：1332-1339.

[3] CHANG R W. Synthesis of band-limited orthogonal signals for multichannel data transmission[J]. Bell System Technical Journal,1966,45(10)：1775-1796.

[4] CHANG R W. Orthogonal frequency multiplex data transmission system：US3488445DA ［P］. 1970.

[5] CIMINI L. Analysis and simulation of a digital mobile channel using orthogonal frequency division multiplexing[J]. IEEE Transactions on Communications,1985,33(7)：665-675.

[6] QI P，GREEN R J. Bit-error-rate performance of lightwave hybrid AM/OFDM systems with comparison with AM/QAM systems in the presence of clipping impulse noise[J]. IEEE Photonics Technology Letters,1996,8(2)：278-280.

[7] 佟学俭,罗涛. OFDM 移动通信技术原理与应用[M]. 北京：人民邮电出版社,2003.

[8] SCHMIDL T M，COX D C. Robust frequency and timing synchronization for OFDM[J]. IEEE Transactions on Communications,1997,45(12)：1613-1621.

[9] MINN H，ZENG M,BHARGAVA V K. On timing offset estimation for OFDM systems ［J］. IEEE Communications Letters,2000,4(7)：242-244.

[10] BYUNGJOON P，HYUNSOO C，CHANGEON K，et al. A novel timing estimation method for OFDM systems[J]. IEEE Communications Letters,2003,7(5)：239-241.

[11] LI F，YU J J,FANG Y，et al. Demonstration of DFT-spread 256QAM-OFDM signal transmission with cost-effective directly modulated laser[J]. Optics Express,2014,22(7)：8742-8748.

[12] TELLAMBURA C. Upper bound on peak factor of N-multiple carriers[J]. Electronics Letters,1997,33(19)：1608-1609.

[13] TAO L，YU J J，FANG Y,et al. Analysis of noise spread in optical DFT-S OFDM systems[J]. Journal of Lightwave Technology,2012,30(20)：3219-3225.

[14] LI F，LI X Y，YU J J,et al. Optimization of training sequence for DFT-spread DMT signal in optical access network with direct detection utilizing DML[J]. Optics Express,2014,22(19)：22962-22967.

[15] 曾玖贞,黄洪全. OFDM 系统导频信道估计算法的性能研究[J]. 通信技术,2010,43 (10)：54-56.

[16] LAN M Y，YU S，LI W L,et al. A LMMSE channel estimator for coherent optical OFDM system[C]. Asia Communications and Photonics Conference and Exhibition,2009.

[17] 徐锐,冯肖扬,庞海波. 基于最大似然算法的 OFDM 系统设计和应用[J]. 通信技术,2007,40(6)：6-8.

[18] ZHAO J，SHAMS H. Fast dispersion estimation in coherent optical 16QAM fast OFDM systems[J]. Optics Express,2013,21(2)：2500-2505.

[19] PENG W R，TAKESHIMA K,MORITA I,et al. Scattered pilot channel tracking method for PDM-CO-OFDM transmissions using polar-based intra-symbol frequency-domain average[C]. Optical Fiber Communication Conference /National Fiber Optic Engineers Conference,2011.

[20] LIU X，BUCHALI F. Intra-symbol frequency-domain averaging based channel estimation for coherent optical OFDM[J]. Optics Express,2008,16(26)：21944-21957.

[21] YAN W,LIU B,LI L,et al. Nonlinear distortion and DSP-based compensation in metro and access networks using discrete multi-tone[C]. European Conference and Exhibition on Optical Communication. 2012.

[22] LI X,YU J, WANG K,et al. 120 Gb/s wireless terahertz-wave signal delivery by 375 GHz-500 GHz multi-carrier in a 2 × 2 MIMO system[J]. Journal of Lightwave Technology,2019,37(2)：606-611.

[23] ZHAO L，CHEN Y,ZHOU W,et al. Polar coded OFDM signal transmission at the W-band in millimeter-wave system[J]. IEEE Photonics Journal,2019,11(6)：1-6.

[24] ZHAO M，WANG K，YU J,et al. Rof-OFDM system within terahertz-wave frequency range from 350GHz to 510GHz[J]. Proc. SPIE 10946,Metro and Data Center Optical Networks and Short-Reach Links II,2019：109460E.

[25] LI F，CAO Z,LI X,et al. Fiber-wireless transmission system of PDM-MIMO-OFDM at 100 GHz frequency[J]. Journal of Lightwave Technology,2013,31(14)：2394-2399.

[26] ZHAO M，YU J,ZHOU Y,et al. KK heterodyne detection of mm-wave signal at D-band [C]. Optical Fiber Communication Conference,OSA Technical Digest,2019.

[27] LI X，YU J，ZHAO L,et al. 1-Tb/s millimeter-wave signal wireless delivery at D-band [J]. Journal of Lightwave Technology,2019,37(1)：196-204.

第 5 章　太赫兹信号 MIMO 传输

5.1　引　　言

天线多入多出技术利用多个发送和接收天线,既可以有效增加系统的无线传输容量,又可以明显减少达到给定无线传输容量所需的无线发射功率[1-25]。并且,天线 MIMO 技术还可以结合包括空间复用[1-7,9-14]、波段复用[14,24-25]和天线极化复用[9,14]等在内的多种复用方式,有效降低信号波特率,减少对光电设备的带宽需求,提高接收机灵敏度,实现毫米波信号高速、高频谱效率的传输。

本章将首先介绍基于光偏振复用的 2×2 MIMO 无线链路。相比于单输入单输出无线链路,基于光偏振复用的 2×2 MIMO 无线链路可用于传输极化复用无线毫米波信号从而有效加倍无线传输容量[1-7]。然后将介绍基于天线极化复用的 4×4 MIMO 无线链路,它可以用来同时传输双信道的偏振复用无线毫米波信号。在这种无线链路中,通过采用垂直(vertical,V)极化和水平(horizontal,H)极化复用,以天线和其他器件数量加倍为代价降低信号波特率以及对光电器件的性能要求[9]。再后将通过理论分析和实验证实说明同一天线极化 MIMO 无线传输链路中的无线串扰可以采用基于接收端的恒模算法均衡来克服[10]。然后将介绍低无线串扰结构简单的基于天线极化分集的 2×2 MIMO 无线链路[11]。

最后,实验验证了一个 2×2 MIMO 太赫兹传输系统。我们通过实验演示了在太赫兹频段的光子辅助的 2×2 MIMO 无线传输系统。在我们演示的系统中,通过光子辅助的外差探测技术在 450 GHz 处生成的 4 Gbaud 偏振分频复用正交相移键控信号可以通过 142 cm 2×2 MIMO 无线传输链路传输,误码率小于硬判决前向纠错阈值 3.8×10^{-3}。经过 50 km 的单模光纤(SMF-28)传输后引起的功率代价可忽略不计。据我们所知,这是第一次实现极化复用太赫兹波(THz-wave)信号的 2×2 MIMO 无线传输。

5.2　基于光偏振复用的 2×2 MIMO 无线链路

如图 5-1 所示给出了可用于传输极化复用无线毫米波信号的基于 2×2 MIMO 的无线链路的原理图。偏振复用光信号首先被一个光外差上变频器接收。

此光外差上变频器由一个本振光源、两个偏振光分束器(polarization beam splitter，
PBS)、两个光耦合器(optical coupler，OC)和两个高速平衡式光电二极管组成。
LO 光源与接收到的偏振复用光信号之间的频率间隔位于毫米波波段以生成毫米
波载波。两个 PBS 和两个 OC 用来实现接收到的偏振复用光信号和 LO 光源在光
域里的偏振分集。两个 PD 用作两个光混频器，分别将偏振复用光信号的 X 偏振
分量和 Y 偏振分量直接上变频到毫米波波段。然后，生成的 X 偏振与 Y 偏振方向
上的无线毫米波信号分别被两个发送天线同时发射到大气中，经一定距离的无线
传输后，被两个接收天线分别接收，这构成了一个基于微波极化复用的 2×2
MIMO 无线链路。在无线毫米波接收机处有一个两阶段的下变频。在基于平衡
式混频器和正弦式射频(radio frequency，RF)信号的第一阶段模拟下变频中，X 偏
振与 Y 偏振方向上的无线毫米波信号被分别下变频到一个较低的中频上。然后经
模/数转换后，中频下变频和数据恢复在数字域里借助数字信号处理实现。

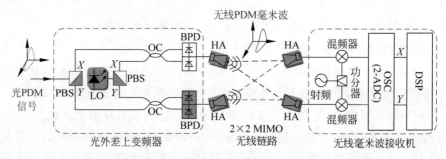

图 5-1　用于传输极化复用无线毫米波信号的基于 2×2 MIMO 的无线链路的原理图

值得注意的是，由于光纤传输会引起偏振复用光信号的偏振旋转，在 PBS 输
入端处光信号的偏振态是任意的，因此 PBS 的每个输出端实际上是一个在发送端
被同时编码到 X 偏振和 Y 偏振的数据的混合，但是本章为了方便表述，将 PBS 的
两个输出分别定义为 X 偏振分量和 Y 偏振分量。

5.3　基于天线极化复用的 4×4 MIMO 无线链路

H 极化和 V 极化是两种正交的天线极化状态，两种不同天线极化的天线之间
具有很大的隔离度。对通常描述的 2×2 MIMO 无线链路，所采用的两对天线被
设置成相同的天线极化(H 极化或 V 极化)状态。如果同时采用两对 H 极化天线
和两对 V 极化天线组成一个 MIMO 无线链路用来传输偏振复用无线毫米波信号
(将之定义为天线极化复用技术)，将可以有效降低信号波特率以及对光和无线设
备的性能要求，并增加无线传输容量。

5.3.1　天线极化隔离度和串扰研究

我们通过实验研究了 H 极化和 V 极化喇叭天线之间的隔离度。图 5-2 给出了用于天线极化隔离度研究的实验装置。一个 18.725 GHz 的正弦式 RF 信号首先依次通过一个有源倍频器(×2)和一个 60 GHz 电放大器,然后经由一个 Q 波段发送端喇叭天线发射到大气中。经过 2 m 无线传输后的 37.5 GHz 无线毫米波信号被一个 Q 波段接收端喇叭天线接收,然后被送入一个微波频谱分析仪(安捷伦 8565EC)中。每个喇叭天线有着 25 dBi 的功率增益和 33~50 GHz 的频率范围。我们固定发送端喇叭天线的位置和角度,使其处于 V 极化状态,与此同时调节接收端喇叭天线的角度来研究天线极化隔离度。图 5-3(a)和(b)分别给出了 V 极化和 H 极化喇叭天线的照片。

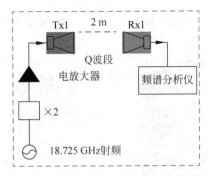

图 5-2　用于天线极化隔离度研究的实验装置

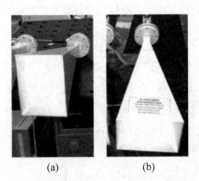

图 5-3　V 极化和 H 极化喇叭天线照片
(a) V 极化喇叭天线照片;(b) H 极化喇叭天线照片

我们选择 H 极化状态作为参考并将其定义为 0°。图 5-4 给出了当接收端喇叭天线的角度从 0°增加到 25°时天线极化隔离度的变化情况。从中可以看出,当接收端喇叭天线的角度为 0°时,天线极化隔离度达到最大,为 33 dB;当接收端喇叭天线的角度为 10°时,天线极化隔离度约为 19 dB。

我们还通过实验研究了 H 极化和 V 极化无线传输链路之间的串扰情况。

图 5-5 给出了用于天线极化串扰研究的实验装置。在这里,为了便于描述,分别采用 Tx1、Tx2 和 Tx3 来表征三个发送端喇叭天线,分别采用 Rx1 和 Rx2 来表征两个接收端喇叭天线。

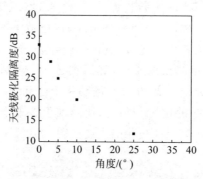

图 5-4　天线极化隔离度与接收端喇叭天线角度的关系

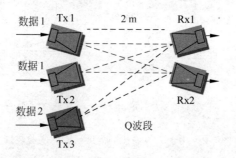

图 5-5　用于天线极化串扰研究的实验装置

　　首先,关掉 Tx3,调节 Rx1 让其可以从 Tx1 和 Tx2 获得相同的无线功率后,固定 Rx1。其次,调节 Rx2 让其可以从 Tx1 和 Tx2 获得相同的无线功率后,固定 Rx2。再次,固定并关掉 Tx1 和 Tx2,打开 Tx3。随后,调节 Tx3 以使 Rx1 和 Rx2 可以从 Tx3 获得相同的无线功率后,固定 Tx3。这里 Tx1、Tx2 和 Tx3 均处于相同的天线极化状态。最后,让 Tx1、Tx2 和 Tx3 均处于开启状态,并通过调节 Tx3 的天线极化状态来测量信号的误码率。Tx1 和 Tx2 用来传送数据 1,Tx3 用来传送数据 2。数据 1 和数据 2 均是 56 Gbit/s,频率为 37.5 GHz 的 PDM-QPSK 调制的电信号。值得注意的是,数据 2 的传送也应该采用两个发送端喇叭天线,但是为了简化实验装置在这里我们只采用了一个发送端喇叭天线。每个喇叭天线有着 25 dBi 的功率增益和 33~50 GHz 的频率范围。无线传输距离为 2 m。

　　我们选择 V 极化状态作为参考并将其定义为 0°。图 5-6 给出了当 Tx3 的角度从 0°增加到 30°时 BER 的变化情况。在这里,Tx1、Tx2、Rx1 和 Rx2 均处于 H 极化状态。我们从中可以看出,BER 随着 Tx3 角度的增加而劣化;当 Tx 的角度约为 10°时,BER 为 3×10^{-3},小于 HD-FEC 阈值 3.8×10^{-3}。图 5-6 中的插

图(a)～(e)依次给出了当 Tx 的角度分别为 3°、6°、10°、20°和 30°时所接收到的 Y
偏振方向上的星座图。

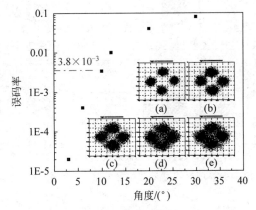

图 5-6　BER 与 Tx3 角度的关系

(a)～(e)：当 Tx 的角度分别为 3°、6°、10°、20°和 30°时所接收到的 Y 偏振方向上的星座图

5.3.2　天线极化复用原理

　　基于上述天线极化隔离度和串扰的实验研究,我们提出了一种基于天线极化
复用技术的 MIMO 无线传输链路,可以用来同时传输双信道的偏振复用无线毫米
波信号。图 5-7 给出了基于天线极化复用的 MIMO 无线传输链路的一个示意性
原理图。以一个双信道密集波分复用(dense wavelength division multiplexing,
DWDM)信号(信道 1 和信道 2)为例。在光外差上变频之前,首先采用一个波长选
择开关(wavelength selective switch,WSS)来解复用这个双信道 DWDM 信号。然
后,对应于信道 1 和信道 2 的两路偏振复用光信号分别经由一个光外差上变频器
(与图 5-1 中的光外差变频器具有完全相同的结构)被上变频为偏振复用无线毫米
波信号。后续的 MIMO 无线链路包括四个发送天线和四个接收天线:上面的两
个发送天线和两个接收天线均被 H 极化,用来组成一个 H 极化的 2×2 MIMO 无
线链路以传输对应于信道 1 的极化复用无线毫米波信号;下面的两个发送天线和
两个接收天线均被 V 极化,用来组成一个 V 极化的 2×2 MIMO 无线链路以传输
对应于信道 2 的偏振复用无线毫米波信号。经 MIMO 无线传输后,接收到的双信
道极化复用无线毫米波信号被数字存储示波器模/数转换,并随后采用离线 DSP
技术以恢复出原始的发送数据。

　　采用天线极化复用技术虽然可以有效地降低信号波特率以及对光和无线设备
的性能要求,并增加无线传输容量,但也存在若干不足之处:需要双倍的天线和器
件,并对 V 极化有着更为严格的要求。并且,在同一天线极化的 2×2 MIMO 无线
链路中还可能存在很大的无线串扰,这会严重地影响系统性能。

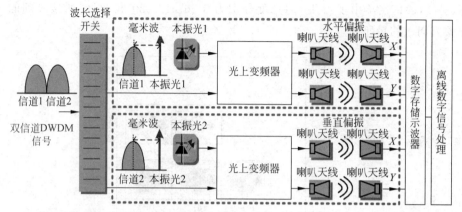

图 5-7　用于传输双信道偏振复用无线毫米波信号的基于天线极化复用技术的 MIMO 无线链
　　　　路的原理图

5.4　MIMO 无线链路中的无线串扰

　　我们实验性地研究了不同情形下的同一天线极化 2×2 MIMO 无线传输链路中的无线串扰。如图 5-8 所示,通过固定两个接收端喇叭天线的位置并调节两个发送端喇叭天线的位置,构建了 1 个并行的 2×2 MIMO 无线链路和 3 个交叉的 2×2 MIMO 无线链路。每个喇叭天线的功率增益均为 25 dBi。两个接收端喇叭天线的无线距离为 10 cm。在每个接收端喇叭天线的输入端,3 dB 波束宽度约为 40°×40°。

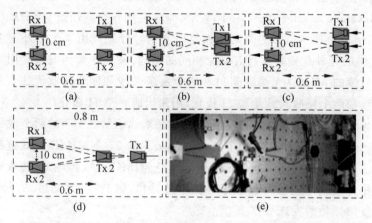

图 5-8　并行和交叉的 2×2 MIMO 无线链路以及交叉 2×2 MIMO 无线链路的情形
(a) 情形 1；(b) 情形 2；(c) 情形 3；(d) 情形 4；(e) 情形 4 的照片

　　经 80 km 单模光纤-28(single-mode fiber-28,SMF-28)传输后的 50 Gbit/s PDM-QPSK 调制的光基带信号首先经由一个光外差上变频器被上变频为一个

PDM-QPSK 调制的 100 GHz 无线毫米波信号,然后经由如图 5-8 所示的四种不同情形的 2×2 MIMO 无线链路进行传输。这里,50 Gbit/s PDM-QPSK 调制的光基带信号的入纤光功率为 2 dBm。

对于如图 5-8(a)所示的情形 1,每对喇叭天线之间的无线距离为 0.6 m;两个发送端喇叭天线之间的无线距离以及两个接收端喇叭天线之间的无线距离均为 10 cm。由于高的定向性,这种情形下的 2×2 MIMO 无线链路中不存在无线串扰。

对于如图 5-8(b)所示的情形 2,两个发送端喇叭天线均被移动到了与两个接收端喇叭天线有着相同无线距离的位置,并且每对喇叭天线之间在水平方向上的无线距离为 0.6 m。在这种情形下,每个接收端喇叭天线均能够从两个发送端喇叭天线获得相同的无线功率。

对于如图 5-8(c)所示的情形 3,固定发送端喇叭天线 Tx1 的位置,而将发送端喇叭天线 Tx2 移动到与两个接收端喇叭天线有着相同无线距离的位置。每对喇叭天线之间在水平方向上的无线距离为 0.6 m。在这种情形下,接收端喇叭天线 Rx2 只能够接收到由发送端喇叭天线 Tx2 发射的无线功率,而接收端喇叭天线 Rx1 则可以从两个发送端喇叭天线获得相同的无线功率。

对于如图 5-8(d)所示的情形 4,两个发送端喇叭天线均被移动到了与两个接收端喇叭天线有着相同无线距离的位置。并且,一对天线(Tx1 和 Rx1)在水平方向上的无线距离为 0.8 m,另外一对天线(Tx2 和 Rx2)在水平方向上的无线距离为 0.6 m。在这种情形下,每个接收端喇叭天线也能够从两个发送端喇叭天线获得相同的无线功率。通过将发送端喇叭天线 Tx2 放置在相对于发送端喇叭天线 Tx1 较低的位置(也就是说,两个发送端喇叭天线在光学平台上有着不同的高度),能够避免发送端喇叭天线 Tx2 的阻挡效应。此种情形的 2×2 MIMO 无线链路对应的照片如图 5-8(e)所示。

对于如图 5-8(b)~(d)所示的这三种交叉的 2×2 MIMO 无线链路,由于接收端喇叭天线能够同时接收到来自两个发送端喇叭天线的无线功率,均存在无线串扰。

对于极化复用信号而言,光纤链路和 2×2 MIMO 无线链路均可基于一个 2×2 MIMO 模型来进行考虑。无缝融合的光纤和 2×2 MIMO 无线链路的总的转移函数可以表示为

$$\begin{pmatrix} r_x \\ r_y \end{pmatrix} = \begin{pmatrix} H_{xx} & H_{yx} \\ H_{xy} & H_{yy} \end{pmatrix} \begin{pmatrix} s_x \\ s_y \end{pmatrix} + \begin{pmatrix} n_x \\ n_y \end{pmatrix} \tag{5-1}$$

式中,$\begin{pmatrix} s_x \\ s_y \end{pmatrix}$ 用来表征发送的极化复用信号,$\begin{pmatrix} n_x \\ n_y \end{pmatrix}$ 用来表征噪声,$\begin{pmatrix} r_x \\ r_y \end{pmatrix}$ 用来表征依次经光纤链路和 2×2 MIMO 无线链路传输后的极化复用信号。上述公式中的 2×2 琼斯矩阵包括光纤链路和 2×2 MIMO 无线链路的信道响应,也就是说,

$$\begin{pmatrix} H_{xx} & H_{yx} \\ H_{xy} & H_{yy} \end{pmatrix} = H_{\text{fiber}} H_{\text{wireless}} = \begin{pmatrix} m_{xx} & m_{yx} \\ m_{xy} & m_{yy} \end{pmatrix} \begin{pmatrix} h_{xx} & h_{yx} \\ h_{xy} & h_{yy} \end{pmatrix} \tag{5-2}$$

因此,为了恢复出发送的极化复用信号$\begin{pmatrix} s_x \\ s_y \end{pmatrix}$,所需要做的是估计出总的转移矩阵。因此,在接收端采用基于 DSP 的经典 CMA 均衡可以同时实现偏振复用信号的极化解复用以及无线串扰的抑制。并且,对于毫米波波段上的高速无线传输而言,与基于导频的信道状态信息估计相比,采用 CMA 盲均衡能够有效地避免由于插入导频引入的开销以及不可忽略的计算复杂度。

图 5-9 给出了对应上述四种不同情形的 2×2 MIMO 无线链路的误码率与光信噪比(optical signal-to-noise ratio,OSNR)的关系。其中情形 1~情形 3 采用的 CMA 抽头数均为 19;情形 4 采用的 CMA 抽头数为 27。如果情形 4 也采用 19 个 CMA 抽头数,BER 性能将会非常差。情形 4 之所以要求更多的 CMA 抽头数是因为两对喇叭天线之间有着不同的无线距离,这等效于在传输光纤中存在的一个大的群时延效应。当 CMA 抽头数增加到 35 时,情形 4 中存在的无线串扰几乎被完全移除。并且和情形 1 相比,当采用类似的 CMA 抽头数时,情形 2~情形 4 中的无线串扰在 BER 为 $3.8×10^{-3}$ 处引起的 OSNR 代价仅为 2 dB,这说明采用经典的 CMA 均衡能够很好地对有线和无线融合的 2×2 MIMO 信道进行统一的均衡处理。

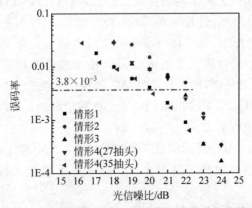

图 5-9　四种不同情形下的误码率与光信噪比的关系

在这里,经由图 5-8 所示的四种不同情形的 2×2 MIMO 无线链路传输后的 PDM-QPSK 调制的 100 GHz 无线毫米波信号在无线接收端首先经由第一阶段的基于正弦式 RF 信号和平衡混频器的模拟下变频被转换成 PDM-QPSK 调制的 28 GHz IF 电信号,然后被送入到一个有着 120 GSa/s 采样速率和 45 GHz 电带宽的实时数字示波器中执行模/数转换。后续的 DSP 流程包括 IF 下变频、色散补偿、CMA 均衡、载波恢复、差分解码和 BER 计算[14]。此处的 CMA 均衡采用 2 个基于经典 CMA 算法的、复数值的、有着 19~35 个 $T/2$ 抽头的自适应有限响应滤波器来同时实现信号的极化解复用以及无线传输引起的无线串扰的抑制。

　　图 5-10(a)给出了对应情形 3 的 OSNR 为 22 dB 时的 BER 与 CMA 抽头数的关系,而图 5-10(b)则给出了对应情形 4 的 OSNR 为 23 dB 时的 BER 与 CMA 抽头数的关系。从中可以看出,无论是情形 3 还是情形 4,总的趋势均是随着 CMA 抽头数的增加 BER 性能将得到不断改善。这主要是因为增加 CMA 抽头数可以降低无线干扰。但是同时我们也注意到,对于以上两种情形,当抽头数超过 35 时 BER 性能将不会继续改善。

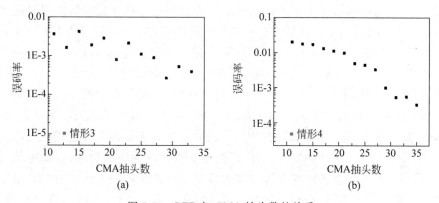

图 5-10　BER 与 CMA 抽头数的关系
(a) 对应情形 3 的误码率与 CMA 抽头数的关系;(b) 对应情形 4 的误码率与 CMA 抽头数的关系

　　相对于情形 1,情形 4 所要求的最佳的额外抽头数可由下式计算得到:

$$\Delta n = \frac{2nlb}{c} = \frac{2 \times 1 \times 0.2 \times 12.5 \times 10^{9}}{3 \times 10^{8}} \approx 16.7 \qquad (5-3)$$

式中,n 为介质系数(空气中 $n=1$),l 为两对喇叭天线之间的无线距离差,c 为真空中的光速,b 为信号波特率。由此可知,当情形 1 所要求的最佳 CMA 抽头数为 19 时,情形 4 所要求的最佳 CMA 抽头数将约为 19+16=35。正如图 5-9 所示,当情形 4 采用 35 个 CMA 抽头时,我们可以得到与情形 1 相似的 BER 曲线。

　　总之,增加 CMA 抽头数可以克服 2×2 MIMO 无线链路中的无线干扰并改善 BER 性能。当两对天线间有着不同的无线距离时,应该采用更多的 CMA 抽头数,并且,当 CMA 抽头数足够大时,无线干扰几乎能够被全部移除。

5.5　低无线串扰结构简单的基于天线极化分集的 2×2 MIMO 无线链路

　　无论是在 5.2 节介绍的基于光偏振复用的 2×2 MIMO 无线链路,还是在 5.3 节介绍的基于天线极化复用的 4×4 MIMO 无线链路,严重的无线串扰均有可能发生在相同的天线极化态上,因而在无线接收端需要采用长抽头的 CMA 均衡。正如 5.3.1 节中所述,我们通过实验证实了 H 极化和 V 极化天线之间的隔离度超过 33 dB。基于前面的理论和实验性研究,我们进一步提出了一种新型的

2×2 MIMO 无线链路,其同时采用一对 H 极化天线和一对 V 极化天线,这样在不同天线极化上传输的极化复用信号的分量可以得到有效地隔离,我们将之称为天线极化分集技术。

图 5-11(a)和(b)分别给出了基于单天线极化和天线极化分集的 2×2 MIMO 无线链路的示意性原理图,它们均可以用来实现极化复用无线毫米波信号的传输。

首先,对于这两种 2×2 MIMO 无线链路而言,接收到的来自两个发送端天线的无线功率应该相同,否则在无线接收端发送数据将不能从接收到的无线毫米波信号中有效地恢复出来。这是因为来自两个发送端天线的不均等的无线功率会造成接收到的无线毫米波信号的 X 偏振和 Y 偏振分量之间的幅度不平衡。当幅度不平衡变得严重时,无线接收端的 DSP 流程将会失效,从而导致系统性能的劣化。为了确保接收到的来自两个发送端天线的无线功率相同,我们需要恰当地调节每个接收端天线的位置和方向。对于如图 5-11(a)所示的基于单天线极化的 2×2 MIMO 无线链路,每个接收端天线均可以同时接收到来自两个发送端天线的无线功率,从而导致无线串扰的发生。并且,随着无线传输距离的增加,无线串扰会变得愈发严重,这使得在长距离无线传输的情况下两个接收端天线的恰当调节变得困难。而对于如图 5-11(b)所示的基于天线极化分集的 2×2 MIMO 无线链路,因为 H 极化和 V 极化天线之间存在一个很大的隔离度(超过 33 dB),所以每个接收端天线只能够探测到来自同一天线极化的发送端天线的无线功率,从而可以有效避免无线串扰的发生。于是,如图 5-11(b)所示的基于天线极化分集的 2×2 MIMO 无线链路的天线调节相比于如图 5-11(a)所示的基于单天线极化的 2×2 MIMO 无线链路更为容易些。

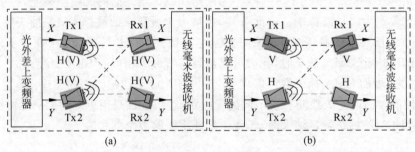

图 5-11　单天线极化和天线极化分集的 2×2 MIMO 无线链路

(a) 单天线极化的 2×2 MIMO 无线链路;(b) 天线极化分集的 2×2 MIMO 无线链路

如 5.3 节中所述,在无线接收端可以采用经典的 CMA 均衡来同时实现信号的偏振解复用和无线串扰的抑制。对于图 5-8 中并行的 2×2 MIMO 无线链路而言,两对天线具有一个高的定向性,每个接收端天线只能够接收到来自对应发送端天线的无线功率,因而不存在无线串扰。于是,并行的 2×2 MIMO 无线链路在单天线极化和天线极化分集两种不同情况下会要求类似的 CMA 抽头数。

但是对于图 5-8 中交叉的 2×2 MIMO 无线链路而言,在采用单天线极化的情况下接收端天线可以同时接收到来自两个发送端天线的无线功率,因此会发生无线串扰从而要求长抽头的 CMA 均衡;尤其是对于如图 5-8(d)所示的交叉的 2×2 MIMO 无线链路,不仅存在无线串扰,而且不同的无线传输距离还会引入一个大的等效群时延效应,从而要求更大的 CMA 抽头数。

图 5-12 给出了具有不同无线传输距离的交叉的 2×2 MIMO 无线链路分别采用单天线极化和天线极化分集的情形。假定发送端天线 Tx1 和接收端天线 Rx2 之间的无线距离为 L_1,发送端天线 Tx1 和接收端天线 Rx1 之间的无线距离为 L_2,发送端天线 Tx2 和接收端天线 Rx2 之间的无线距离为 L_3。从式(5-3)中可以看出,克服不同无线传输距离所导致的等效群时延效应所要求的额外的 CMA 抽头数正比于最大的无线距离差。在如图 5-12(a)所示的单天线极化的情形下,最大的无线距离差为 L_1-L_2,而在如图 5-12(b)所示的天线极化分集的情形下,最大的无线距离差为 L_3-L_2。显然有 $L_1-L_2>L_3-L_2$。也就是说,天线极化分集的采用不仅能够有效地避免无线串扰的发生,还可以有效地减轻不同无线传输距离所导致的等效群时延效应。因此,在交叉的 2×2 MIMO 无线链路中采用天线极化分集可以降低所要求的 CMA 抽头数和计算时间。

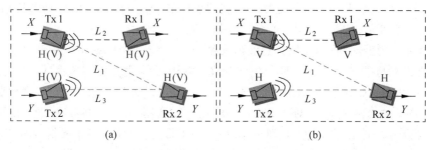

图 5-12　具有不同无线传输距离的交叉的 2×2 MIMO 无线链路

(a) 单天线极化的具有不同无线传输距离的交叉的 2×2 MIMO 无线链路;(b) 天线极化分集的具有不同无线传输距离的交叉的 2×2 MIMO 无线链路

5.6　2×2 MIMO 无线太赫兹波信号传输系统

5.6.1　简介

众所周知,太赫兹频段由于其巨大的可用带宽,即使具有非常简单的调制格式和系统架构,也可以容纳数千兆位的移动数据容量。此外,太赫兹波段天线由于其体积小巧而可以与其他前端电路单片集成[26]。考虑到太赫兹频段的高大气衰减,研究界越来越关注太赫兹频段在室内短距离无线个人局域网(WPAN)和无线局域网(WLAN)等方面的应用[27-38]。

光子生成太赫兹信号比全电技术有更宽的带宽[35-38]。然而,所报道的光子辅助太赫兹波信号系统通常采用单入单出无线传输链路,而且,没有考虑光纤有线传输[27-38]。我们知道无线多入多出与光偏振复用相结合的技术可以有效地使无线传输容量增加一倍[1,4,14,39]。因此,研究具有光偏振复用功能的光子辅助 $2\times$ 2 MIMO 无线太赫兹波信号传输系统是很有意义的一件事情。

　　本节我们将通过实验演示在太赫兹频段上的光子辅助 2×2 MIMO 无线传输系统。我们演示的系统包括 50 km 的单模光纤(SMF-28)和 142 cm 无线 2×2 MIMO 链路。经过传输后测量的误码率小于硬决策前向纠错阈值 3.8×10^{-3}。据我们所知,这是第一次通过光偏振复用在太赫兹频段实现 2×2 MIMO 无线信号传输。

5.6.2　实验装置

　　图 5-13 给出了我们在太赫兹频段进行光子辅助的 2×2 MIMO 无线传输系统的实验装置。在我们演示的系统中,利用两个连续波长光波的光子远程外差法来生成 PDM-QPSK 调制的 450 GHz 无线太赫兹波信号。这两个具有 450 GHz 频率间隔的连续波光波是由两个自由运行的线宽小于 100 kHz 的外腔激光器产生的,即 ECL1 和 ECL2。来自 ECL1 的 CW 光波用于传输 3~5 Gbaud PDM-QPSK 信号,而来自 ECL2 的 CW 光波用作光学本地振荡器。

　　在光发射器端,我们使用任意波形发生器生成 3~5 Gbaud 电 QPSK 信号,其伪随机二进制序列为 2^{15},由两个并行电放大器进行信号放大。然后,借助与偏振复用器级联的 IQ 调制器,我们使用放大后的 3~5 Gbaud 电 QPSK 信号来调制从 ECL1 产生的 CW 光波,以便实现光 PDM-QPSK 调制。IQ 调制器在 1 GHz 处具有 2.3 V 半波电压,在 32 GHz 处具有 3 dB 的光带宽。我们在 IQ 调制器和 PM 之间插入一个保持偏振的掺铒光纤放大器,以补偿调制损耗和插入损耗。然后,我们将从光发射器端到无线发射器端,在 10~50 km SMF-28 上传输产生的光 PDM-QPSK 基带信号,该光纤在 1550 nm 处具有 17 ps/(nm·km)的色散。

　　在无线发射机端,接收到的 PDM-QPSK 光基带信号具有 3.4 dBm 的光功率,而从 ECL2 产生的 CW 光波被 EDFA(EDFA1)增强到 14.4 dBm。在 EDFA1 之前添加了一个偏振控制器,以调整光学 LO 的偏振方向。我们使用集成的偏振分离的 90°光混合器来实现接收到的光基带信号和光 LO 的偏振分离。具有两个输入端口和八个输出端口的集成光学混合器集成了两个偏振分束器和两个 90°光学混合器。如图 5-13 所示,我们仅使用集成光混合器的两个输出端口,这两个输出端口的输出可以视为 450 GHz 的 PDM-QPSK 太赫兹波信号。两个并行的 EDFA(EDFA2 和 EDFA3)用于放大 PDM-QPSK 太赫兹波信号。两个并行的日本电报电话公司天线集成光电混频器模块用于将放大的光 PDM-QPSK 太赫兹波信号转换为电信号,并将上转换后的太赫兹波信号辐射到自由空间。每个 AIPM 的典型输出功率为 −28 dBm,工作频率范围为 300~2500 GHz,集成了单行进载波光电

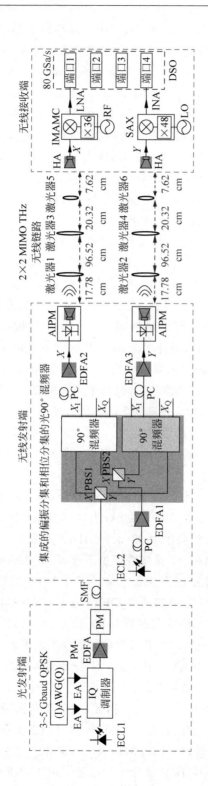

图 5-13　太赫兹频段 2×2 MIMO 无线传输系统的实验装置

二极管和非对称蝶形天线。值得注意的是，由于光纤传输引起的偏振旋转，PBS1之后的 X 偏振或 Y 偏振分量同时包含在光发射机端编码为 X 偏振和 Y 偏振的数据中。因此，集成光混合器选定的两个输出以及所生成的电 PDM-QPSK 太赫兹波信号的两个不同信号分量都包含 X 极化和 Y 极化发送器数据。简化起见，图 5-13 中标记的 X 极化和 Y 极化出现在下文中。值得注意的是，用于检测光偏振复用信号的理想光混合器应该对偏振不敏感，因为光偏振复用信号包含正交偏振（X 偏振和 Y 偏振）的两个信号分量。但是，我们实验中使用的光混合器对输入光信号偏振敏感，因此会降低性能，从而导致需要更多的输入光功率。在我们的实验中，我们在每个光混合器之前添加一台偏振控制器，以调整每个光混合器的偏振方向，以便从每个光电二极管获得最大输出。

　　然后，我们研究一个从无线发射器端到无线接收器端的距离为 142 cm 2×2 MIMO THz 传输链路。在这个传输链路上我们传输 450 GHz PDM-QPSK 太赫兹电信号。在我们的无线传输链路中，X 极化和 Y 极化无线传输链路是平行的，并且使用了三对聚焦透镜。透镜 1、3 和 5 的光轴与 X 偏振无线传输链路对齐，而透镜 2、4 和 6 的光轴与 Y 偏振无线传输链路对齐。对于 X 偏振（Y 偏振）无线传输链路，AIPM 与透镜 1（透镜 2），透镜 1（透镜 2）和透镜 3（透镜 4），透镜 3（透镜 4）和透镜 5（透镜 6），透镜 5（透镜 6）和喇叭天线（HA）分别为 17.78 cm、96.52 cm、20.32 cm 和 7.62 cm。镜头 1～透镜 4 相同，每个透镜的直径均为 10 cm，焦距为 20 cm。透镜 5 和透镜 6 是相同的，并且每个透镜的直径均为 5 cm，焦距为 10 cm。两对较大的透镜用于聚焦无线太赫兹波信号，以最大限度地提高无线接收器端接收的太赫兹电信号，而两对较小的透镜用于对聚焦光学元件的位置进行微调，因为接收器的喇叭天线的尺寸非常小。

　　在无线接收器端，我们用两个并行的增益为 26 dBi 的 HA 来接收 PDM-QPSK 太赫兹波信号，这个天线在 330～500 GHz 的太赫兹波频率范围内增益基本一致。对于 X 极化信号，我们利用由 12.308 GHz 正弦波本振源驱动的 VDI 集成混频器/放大器/倍频器（IMAMC）来实现模拟下变频。IMAMC 集成了混频器、放大器和 36 倍频器，工作频率范围为 330～500 GHz。因此，此处用于驱动混频器的本振频率为 36×12.308 GHz = 443.088 GHz。然后，下变频的 6 GHz X 极化中频信号由低噪声放大器放大，该放大器具有 40 dB 的增益，14 dBm 的饱和输出功率以及 4～18 GHz 的工作频率。在 Y 极化信号的频率范围内，我们利用 VDI 频谱分析仪扩展器（SAX，WR2.2SAX），由 9.231 GHz 正弦波本振源驱动，以实现模拟下变频。集成了混频器和 48 倍频器的 SAX，其工作频率范围为 330～500 GHz，固有混频单边带（SSB）转换损耗为 16 dB。因此，用于驱动混频器的本振频率为 48×9.231 GHz = 443.088 GHz，它等于在 X 极化时用于驱动混频器的本振频率。然后，通过具有 50 dB 增益，15 dBm 饱和输出功率和 7～16 GHz 工作频率范围的 LNA 增强下变频后的 6 GHz Y 极化中频信号。由于缺少可用的器件，我们

对 X 极化和 Y 极化信号使用了不同的模拟下变频器和 LNA。然后，我们使用数字存储示波器的两个 80 GSa/s 模/数转换（ADC）通道来同时捕获 X 极化和 Y 极化中频信号。每个 80 GSa/s ADC 通道具有 30 GHz 的电带宽。随后的离线数字信号处理包括下变频至基带、恒定模数算法均衡、载波恢复和 BER 计算[4]。

5.6.3　实验结果

我们分别在 2.54 cm 和 142 cm 无线传输场景下测量了演示的光子辅助 2×2 MIMO 无线太赫兹波信号传输系统的 BER 性能。在 142 cm 无线传输链路中使用的三对镜头在 2.54 cm 无线传输链路中均被移除。我们在每个 AIPM 之前添加一个可调光衰减器（TOA），以调整每个 AIPM 的输入功率以进行 BER 测量。在我们的实验中，使用 10 组采样点（每组包含 106 位）来计算 BER。

1. 在 2.54 cm 无线传输场景中测得的 BER 性能

图 5-14 给出了在 2.54 cm 无线传输情况下测得的 BER 性能。图 5-14（a）给出了当我们改变每个 AIPM 的输入功率时测得的 BER 性能。没有考虑光纤传输，3 Gbaud 和 4 Gbaud PDM-QPSK 信号传输分别对应于 33 和 43 个 CMA 抽头。可以看到，3 Gbaud 和 4 Gbaud PDM-QPSK 信号传输都可以达到 $3.8×10^{-3}$ 的 HD-FEC 阈值，而 4 Gbaud PDM-QPSK 信号传输需要在 1 dB 以上的额外输入功率（在 HD-FEC 阈值与 3 Gbaud PDM-QPSK 信号传输相比）。图 5-14（b）给出了当 CMA 抽头从 33 增加为 73 时，在每个 AIPM 输入 13 dBm 输入功率的情况下，在 3 Gbaud PDM-QPSK 信号传输中测得的 BER 性能。不考虑光纤传输，当 CMA 抽头数≤23 时，我们无法成功恢复 X 极化和 Y 极化星座图。可以看到，当 CMA 抽头的数量从 33 增加到 73 时，BER 性能相对稳定。在这里，需要更大的 CMA 抽头数系数（≥33）来补偿由 X 轴和 X 轴之间的距离差引起的光纤延迟。X 极化和 Y 极化传输路径经 EDFA2 和 EDFA3 后不同，延迟不一样。图 5-14（b）中的插图分别给出了捕获的 6 GHz IF 信号频谱以及恢复的 X 极化和 Y 极化 QPSK 星座图，用于通过 33 个 CMA 抽头和 BER 为 $2.4×10^{-4}$ 的 3 Gbaud PDM-QPSK 信号传输。在 2.54 cm 无线传输和无光纤传输的情况下，图 5-14（b）中的插图是在每个 AIPM 的输入功率为 13 dBm 下测量的。

当我们将传输波特率从 3 Gbaud 增加到 5 Gbaud 时，图 5-14（c）给出了在每个 AIPM 的输入功率为 13 dBm 下测得的 BER 性能，没有考虑光纤传输。我们可以看到，随着传输波特率的增加，BER 性能逐渐变差。这主要是由于我们的实验中使用的两个 LNA 的带宽不足和性能差异。如果有两个相同的、带宽足够的 LNA 可用，我们就能以更高的 BER 性能实现更高的传输波特率。图 5-14（d）给出了当将传输光纤长度从 10 km 增加到 50 km 时，在每个 AIPM 输入功率为 13 dBm 的情况下，对 3 Gbaud PDM-QPSK 信号传输的 BER 性能的测量结果。较大的 59 个

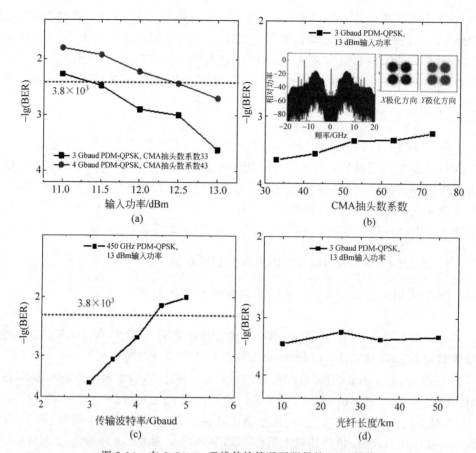

图 5-14　在 2.54 cm 无线传输情况下测得的 BER 性能

（a）BER 与每个 APIM 的输入功率的关系；（b）BER 与 CMA 抽头数系数的关系；（c）BER 与传输波特率的关系；（d）BER 与传输光纤长度的关系

CMA 抽头用于进一步补偿由光纤传输引起的偏振旋转和畸变。可以看到,随着传输光纤长度的增加,BER 性能相对稳定。这是因为每个 AIPM 之前的 EDFA 可以有效地补偿光纤的传输损耗,接收端的 DSP 算法可以有效地补偿光纤的线性效应带来的问题,而由于光纤传输距离相对较短,因此可以忽略光纤的非线性效应。

2. 在 142 cm 无线传输场景中的 BER 性能

图 5-15 给出了在 142 cm 无线传输情况下测得的 BER 性能。图 5-15（a）给出了没有考虑光纤传输时当改变每个 AIPM 的输入功率时测得的 BER 性能。我们可以看到,3 Gbaud 和 4 Gbaud PDM-QPSK 信号传输都可以达到 HD-FEC 阈值,而与之相比,在 HD-FEC 阈值下 4 Gbaud PDM-QPSK 信号传输需要额外的超过 1 dB 的输入功率。当将图 5-15（a）与图 5-14（a）进行比较时,可以看到,与 2.54 cm 无线传输相比,142 cm 无线传输在 HD-FEC 阈值处仅产生约 1.2 dB 的功率代价。

即使用三对透镜以非常小的功率损失为代价显著地延长了无线传输距离。图 5-15 (b)给出了在将传输光纤长度从 10 km 增加到 50 km 时,在向每个 AIPM 输入功率为 13 dBm 的情况下,对 3 Gbaud PDM-QPSK 信号传输的 BER 性能的测量结果。我们可以看到,类似于 2.54 cm 无线传输的场景,随着传输光纤长度的增加,BER 性能相对稳定。

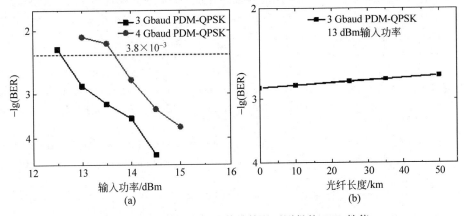

图 5-15　在 142 cm 无线传输情况下测得的 BER 性能

(a) BER 与每个 APIM 的输入功率的关系;(b) BER 与传输光纤长度的关系

5.7　本章小结

本章首先介绍了基于光偏振复用的 2×2 MIMO 无线链路。相比于 SISO 无线链路,基于光偏振复用的 2×2 MIMO 无线链路可用于传输极化复用无线毫米波信号,从而有效加倍无线传输容量。然后介绍了基于天线极化复用的 4×4 MIMO 无线链路,它可以用来同时传输双信道的偏振复用无线毫米波信号。在这种无线链路中,通过采用 V 极化和 H 极化复用,以天线和其他器件数量加倍为代价降低了信号波特率以及对光电器件的性能要求。再通过理论分析和实验证实说明了同一天线极化 MIMO 无线传输链路中的无线串扰可以采用基于接收端的 CMA 均衡来克服。最后介绍了低无线串扰结构简单的基于天线极化分集的 2×2 MIMO 无线链路。

我们通过实验演示了一个光子辅助的 2×2 MIMO 无线太赫兹波信号传输系统,该系统首次实现了偏振复用太赫兹波信号的 2×2 MIMO 无线传输。在我们演示的系统中,可以通过长达 50 km 的有线 SMF-28 链路和 142 cm 无线 2×2 MIMO 链路传送 4 Gbaud(16 Gbit/s)450 GHz PDM-QPSK 信号。2×2 MIMO 无线太赫兹波传输链路中使用的三对镜头大大延长了无线传输距离。我们相信,如果使用足够的高性能组件和对偏振不敏感的光电二极管(混合器),则可以进一步提高传输波特率。

参 考 文 献

[1] YU J,LI X,CHI N. Faster than fiber: over 100-Gb/s signal delivery in fiber wireless integration system[J]. Optics Express,2013,21 (19): 22885-22904.

[2] TAO L,DONG Z,YU J,et al. Experimental demonstration of 48-Gb/s PDM-QPSK radio-over-fiber system over 40-GHz mm-wave MIMO wireless transmission [J]. IEEE Photonics Technology Letters,2012,24(24): 2276-2279.

[3] LI X,YU J,DONG Z,et al. Seamless integration of 57. 2-Gb/s signal wireline transmission and 100-GHz wireless delivery[J]. Optics Express,2012,20(22): 24364-24369.

[4] LI X,DONG Z,YU J,et al. Fiber wireless transmission system of 108-Gb/s data over 80-km fiber and 2×2 MIMO wireless links at 100GHz W-band frequency[J]. Optics Letters, 2012,37(24): 5106-5108.

[5] DONG Z,YU J,LI X,et al. Integration of 112-Gb/s PDM-16QAM wireline and wireless data delivery in millimeter wave RoF system[C]. Optical Fiber Communication Conference and Exhibition,2013.

[6] LI X,YU J,DONG Z,et al. Photonics millimeter-wave generation in the E-band (66-88GHz) and bi-directional transmission[C]. Optical Fiber Communication Conference and Exhibition,2013.

[7] LI X,YU J,ZHANG J,et al. Antenna polarization diversity for 146Gb/s polarization multiplexing QPSK wireless signal delivery at W-band[C]. Optical Fiber Communication Conference and Exhibition,2014.

[8] LI X,YU J,DONG Z,et al. Photonics millimeter-wave generation in the E-band and bidirectional transmission[J]. IEEE Photonics Journal,2013,5(1): 7900107-7900107.

[9] LI X,YU J,ZHANG J,et al. Doubling transmission capacity in optical wireless system by antenna horizontal- and vertical-polarization multiplexing[J]. Optics Letters,2013,38(12): 2125-2127.

[10] LI X,YU J,DONG Z,et al. Investigation of interference in multiple-input multiple-output wireless transmission at W band for an optical wireless integration system[J]. Optics Letters,2013,38(5): 742-744.

[11] LI X,YU J,CHI N,et al. Antenna polarization diversity for high-speed polarization multiplexing wireless signal delivery at W-band [J]. Optics Letters, 2014, 39 (5): 1169-1172.

[12] LI F,CAO Z,LI X,et al. Fiber-wireless transmission system of PDM-MIMO-OFDM at 100 GHz frequency[J]. Journal of Lightwave Technology,2013,31(14):2394-2399.

[13] ZHANG J,YU J,CHI N,et al. Multichannel 120-Gb/s data transmission over 2 × 2 MIMO fiber-wireless link at W-band[J]. IEEE Photonics Technology Letters,2013,25 (8): 780-783.

[14] LI X,YU J,ZHANG J,et al. A 400G optical wireless integration delivery system[J]. Optics Express,2013,21(16): 18812-18819.

[15] LI X,YU J,DONG Z,et al. Performance improvement by pre-equalization in W-band (75-110GHz) RoF system[C]. Optical Fiber Communication Conference and Exhibition,

2013.

[16] LI X, YU J, CHI N, et al. Optical-wireless-optical full link for polarization multiplexing quadrature amplitude/phase modulation signal transmission[J]. Optics Letters, 2015, 38 (22): 4712-4715.

[17] LI X, YU J, CAO Z, et al. Ultra-high-speed fiber-wireless-fiber link for emergency communication system[C]. Optical Fiber Communication Conference and Exhibition, 2014.

[18] TANG C, YU J, LI X, et al. A 30 Gb/s full-duplex bi-directional transmission optical wireless-over fiber integration system at W-band[J]. Optics Express, 2014, 22 (1): 239-245.

[19] TANG C, LI F, ZHANG J, et al. A 30 Gb/s full-duplex bi-directional transmission optical wireless-over fiber integration system at W-band[C]. Optical Fiber Communication Conference and Exhibition, 2014.

[20] FANG Y, YU J, CHI N, et al. Full-duplex bidirectional transmission of 10-Gb/s millimeter-wave QPSK signal in E-band optical wireless link[J]. Optics Express, 2014, 22(2): 1229-1234.

[21] FANG Y, YU J, ZHANG J, et al. Full-duplex bidirectional transmission of 10-Gb/s millimeter-wave QPSK signal in E-band optical wireless link [C]. Optical Fiber Communication Conference and Exhibition, 2014.

[22] SAMBARAJU R, ZIBAR D, ALEMANY R, et al. Radio frequency transparent demodulation for broadband wireless links[C]. Optical Fiber Communication Conference and Exhibition, 2010.

[23] SAMBARAJU R, ZIBAR D, CABALLERO A, et al. 100-GHz wireless-over-fiber links with up to 16-Gb/s QPSK modulation using optical heterodyne generation and digital coherent detection[J]. IEEE Photonics Technology Letters, 2010, 22(22): 1650-1652.

[24] CHOWDHURY A, CHIEN H C, FAN S H, et al. Multi-band transport technologies for in-building host-neutral wireless over fiber access systems[J]. Journal of Lightwave Technology, 2010, 28(16): 2406-2415.

[25] HSUEH Y T, JIA Z, CHIEN H C, et al. Multiband 60-GHz wireless over fiber access system with high dispersion tolerance using frequency tripling technique[J]. Journal of Lightwave Technology, 2011, 29(8): 1105-1111.

[26] DUCOURNAU G, SZRIFTGISER P, BACQUET D, et al. Optically power supplied Gbits wireless hotspot using 1. 55 μm THz photomixer and heterodyne detection at 200 GHz [J]. IEEE Electron. Lett. , 2010, 46(19): 1349-1351.

[27] MOELLER L, FEDERICI J, SU K. THz wireless communications: 2. 5 Gb/s error-free transmission at 625 GHz using a narrow-bandwidth 1 mW THz source[C]. Proc. General Assembly Sci. Symp. , 2011.

[28] SONG H J, AJITO K, MURAMOTO Y, et al. 24 Gbit/s data transmission in 300 GHz band for future terahertz communications[J]. IEEE Electron. Lett. , 2012, 48 (15): 953-954.

[29] NAGATSUMA T, KATO K, HESLER J. Enabling technologies for realtime 50-Gbit/s wireless transmission at 300 GHz[C]. Proc. 2nd Annu. Int. Conf. Nanoscale Comput.

Commun. ,2015.

[30] SHAMS H,SHAO T,FICE M J,et al. 100 Gb/s multicarrier THz wireless transmission system with high frequency stability based on a gain-switched laser comb source[J]. IEEE Photon. J. ,2015,7(3): 1-11.

[31] JIA S,YU X,HU H, et al. THz wireless transmission systems based on photonic generation of highly pure beat-notes[J]. IEEE Photon. J. 2016,8(5): 1-8.

[32] YU X,ASIF R,PIELS M,et al. 60 Gbit/s 400 GHz wireless transmission[C]. Proc. Int. Conf. Photon, 2015.

[33] JIA S,YU X,HU H,et al. 120 Gb/s multi-channel THz wireless transmission and THz receiver performance analysis[J]. IEEE Photon. Technol. Lett. ,2017,29(3): 310-313.

[34] KOENIG S,ANTES J,DIAZ D L,et al. 20 Gbit/s wireless bridge at 220 GHz connecting two fiber-optic links[J]. J. Opt. Commun. Netw. ,2014,6(1): 54-61.

[35] SEEDS A J, SHAMS H, FICE M J, et al. Terahertz photonics for wireless communications[J]. IEEE/OSA J. Lightw. Technol. ,2015,33(3): 579-588.

[36] KOENIG S,BOES F,DIAZ D L,et al. 100 Gbit/s wireless link with mm-wave photonics [C]. Optical Fiber Communication Conference,2013.

[37] NAGATSUMA T, HORIGUCHI S, MINAMIKATA Y, et al. Terahertz wireless communications based on photonics technologies[J]. Opt. Express,2013,21(20): 23736-23747.

[38] SEEDS A J,FICE M J,BALAKIER K, et al. Coherent terahertz photonics[J]. Opt. Express,2013,21(19): 22988-23000.

[39] LI X,XU Y, YU J. Over 100-Gb/s V-band single-carrier PDM-64QAM fiber-wireless-integration system[J]. Photon. J. ,2016,8(5): 1-7.

第 6 章 多频段太赫兹信号产生和传输

6.1 引 言

采用多频段复用技术能够降低单频段信号的波特率,从而降低对光电器件信号的带宽,并且降低系统相应的平坦度以及满足多用户需求,因而多频段信号的太赫兹生成方式越来越受关注。本章主要介绍基于多频段太赫兹信号产生来实现宽带太赫兹信号的传输。

在实现太赫兹波信号、传输和探测[1-2]方面,采用光子技术比具有带宽限制的全电技术更实用。据报道,光子辅助太赫兹波信号系统通常采用单输入单输出无线传输链路,而且没有考虑光纤的传输[3-5]。已有多篇文章充分证明,无线多入多出与光偏振复用相结合,可以有效地使无线传输容量增加一倍[6-12]。将光多频段调制进一步引入无线 MIMO 系统中可以降低信号传输波特率并增加无线传输容量[13-14]。因此,研究具有光多频段调制的光子辅助 2×2 MIMO 无线太赫兹波信号传输系统非常重要。在本章中,我们将通过实验证明在太赫兹频段上光多通道 2×2 MIMO 无线传输系统[15-16]。实验系统可以实现 6×20 Gbit/s 的六通道极化划分复用正交相移键控太赫兹波信号在 10 km 有线单模光纤 28(SMF-28)上链路和 142 cm 无线 2×2 MIMO 链路传输,硬判决前向纠错阈值下的误码率为 $3.8×10^{-3}$。

6.2 多频段太赫兹 MIMO 传输架构

图 6-1 给出了我们提出的无线 MIMO 技术结合光多载波调制的原理。在这里,我们以一个多载波太赫兹信号的产生和 2×2 MIMO 无线传输为例。在光发射端,发射数据调制来自光多载波源的具有一定频率间隔的多个光载波,然后进行偏振复用,产生多信道偏振复用的光基带信号。发射机数据可以采用先进的矢量信号调制,如 QPSK、8QAM、16QAM 等。采用的光多载波源可以是多个自由运行的激光器或一个多载波光频梳。

在接下来的实验中,我们采用了多路自由运行激光器的方案,因为它有两个明显的优点:第一个优点是基于多路自由运行激光器,在任意载频下都比较容易产生太赫兹信号;第二个优点是,相比多载波光频梳,自由运行激光器的输出具有较高的信噪比[17-24]。然而,采用多路自由运行的激光器的方案有一个缺点,在接收端需要数字信号处理来补偿频率漂移。偏振复用前和偏振复用后的光谱示意图分别如图 6-1(a)和(b)所示。

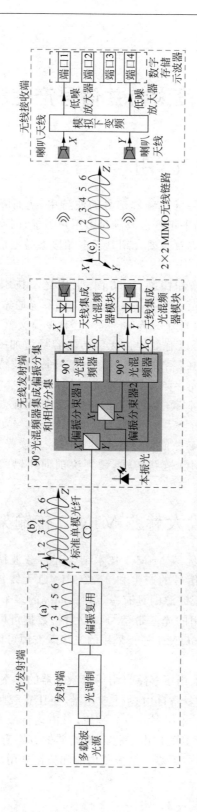

图 6-1 无线 MIMO 技术结合光多载波调制的原理

(a) 光调制后的光谱示意图；(b) 偏振复用后光谱示意图；(c) 经过天线集成光混频器后的电频示意图

经过单模光纤传输后,无线发射端接收多路偏振复用光基带信号。在无线发射端,一个自由运行的激光器作为本振光源,随后我们使用一个集成偏振分集和相位分集的 90°光混频器实现将偏振分集接收到的多信道偏振复用光基带信号和本振光的偏振分集。该集成光混频器有两个输入端口和八个输出端口,它集成了两个偏振分束器和两个 90°光混频器。如图 6-1 所示,我们简单使用了集成光混频器的两个输出端口,这两个输出端口的输出可以看作是一个多信道偏振复用光太赫兹信号。太赫兹天线的尺寸较小,因此可以在商用产品上与太赫兹波段的光混频器进行集成。因此,我们使用两个平行的天线集成光电混频模块将多信道偏振复用的光太赫兹信号转换为电信号,并将该电太赫兹信号辐射到自由空间。

值得注意的是,偏振分束器 1 后的 X 偏振或 Y 偏振分量包含在光发射端编码到 X 偏振和 Y 偏振上的数据,这是光纤传输引起的偏振旋转造成的。因此,所选择的集成光混频器的两个输出以及所产生的电太赫兹信号的两个不同的信号分量均包含 X 偏振和 Y 偏振的发射端数据,图 6-1 中标注的 X 偏振和 Y 偏振以及下文中出现的偏振仅用于简化。发射的 X 偏振或 Y 偏振的多信道电太赫兹信号的电谱示意图如图 6-1(c)所示。随后,X 偏振和 Y 偏振的多路电太赫兹信号通过平行的 X 偏振和 Y 偏振无线传输链路同时传输,即我们的 2×2 MIMO 无线太赫兹传输链路。

在无线接收端,两个太赫兹频段的喇叭天线用于同时接收 X 偏振和 Y 偏振的多信道电太赫兹信号。然后,我们进行模拟下变频以将 X 偏振和 Y 偏振的多信道电太赫兹波信号从太赫兹频段的载频下转换为微波或毫米波频段的载频。两个并行的低噪放大器不仅可以增强下变频的电信号,而且还可以充当两个并行带通滤波器来选择我们所需的信道。信号随后被数字存储示波器捕获用于后续的离线数字信号处理。

6.3　多频段太赫兹传输实验装置图

图 6-2 给出了我们实现的 6×20 Gbit/s 的光子辅助多信道太赫兹波信号传输的实验装置,在一个 2×2 的 MIMO 系统中传输超过 142 cm 的无线距离。利用光远程外差拍频方式产生一个六信道 PDM-QPSK 调制的无线太赫兹信号,其频率范围为 375～500 GHz,信道间隔为 25 GHz。6 个外腔激光器 ECL1～ECL6 的频率间隔为 25 GHz,用于产生六信道的光信号,而 ECL7 用作本振光。ECL1～ECL7 由 AInair-Labs 公司生产,型号为 TLG-300M,均为自由运行,它们的线宽小于 100 kHz。

在光发射端,ECL1～ECL3 产生的三个连续光波通过保偏光纤耦合器 1 组合在一起,然后通过 IQ 调制器 1 将一个 5 Gbaud 的电 QPSK 信号调制在光载波上。而 ECL4～ECL6 产生的三个连续光波被保偏光纤耦合器 2 合成,然后通过 IQ 调制器 1 被另一个 5 Gbaud 的电 QPSK 信号调制。每个 5 Gbaud 的电 QPSK 信号的

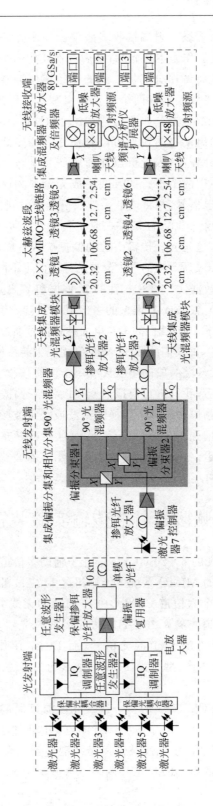

图 6-2 6×20 Gbit/s 的光子辅助多信道太赫兹信号 2×2 的 MIMO 无线传输实验设置

伪随机二进制序列符号长度为 215，它们由任意波形发生器产生，并由两个并行的电放大器放大。每个 IQ 调制器的 3 dB 光带宽为 32 GHz，它们在 1 GHz 下都有 2.3V 的半波电压。每个 IQ 调制器中的两个平行马赫-曾德尔调节器都偏置在零点，而每个 IQ 调制器上臂和下臂之间的相位差固定在 π/2。两个 IQ 调制器的输出由保偏光纤耦合器 3 耦合在一起，然后由保偏掺铒光纤放大器放大，偏振复用器进行偏振复用，产生一个六信道 PDM-QPSK 调制的光基带信号，其光谱如图 6-3(a)所示。

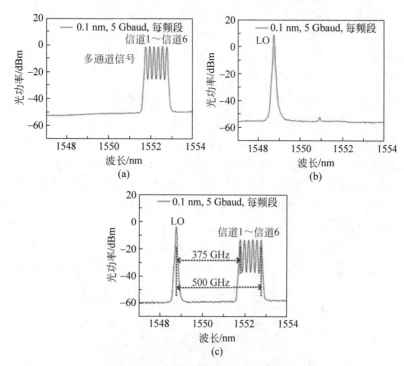

图 6-3　测量得到的信号光谱(a)，偏振复用器后的信号光谱(b)，激光器 7 产生的本振光光谱(c)偏振分集后的信号光谱

　　经偏振复用器处理后的实测光谱偏振复用器包括一个保偏光纤耦合器，能将信号分成两个分支，一臂上的光延迟线提供了 150 符号的延迟，另一臂上的光衰减器用来平衡两个分支的功率，以及一个偏振波束组合器用来重新组合信号。然后，将生成的六信道光信号传输到 10 km 以上的标准单模光纤，光纤在 1550 nm 处的色散系数为 17 ps/(nm·km)。

　　在无线发射端，接收到的六信道光信号具有 3.4 dBm 的光功率，而 ECL7 产生的连续光波在通过保偏掺铒光纤放大器 1(EDFA1)后的功率升至 14.4 dBm。我们在 EDFA1 之前增加一个偏振控制器，手动调节本振光的偏振方向。集成光混合器由 OptopleX 公司制造，型号为 HB-C0GFCS002。ECL7 之后的测量光谱如图 6-3(b)所示，而集成光混合器一个输出端口的测量光谱如图 6-3(c)所示，其分辨率为 0.1 nm。我们采用并行的 EDFA2 和 EDFA3 对六信道光太赫兹信号进行功率放大,使用两个 NTT 天线集成光混频器模块(AIPM,型号为 IOD-PMAN-13001)来实现六信道光太赫兹信号的光电转换。每个 AIPM 的典型输出功率为 −28 dBm,工作频率范围为 300~2500 GHz,它集成了一个单向载流子光电二极管和一个太赫兹天线。

需要注意的是,用于检测光偏振多路复用信号的理想的光混频器应该是偏振不敏感的,因为光偏振多路复用信号在正交偏振下包含两个信号分量(X 偏振和 Y 偏振)。但是,我们实验中使用的光混频器对输入光信号是偏振敏感的,会导致性能下降,这就需要更大的输入光功率。在我们的实验中,在每个光混频器之前添加一个偏振控制器来调整每个光混频器中的偏振方向,以获得每个光混频器的最大输出。

然后,通过一个 142 cm 的 2×2 MIMO 的无线太赫兹传输链路,将 6 个信道的电太赫兹波信号从无线发射端发送到无线接收端。在这里我们使用了三对透镜。透镜 1、透镜 3、透镜 5 的中心与 X 偏振的无线传输链路对齐,透镜 2、透镜 4、透镜 6 的中心与 Y 偏振的无线传输链路对齐。集成的 AIPM 模块与透镜之间的距离和各个透镜之间的距离如图 6-4 所示。透镜 1~透镜 4 是相同的,每个透镜的直径为 10 cm,焦距为 20 cm。透镜 5 和透镜 6 是相同的,每个透镜的直径为 5 cm,焦距为 10 cm。两对较大的透镜,即透镜 1~透镜 4,用于对无线太赫兹信号进行聚焦,使无线接收端的接收功率最大化。由于接收太赫兹波段天线的尺寸非常小,我们使用一对较小的透镜,即透镜 5 和透镜 6,用来对会聚光束的位置作精细的调整。

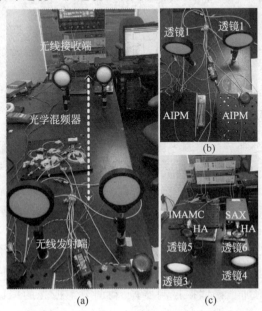

图 6-4　2×2 MIMO 无线太赫兹波传输链路收发端照片

(a) 142 cm 无线传输链路;(b) 无线发射端;(c) 无线接收端

在无线接收端,接收到两个并行的增益为 26 dBi 的喇叭天线接收六信道的无线太赫兹信号,每个信号在 330～500 GHz 的太赫兹频率范围内工作。对于 X 偏振信号,使用了一个集成混频器/放大器/乘法器链,它由 13.720 GHz 的正弦波本振源驱动,实现模拟下变频。IMAMC 集成了一个混频器、一个放大器和一个 36 倍倍频器,其工作频率范围为 330～500 GHz。在这里用来驱动混频器的本振源频率是 36×13.720 GHz=493.92 GHz。随后,我们使用增益为 40 dBi,饱和输出功率为 14 dBm,工作频率范围为 4～18 GHz 的低噪放大器对下变频后的 X 偏振中频信号进行放大。

我们使用两个采样速率为 80 GSa/s 的模/数转换器来同时捕获 X 偏振和 Y 偏振的中频信号,每个模/数转换器具有 30 GHz 的电带宽。随后的离线 DSP 包括信道解复用、数字下变频、抽头数系数为 87 的 CMA 均衡、载波恢复和误码率计算。图 6-4 给出了 142 cm 的 2×2 MIMO 无线太赫兹波传输链路、无线发射端和无线接收端照片。

6.4　多频段太赫兹传输实验结果

图 6-5 给出了经过 142 cm 无线 MIMO 传输后,6 个信道的测量的误码率与每个 AIPM 的输入功率,其中每个信道携带 5 Gbaud 的 PDM-QPSK 信号。在每个 AIPM 之前添加一个可调光衰减器来调整每个 AIPM 的输入功率以进行误码率测量。如图 6-5 所示,当每个 AIPM 的输入功率≥15 dBm 时,6 个信道的误码率均可低于 $3.8×10^{-3}$ 的 HD-FEC 阈值。信道 1～信道 3 的误码性能相似,而信道 6 的误码率性能最好。

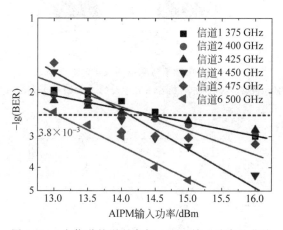

图 6-5　6 个信道的误码率与 AIPM 输入功率的曲线

示波器捕获到的中频信号频谱以及恢复的 X 偏振和 Y 偏振 QPSK 星座图如图 6-6 所示,对应的是 500 GHz 下的信道 6 信号,输入功率为 15 dBm,误码率为 $3.1×10^{-5}$。可以看到,图 6-6(a)中捕获的信号频谱除了我们所期望的对应于

500 GHz 的功率较大的 6 GHz 中频信号成分外,也存在不期望的功率较小的信道 5 的 475 GHz 的 19 GHz 中频信号成分,这是无线接收端使用的两种低噪放大器的失配和不完善的带通滤波特性造成的,与信道 1～信道 4 相对应的所有其他中频信号分量都被完全抑制。从图 6-6(a)还可以看出,在捕获的中频信号频谱中存在几个线峰,这是由于我们使用的示波器的特性不完善造成的。当这些线峰位于期望的信号信道内时,信号性能会下降。信道 6 可以完全避免这些线峰,因此在所有 6 个信道中,其误码率性能最好,如图 6-5 所示。

经过 142 cm 无线 MIMO 传输后,测量得到的在频率 500 GHz 时对应的信道 6 数据的误码率与 CMA 均衡器抽头数系数的关系如图 6-7 所示,其中每个 AIPM 的

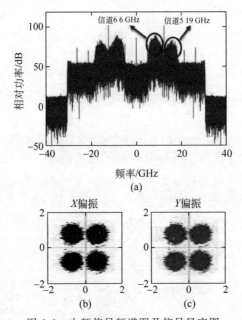

图 6-6　中频信号频谱图及信号星座图

(a) 信道 6 对应的示波器捕获中频信号频谱;(b) 恢复的 X 偏振 QPSK 星座图;(c) 恢复的 Y 偏振 QPSK 星座图

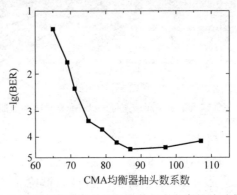

图 6-7　CMA 均衡器抽头数系数和误码率的关系曲线

输入功率固定在 15 dBm。当 CMA 均衡器的抽头数系数为 87 时,误码性能最佳。在这里需要更大的 CMA 抽头数系数来补偿由于 X 偏振和 Y 偏振传输路径的距离差(EDFA2 和 EDFA3 之间的光纤长度是不同的)而造成的光纤延迟。

6.5　本 章 小 结

采用多频段复用能够以相对较低的波特率信号实现高速太赫兹信号的产生。本章我们介绍了通过 $375\sim500$ GHz 的多频段实现了太赫兹波信号的 2×2 MIMO 无线传输,这个实验是首次实现多频段的太赫兹波信号的 MIMO 传输。我们的传输链路为 10 km 的有线 SMF-28 光纤和 142 cm 的无线 2×2 MIMO 链路,传输了 6×20 Gbit/s 的六频段 PDM-QPSK 太赫兹波信号。在这里,值得注意的是,我们的无线 2×2 MIMO 链路与无线通信领域中定义的传统 MIMO 链路不同,它提供点对点的直接传输,既不会带来干扰也不会带来增益。我们相信,如果使用高性能组件和对偏振不敏感的光混合器,则可以进一步提高传输波特率。

参 考 文 献

[1]　NAGATSUMA T, HORIGUCHI S, MINAMIKATA Y, et al. Terahertz wireless communications based on photonics technologies[J]. Optics Express,2013,21(20): 23736-23747.

[2]　SEEDS A J, SHAMS H, FICE M J, et al. Terahertz photonics for wireless communications[J]. Journal of Lightwave Technology,2014,33(3): 579-587.

[3]　HERMELO M F, SHIH P T B, STEEG M, et al. Spectral efficient 64-QAM-OFDM terahertz communication link[J]. Optics Express,2017,25(16): 19360-19370.

[4]　PANG X, JIA S, OZOLINS O, et al. Single channel 106 Gbit/s 16QAM wireless transmission in the 0.4 THz band[C]. Optical Fiber Communication Conference. ,Optical Society of America,2017.

[5]　JIA S, YU X,HU H,et al. 120 Gb/s multi-channel THz wireless transmission and THz receiver performance analysis[J]. IEEE Photonics Technology Letters, 2017, 29 (3): 310-313.

[6]　LIU K, JIA S,WANG S,et al. 100 Gbit/s THz photonic wireless transmission in the 350-GHz band with extended reach[J]. IEEE Photonics Technology Letters,2018,30(11): 1064-1067.

[7]　LI X, DONG Z,YU J,et al. Fiber-wireless transmission system of 108 Gb/s data over 80 km fiber and 2×2 multiple-input multiple-output wireless links at 100 GHz W-band frequency[J]. Optics Letters,2012,37(24): 5106-5108.

[8]　YU J, LI X,CHI N. Faster than fiber: over 100-Gb/s signal delivery in fiber wireless integration system[J]. Optics Express,2013,21(19): 22885-22904.

[9]　LI X, XIAO J, YU J. Long-distance wireless mm-wave signal delivery at W-band[J].

Journal of Lightwave Technology,2015,34(2): 661-668.

[10] LI X, YU J,XIAO J. Demonstration of ultra-capacity wireless signal delivery at W-band [J]. Journal of Lightwave Technology,2016,34(1): 180-187.

[11] PUERTA R, YU J,LI X,et al. Demonstration of 352 Gbit/s photonically-enabled D-band wireless delivery in one 2 × 2 MIMO system [C]. Optical Fiber Communication Conference,Optical Society of America,2017.

[12] LI X, YU J,WANG K,et al. Photonics-aided 2×2 MIMO wireless terahertz-wave signal transmission system with optical polarization multiplexing[J]. Optics Express,2017,25 (26): 33236-33242.

[13] WANG C, YU J,LI X,et al. Fiber-THz-fiber link for THz signal transmission[J]. IEEE Photonics Journal,2018,10(2): 1-6.

[14] ZHANG J, YU J, CHI N, et al. Multichannel 120-Gb/s data transmission over 2 × 2 MIMO fiber-wireless link at W-band[J]. IEEE Photonics Technology Letters,2013,25 (8): 780-783.

[15] CAO Z, SHEN L,JIAO Y,et al. 200 Gbps OOK transmission over an indoor optical wireless link enabled by an integrated cascaded aperture optical receiver[C]. Optical Fiber Communications Conference and Exhibition. IEEE,2017.

[16] LI X,YU J, WANG K,et al. Photonics-aided 2×2 MIMO wireless terahertz-wave signal transmission system with optical polarization multiplexing[J]. Optics Express,2017,25 (26): 33236-33242.

[17] LI X, YU J,WANG K,et al. 120 Gb/s wireless terahertz-wave signal delivery by 375 GHz-500 GHz multi-carrier in a 2 × 2 MIMO system [J]. Journal of Lightwave Technology,2019,37(2): 606-611.

[18] LI X, YU J, ZHANG J, et al. Antenna polarization diversity for 146Gb/s polarization multiplexing QPSK wireless signal delivery at W-band[C]. Optical Fiber Communication Conference,Optical Society of America,2014.

[19] LI X, YU J. Generation and heterodyne detection of>100-Gb/s Q-band PDM-64QAM mm-wave signal[J]. IEEE Photonics Technology Letters,2016,29(1): 27-30.

[20] LI X, XU Y,YU J. Over 100-Gb/s V-band single-carrier PDM-64QAM fiber-wireless-integration system[J]. IEEE Photonics Journal,2016,8(5): 1-7.

[21] YU J, LI X,ZHANG J,et al. 432-Gb/s PDM-16QAM signal wireless delivery at W-band using optical and antenna polarization multiplexing[C]. The European Conference on Optical Communication. IEEE,2014.

[22] LI X, YU J,XIAO J,et al. Photonics-aided over 100-Gbaud all-band (D-,W-and V-band) wireless delivery[C]. 42nd European Conference on Optical Communication. VDE,2016.

[23] PUERTA R, YU J,LI X,et al. Demonstration of 352 Gbit/s photonically-enabled D-band wireless delivery in one 2 × 2 MIMO system [C]. Optical Fiber Communication Conference,Optical Society of America,2017.

[24] LI X, YU J, ZHAO L, et al. 1-Tb/s photonics-aided vector millimeter-wave signal wireless delivery at D-band [C]. Optical Fiber Communications Conference and Exposition. IEEE,2018.

第7章 频率稳定的光生矢量太赫兹信号产生

7.1 引 言

5G 网络正在高速发展,其低延迟、高速率、大规模接入的新功能将为实时流媒体、超级云、虚拟现实世界和智能家居提供全新的生活方式。近年来,移动数据业务快速增长,对通信网络的需求逐年增加。电子设备受到电带宽的限制,而光子辅助方法生成太赫兹信号则可突破该限制。与传统无线通信相比,光载无线或光载太赫兹系统结合了光纤通信和无线网络的优势,光纤通信的长距离和大容量结合无线通信的灵活访问的优势,使 RoF 系统成为未来通信网络的理想选择。

在 RoF 系统中,光矢量太赫兹信号的产生非常重要。传统 RoF 系统在传输中使用双边带(DSB)调制格式,在 1550 nm 波段,它将受到光纤色散的严重干扰,色散引起的走离效应引起频率衰落效应,有些频率点特别是高频的 SNR 将严重降低。而光单边带信号可以抵抗色散,并且可在 1550 nm 的标准单模光纤(SSMF)中长距离传输而不会出现衰落效应[1-3]。与 DSB 信号相比,SSB 信号具有更高的频谱效率,它是在光纤中长距离传输矢量信号的最佳调制格式。

考虑到 RoF 系统的实际应用,未来将十分依靠多频率信号生成技术以克服频率重叠,并在无线网络中提供较好的灵活性。因此,在本章我们研究了光生矢量太赫兹信号的优化方案,提出了两种新颖的光生矢量太赫兹信号的产生技术,并在我们系统中进行了实验验证。

我们首先对几种光外调制器的原理进行了说明,然后提出了自己的方案。

在第一种方案中,我们使用级联相位调制器和 IQ 调制器来产生六倍频矢量太赫兹信号。首先使用相位调制器以低成本和简单的结构产生多频光载波。接着使用由 IQ 调制器实现的独立光学边带调制方案[4]产生需要的六倍光生矢量太赫兹信号,输出信号由不同频率上的几个光边带组成。在该方案中,需要抑制光载波以提高调制效率,减少功率损失;基带数据的生成是在数字域中实现的,在降低系统复杂性的同时提高系统稳定性。

鉴于以往产生光生太赫兹信号的系统几乎都需要使用精密的光滤波器,这无疑增加了系统成本和复杂度。我们探索了一种无需光滤波器产生光生太赫兹信号的方案。基于载波抑制八倍频(carrier suppressed frequency eightfold,CSFE)方案[5],无需光滤波器即可实现 D 波段的太赫兹信号产生。首先使用一个由 RF 源驱动的强度调制器,抑制原始光载波并生成两个连续光波,这两路连续光波之间的频率差是驱动 RF 信号的八倍。随后的另外一个强度调制器用来实现光 SSB 调制[6]。因此,在不需要光滤波器的情况下,我们能够成功实现 D 波段太赫兹信号的产生。

7.2 光外调制器原理

光外调制器主要包括相位调制器、强度调制器以及 IQ 调制器等。光外调制器能够将电信号调制到激光器产生的光载波上。它们不仅可以用来实现不同调制格式的光信号调制,在正弦信号的驱动下还可以用来产生多频率光源,在光通信中的应用非常广泛。

7.2.1 相位调制器

相位调制器工作的原理是铌酸锂(LiNbO$_3$)晶体的折射率随外加电场变化,因而其光传播速度和相位也有相应变化。光相位调制器的结构如图 7-1 所示。当在电极上施加调制电压时,波导的折射率随着外加电场改变,光通过电极后的相位也随之改变,实现相位调制的功能。

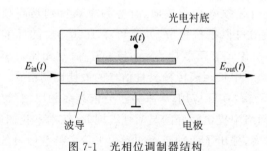

图 7-1 光相位调制器结构

根据电光效应,经过相位调制器后相位的变化 $\varphi_{PM}(t)$ 如式(7-1)所示,它可视为输入驱动电压 $u(t)$ 的线性函数。

$$\varphi_{PM}(t) = \frac{2\pi}{\lambda} k \Delta n_{eff} L u(t) \tag{7-1}$$

式中,λ 是输入光波长,L 是光和电极相互作用长度,Δn_{eff} 是有效折射系数的函数。定义调制器的主要特征参数——半波电压 V_π,为当调制器相位发生 π 变化时所需的调制电压,可以表示为

$$V_\pi = \frac{\lambda}{2k \Delta n_{eff} L} \tag{7-2}$$

由式(7-1)和式(7-2),经相位调制器后相位的改变与输入驱动电压的关系为

$$\varphi_{PM}(t) = \frac{u(t)}{V_\pi} \pi \tag{7-3}$$

7.2.2　马赫-曾德尔调制器

马赫-曾德尔调制器是一种基于干涉原理的光调制器,其结构图如图 7-2 所示。

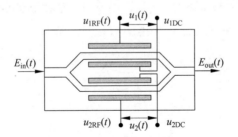

图 7-2　马赫-曾德尔调制器结构图

MZM 的构成是将两个相位调制器平行组合在 LiNbO$_3$ 晶体衬底上。在 LiNbO$_3$ 衬底上制作一对条形波导,其两端均连接一个 3 dB Y 形分支波导。输入光束经过第一个 Y 形分支波导后,被分割成两束功率相等的光,耦合到两个平行波导中。上下两臂分别添加驱动信号,两臂分别进行相位调制[7]。在通过第二个 Y 形分支波导后,两路相位调制后的信号相互干涉,转换为强度调制。上下两臂的驱动包含了射频信号和直流偏置电压,二者共同决定 MZM 的工作状态。

MZM 的输出光电流可以表示为

$$E_{out} = E_{in} \frac{1}{2} (e^{j\varphi_1(t)} + e^{j\varphi_2(t)}) \tag{7-4}$$

式中,$\varphi_1(t)$ 和 $\varphi_2(t)$ 分别表示 MZM 上下两臂的相移,可以表示为

$$\varphi_1(t) = \frac{u_1(t)}{V_{\pi 1}} \pi, \quad \varphi_2(t) = \frac{u_2(t)}{V_{\pi 2}} \pi \tag{7-5}$$

式中,$V_{\pi 1}$ 和 $V_{\pi 2}$ 分别表示使上下臂的相移为 π 的驱动电压,即半波电压。$u_1(t)$ 和 $u_2(t)$ 分别表示上下臂的外接电压,包括射频驱动电压 $u_{RF}(t)$ 和直流偏置电压 $u_{DC}(t)$。

当 MZM 工作在推推式(push-push)模式时,上下臂的相移完全相同,仍是相位调制。

当 MZM 工作在推挽式模式时,上下臂之间的相移相反,即 $\varphi_1(t) = -\varphi_2(t)$,$u_1(t) = -u_2(t) = 1/2u(t)$,此时输出端得到的是强度调制的光信号。输出光信号的表达式为

$$E_{out}(t) = \frac{1}{2} E_{in}(t)(e^{j\varphi_1(t)} + e^{j\varphi_2(t)})$$

$$= \frac{1}{2} E_{in}(t) [\cos(\varphi_1(t)) + \cos(\varphi_2(t)) + j(\sin(\varphi_1(t)) + \sin(\varphi_2(t)))]$$

$$= E_{\text{in}}(t)\left(\frac{\Delta\varphi_{\text{MZM}}(t)}{2}\right) = E_{\text{in}(t)}\cos\left(\frac{u(t)}{2V_{\pi}}\pi\right) \tag{7-6}$$

当进行强度调制时,调制器的直流偏置要在正交点。一个典型的 MZM 信号幅度/功率传输函数曲线如图 7-3 所示,图中 V_{π} 是调制器的半波电压,实线表示 $P_{\text{out}}(t)/P_{\text{in}}(t)$,虚线表示 $E_{\text{out}}(t)/E_{\text{in}}(t)$。

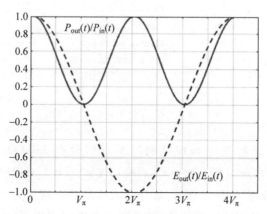

图 7-3　MZM 的信号幅度/功率传输函数曲线

MZM 是一个非线性调制器,当信号幅度进入 MZM 高非线性区域时,将严重失真,降低系统性能。因此应尽量使加载的信号位于 MZM 线性度高的区域内,以使调制器高效工作。MZM 的工作区域可通过配合调节信号的峰值和 MZM 的偏置电压来控制。

7.2.3　光 IQ 调制器

光 IQ 调制器由两个 MZM 和一个 90°相移器组成,其结构如图 7-4 所示。输入光信号被等分为同相分量(I 路)和正交分量(Q 路)两路信号,沿不同路径传输。随后,两路信号中的一路通过相位调制器,相位调制器的偏置电压设置为 $V_{\pi}/2$,因而两路光信号具有 90°相对相位差。I 路和 Q 路的 MZM 都工作在推挽式模式,直流偏置在功率传输函数的最低点。最后,两路信号在输出端的耦合器进行干涉,合并为一路信号[8]。

如图 7-4 所示,I 路和 Q 路正交分路中,MZM 调制产生的相位差为

$$\varphi_{\text{I}}(t) = \frac{u_{\text{I}}(t)}{V_{\pi 1}}\pi, \quad \varphi_{\text{Q}}(t) = \frac{u_{\text{Q}}(t)}{V_{\pi 2}}\pi \tag{7-7}$$

设置 PM 的驱动电压为 $U_{\text{PM}} = -V_{\pi}/2$,那么光 IQ 调制器的传输函数可表示为

$$E_{\text{out}}(t) = \frac{1}{2}E_{\text{in}}(t)\left(\cos\left(\frac{\varphi_{\text{I}}(t)}{2}\right) + \text{j}\sin\left(\frac{\varphi_{\text{Q}}(t)}{2}\right)\right) \tag{7-8}$$

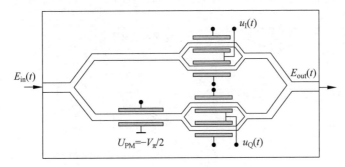

图 7-4　光 IQ 调制器结构图

7.3　基于级联光外调制器的多频率矢量太赫兹信号产生方案

基于 7.2 节所述的三种光外调制器,我们提出了一种生成多频矢量太赫兹信号的新方案。我们采用独立边带(independent side-band,ISB)调制方案,利用级联的相位调制器和 IQ 调制器产生光生太赫兹信号。

相位调制器由单频率的射频源驱动,生成具有恒定频率间隔的多频光载波,作为 IQ 调制器的光源输入。驱动 IQ 调制器的电信号由一个矢量调制的 SSB QAM 信号和一个未调制的 SSB RF 信号组成,两个信号位于零频率的不同侧。IQ 调制器的输出包含几个光边带和受抑制的光载波。波长选择开关选择不同频率的两个光学边带在 PD 中拍频。该方案产生的多频矢量太赫兹信号灵活性高,最高频率可达 400 GHz。我们实验实现了 D 波段多频矢量太赫兹信号的产生和传输,传输经过 80 km SMF-28 光纤和 10 m 无线信道,载波频率为 133 GHz,传输速率为 18.4×2 Gbit/s=36.8 Gbit/s。

7.3.1　基于级联光外调制器的多频率矢量太赫兹信号产生技术方案

我们提出的基于级联光外调制器的多频率矢量太赫兹信号产生技术方案原理如图 7-5 所示。首先,激光器产生位于频率 f_c 处的 CW 波作为相位调制器的光输入源。根据 7.2 节,相位调制器的输出可以写为 $E_{\text{out}} = E_{\text{in}} \exp(\mathrm{j}r(t))$,其中 E_{out} 表示输出光信号,$E_{\text{in}} = A_{\text{LW}} \exp(\mathrm{j}2\pi f_c t)$ 是输入光源,如图 7-5(c)所示。$r(t)$ 是输入电驱动信号,当它是频率为 f_m 的射频源时,可以表示为 $r(t) = A_{\text{RF}} \sin(2\pi f_m t + \varphi_0)$。因此,PM 的输出为

$$E_{\text{out}} = A_{\text{LW}} \exp(\mathrm{j}2\pi f_c t + \mathrm{j}r(t)) = A_{\text{LW}} \exp(\mathrm{j}2\pi f_c t + \mathrm{j}A_{\text{RF}} \sin(2\pi f_m t + \varphi_0))$$

$$(7\text{-}9)$$

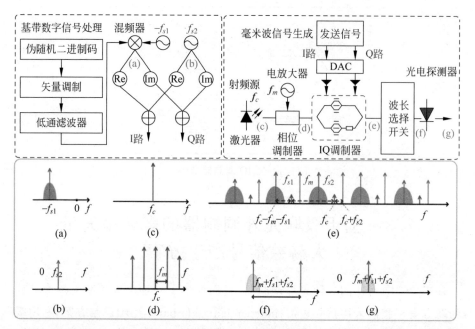

图 7-5 基于级联 PM 和 IQ 调制器实现光独立边带调制的光矢量太赫兹信号生成原理,以及各关键点处的频谱示意图

(a) 经过混频器后;(b) 射频源 f_{s2};(c) 激光源 f_c;(d) 相位调制器后;(e) IQ 调制器之后;(f) 在波长选择开关后;(g) PD 拍频后

根据雅可比 - 安格尔(Jacobi-Anger)等式 $\mathrm{e}^{\mathrm{i}z\cos\varphi} = \sum\limits_{n=-\infty}^{+\infty} \mathrm{i}^n \mathrm{J}_n(z)\mathrm{e}^{\mathrm{i}n\varphi}$,PM 的输出可以写为

$$E_{\mathrm{out}} = A_{\mathrm{LW}}\exp(\mathrm{j}2\pi f_c t + \mathrm{j}r(t))$$

$$= A_{\mathrm{LW}}\sum_{n=-\infty}^{+\infty} \mathrm{J}_n(A_{\mathrm{RF}})\exp\{\mathrm{j}[2\pi(f_c t + nf_m t) + n\varphi_0]\}$$

$$= A_{\mathrm{LW}}\sum_{n=-\infty}^{+\infty} \mathrm{J}_n(A_{\mathrm{RF}})\exp\{\mathrm{j}[(\omega_c t + n\omega_m t) + n\varphi_0]\} \tag{7-10}$$

因此,在经过 PM 调制之后,单频率的激光将成为多频率的光载波。如图 7-5(d)所示,中心频率为 f_c,相邻载波之间的频率间隔取决于驱动射频源的频率。

数字域中的基带信号生成的数字信号处理过程如图 7-5 的左框所示。首先生成具有固定长度的伪随机二进制序列,将其调制为 QPSK/16QAM 基带信号,并使用低通滤波器(LPF)滤波。我们利用两个工作频率为 f_{s1} 和 f_{s2} 的实数正弦波信号,对它们进行希尔伯特变换,来生成单边带信号,消除频率轴另外一侧的频谱[4,8]。因此,能够生成两个复数正弦波射频源,每个射频源仅具有一侧频谱。频

率为 f_{s1} 的 RF 源保留了负频谱,而频率为 f_{s2} 的 RF 源保留了正频谱。我们将基带矢量调制信号与 $-f_{s1}$ RF 源混频,将基带信号线性上变频为位于载波频率 $-f_{s1}$ 的下边带(low side band,LSB)矢量信号,如图 7-5(a)所示。射频源 f_{s2} 的正侧频谱如图 7-5(b)所示。接下来,将 LSB 矢量信号的实部和 RF 源 f_{s2} 的正频率部分的实部相加,作为 IQ 调制器的同相输入。类似地,将 LSB 矢量信号的虚部和 RF 源 f_{s2} 的虚部相加,作为 IQ 调制器的正交输入。我们采用光学独立边带调制来最大化边带能量,因为这样可以有效地抑制光载波。

在调制器的具体实现上,由于 IQ 调制器中有 3 个可调的直流偏置电压(一个 PM,两个 MZM),为了实现 IQ 调制,应将 IQ 调制器中 PM 的直流偏置电压设置为 $V_\pi/2$,来确保同相输入和正交输入之间的相位差为 $\pi/2$。为了实现 ISB 调制,我们将两个 MZM 的 DC 偏置固定为 V_π 以抑制光载波,并将线性 SSB 电信号转换为 SSB 光信号。

IQ 调制器的传输函数可以写成

$$
T = \frac{E_{\text{out}}}{E_{\text{in}}} = \frac{1}{2}\left[\cos\left(\frac{\varphi_{\text{I}}(t)}{2}\right) + \cos\left(\frac{\varphi_{\text{Q}}(t)}{2}\right) \cdot e^{i\phi}\right]
$$
$$
= \frac{1}{2}\left[\cos\left(\frac{\pi}{2} \cdot \frac{V_{\text{I}}(t) + V_{\text{DCI}}}{2}\right) + \cos\left(\frac{\pi}{2} \cdot \frac{V_{\text{Q}}(t) + V_{\text{DCQ}}}{2}\right) \cdot e^{i\phi}\right] \quad (7\text{-}11)
$$

式中,$\varphi = V_{\text{DCPM}}\pi/V_\pi$ 是 PM 引起的相位差,设定 $V_{\text{DCPM}} = \pi/2$ 时,相位差为 $\pi/2$。V_{DCI} 和 V_{DCQ} 是两个 MZM 的 DC 偏置,我们将其设置为 V_π 来抑制光载波,因此有

$$
T = \frac{E_{\text{out}}}{E_{\text{in}}} = \frac{1}{2}\left[\sin\left(\frac{\pi}{2} \cdot \frac{V_{\text{I}}(t)}{V_\pi}\right) + j\sin\left(\frac{\pi}{2} \cdot \frac{V_{\text{Q}}(t)}{V_\pi}\right)\right] \quad (7\text{-}12)
$$

基带数据可以表示为 $\text{Data} = A\exp(-j2\pi f_{s1}t) + B\exp(j2\pi f_{s2}t)$,其中 A 表示 QPSK 或 16QAM 基带信号,B 表示 RF 源的幅度,A 和 B 的内容可以互换。因此,IQ 调制的同相输入为 $V_{\text{I}}(t) = A\cos(2\pi f_{s1}t) + B\cos(2\pi f_{s2}t)$,正交输入为 $V_{\text{Q}}(t) = -A\sin(2\pi f_{s1}t) + B\sin(2\pi f_{s2}t)$。

为了简单起见,首先考虑单个光载波,令 $E_{\text{in}} = E_0\exp(j2\pi f_c t)$。因此,IQ 调制器的输出可以写为

$$
E_{\text{out}} = E_0\exp(j2\pi f_c t) \cdot \frac{1}{2}\left\{\sin\left(\frac{\pi}{2} \cdot \frac{A\cos(2\pi f_{s1}t) + B\cos(2\pi f_{s2}t)}{V_\pi}\right) + \right.
$$
$$
\left. j\sin\left(\frac{\pi}{2} \cdot \frac{-A\sin(2\pi f_{s1}t) + B\sin(2\pi f_{s2}t)}{V_\pi}\right)\right\} \quad (7\text{-}13)
$$

当输入信号相对较小时,输出可以近似写为

$$
E_{\text{out}} \approx E_0 e^{j2\pi f_c t} \cdot \frac{\pi}{4V_\pi}\{A\cos(2\pi f_{s1}t) + B\cos(2\pi f_{s2}t) +
$$
$$
j[-A\sin(2\pi f_{s1}t) + B\sin(2\pi f_{s2}t)]\}
$$
$$
= \frac{\pi}{4V_\pi} \cdot \{AE_0\exp[j2\pi(f_c - f_{s1})t] + BE_0\exp[j2\pi(f_c + f_{s2})t]\} \quad (7\text{-}14)
$$

因此,频率 f_c 上的光载波被抑制,SSB 电信号被线性地转换到光域。在 IQ 调制器的输出端,我们获得了两个独立的光学边带,一个是频率 $f_c - f_{s1}$ 上的矢量调制 LSB,另一个是频率 $f_c + f_{s2}$ 上的未调制 USB,f_{s1} 与 f_{s2} 可以不相等,因此说我们使用了光学独立边带调制技术。

结合先前在 PM 中产生的多频率光载波可以产生多频带矢量调制的光信号,每个光载波两边有两个边带,可以做到几乎所有的光载波都在很大程度上受到抑制,调制后的光谱示意图如图 7-5(e)所示。接下来,通过 WSS 或光滤波器选择两个光边带用于在 PD 中进行拍频,生成太赫兹信号的频率由两个光边带的频率差确定。

该方案的可用频率范围非常广。例如,我们选择在频率 $f_c - f_m - f_{s1}$ 上的矢量调制光边带和在频率 $f_c + f_{s2}$ 上的未调制光边带,这两个边带的频率差为 $f_m + f_{s1} + f_{s2}$,因此生成太赫兹信号的频率为 $f_m + f_{s1} + f_{s2}$。光 SSB 信号可以克服光纤色散引起的走离效应,能在光纤中长距离传输。该方案极大地提高了系统的灵活性,并降低了噪声。

7.3.2　光生太赫兹信号传输实验设置

基于提出的生成矢量太赫兹信号的方案,我们搭建了相应的实验系统以验证性能。基于该方案的 133 GHz QPSK/16QAM 调制的 SSB 矢量太赫兹信号生成和光纤无线融合传输的实验装置如图 7-6(a)所示,发射端和接收端的照片分别如图 7-6(b)和(c)所示。线宽小于 100 kHz、输出功率为 14.5 dBm 的 ECL 产生 1552.32 nm 的连续光用于产生多频光载波。正弦波信号源工作在 14.5 GHz,将其六倍频后,可获得 87 GHz 的正弦波射频源。经过电放大后,得到功率为 28 dBm 的正弦波源,用于驱动 PM 生成多频光载波。实验中使用的 PM 具有 2.5 dB 的插入损耗,30 GHz 的 3 dB 带宽,65 GHz 的 6 dB 带宽,在 RF 频率为 1 GHz 时的 V_π 为 5 V。

在发射端 DSP 处,我们使用固定长度生成矢量调制的 QPSK/16QAM 信号。如图 7-5(a)所示,在数字域中与复正弦 RF 源(其频率位于 -26 GHz)混频后,矢量信号被线性转换为位于 -26 GHz 的 LSB 矢量信号。如 7.3.1 节所述,通过将 LSB 矢量信号和 USB 复数正弦波 RF 源(其频率位于 20 GHz)的实部/虚部相加,分别在数字域中生成 I 路和 Q 路数据。生成的 I 路和 Q 路数据经过采样速率为 92 GSa/s 的 DAC 转换为模拟信号,并由工作范围在 DC 约 40 GHz 的 EA 放大后,用于驱动 IQ 调制器以实现光学 ISB 调制。

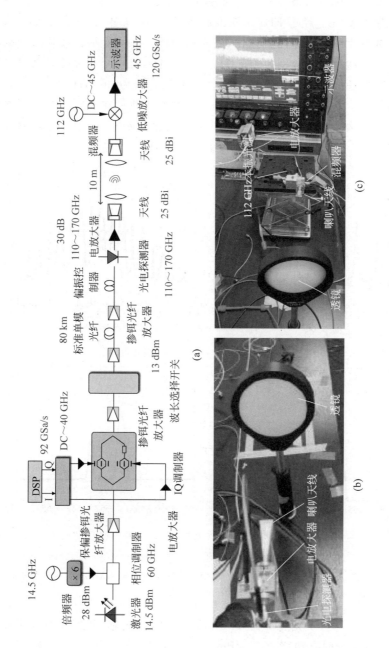

图 7-6　用于生成和传输 133 GHz QPSK/16QAM 调制的 SSB 矢量毫米波信号的实验装置

(a) 系统结构示意图；(b) 发射端照片；(c) 接收端照片

经过 PM 调制之后的多频光载波的频谱如图 7-7(a)所示,每个光载波之间的频率间隔为 87 GHz。多频光边带的光谱如图 7-7(b)所示,可以看出光载波得到了有效抑制。在每个光载波的频率两侧分别有两个光边带,一个是矢量调制的 LSB,另一个是未调制的 USB。经过 EDFA 放大后,光信号通过 WSS 或光滤波器选择两个光边带在光纤无线融合链路中传输,其光谱如图 7-7(c)所示。抑制的光载波与两个边带之间的频率空间分别为 26 GHz 和 20 GHz,且两个相邻的光载波之间的间隔为 87 GHz,所以两个选定边带之间的频率空间为 26 GHz＋87 GHz＋20 GHz＝133 GHz,其光谱如图 7-7(b)所示。这是基于我们在本次实验中所选择的两个边带得到的结果,在实际中,我们所生成的太赫兹信号的最高频率可达133 GHz＋87 GHz×3＝133 GHz＋261 GHz＝394 GHz。

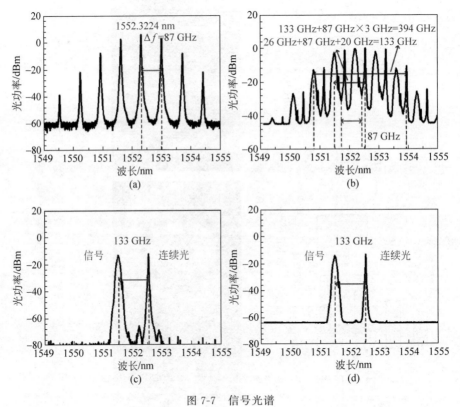

图 7-7　信号光谱

(a) PM 调制后的多频光载波;(b) IQ 调制器之后的多频光边带;(c) WSS 之后的矢量调制光边带和光连续波;(d) 80 km SMF 传输后的矢量调制光边带和光连续波

经 EDFA 放大后,两个光边带在 80 km 的 SSMF 上传输,我们没有使用光色散补偿模块,进入光纤的光功率为 13 dBm。为了补偿光纤中的功率损耗,我们使用了另一个 EDFA 用于增加光功率,经过 SSMF 传输后的光谱如图 7-7(d)所示。经过用于调整信号偏振的偏振控制器后,光信号由带宽为 110~170 GHz 的 PD 转换为矢量调制的 D 波段太赫兹信号,并由增益为 30 dB 的 D 波段放大器进行放大。随后,太赫兹信号由增益为 25 dBi 的 D 波段喇叭天线传输,无线传输距离为 10 m。我们在无线链路中使用了一对透镜来收集太赫兹信号,透镜的使用能够提升信号的传输距离。经过无线传输后,太赫兹信号由相同的喇叭天线接收,并与 112 GHz 的本振源混频,产生 21 GHz 中频信号。中频信号由带宽为 DC 约 45 GHz 的 EA 放大,并由带宽为 45 GHz、采样速率为 120 GSa/s 的实时数字示波器捕获。离线数字信号处理流程包括第 3 章所述的下变频、CMA/CMMA 后均衡、载波恢复(包括载波频率和相位恢复)、DD-LMS 和 BER 计算。

7.3.3　实验结果及分析

为了更好地研究系统的性能,我们首先以不同的波特率传输 QPSK 信号,传输的波特率分别为 4 Gbaud、9.2 Gbaud 和 18.4 Gbaud。在 10 m 无线传输下,波特率为 4 Gbaud,频率为 21 GHz 的 QPSK 中频信号的星座图如图 7-8 所示。10 m 无线传输后 9.2 Gbaud 的 QPSK 中频信号的星座图如图 7-9 所示。4 Gbaud QPSK 信号恢复出的星座图十分清晰,BER 低。对于 9.2 Gbaud QPSK 信号,由于更严重的信道损失,恢复的星座图变得模糊。10 m 无线传输后的 18.4 Gbaud QPSK 信号的星座图如图 7-10 所示。随着传输波特率不断增加,QPSK 信号的星座点逐渐模糊,这是受到无线信道衰减带来的影响。

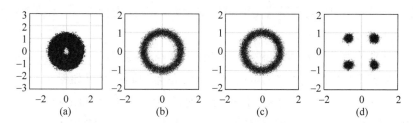

图 7-8　4 Gbaud QPSK 信号无线传输 10 m 后的信号星座图
(a) 时钟恢复后;(b) CMA 均衡后;(c) 频率恢复后;(d) 相位恢复后

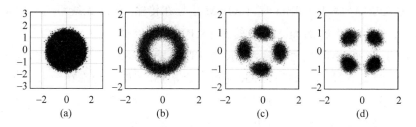

图 7-9　9.2 Gbaud QPSK 无线传输 10 m 后的信号星座图
(a) 时钟恢复后;(b) CMA 均衡后;(c) 频率恢复后;(d) 相位恢复后

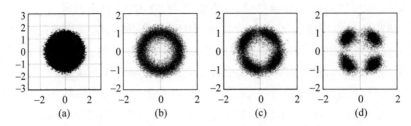

图 7-10   18.4 Gbaud QPSK 信号无线传输 10 m 后的信号星座图
(a) 时钟恢复后；(b) CMA 均衡后；(c) 频率恢复后；(d) 相位恢复后

我们同样测试了系统的误码率性能。当 18.4 Gbaud QPSK 信号分别在 80 km SMF ＋ 10 m 无线链路和仅在 10 m 无线链路中传输时，BER 与输入 PD 的功率的关系如图 7-11(a) 所示。从两条曲线看，随着输入功率的增加，BER 首先减小，然后增加，这是由于 PD 的功率饱和。对于无线链路，当输入功率高于 -2.6 dBm 时，BER 低于 3.8×10^{-3} 的 7% FEC 阈值；而当输入功率为 -1.6 dBm 时，BER 达到最小值。对于光纤无线链路，当输入功率约为 -0.5 dBm 时可获得最佳结果。我们在 80 km SMF-28 光纤传输时增加了两个额外的 EDFA，OSNR 有所降低，因此在 3.8×10^{-3} 的 BER 下观察到了 2.5 dB 的功率损失。我们使用这种方案产生的 133 GHz D 波段 QPSK 信号在传输速率达到 18.4×2 Gbit/s＝36.8 Gbit/s 时可以通过 80 km SMF 光纤结合 10 m 的无线传输，在仅进行 10 m 无线传输时，最小 BER 可以达到 1.27×10^{-3}。

我们分别传输了 4 Gbaud 和 9.2 Gbaud 信号，以测量 16QAM 信号的性能。不同光纤和无线传输距离的 4 Gbaud 16QAM 信号的测试结果如图 7-11(b) 所示。133 GHz 的 4×4 Gbit/s 16QAM 信号可以通过 10 km SMF 和 10 m 的无线网络传输，BER 低于 3.8×10^{-3} 的 FEC 阈值。在经过 80 km SMF-28 传输后，BER 不能低于 3.8×10^{-3}，但可以低于 20% 的 FEC 阈值 2×10^{-2}。由于 OSNR 降低和光纤中的非线性效应影响，性能损失较大。

当输入功率为 -1.6 dBm 时，16QAM 信号在传输 10 m 无线距离后的星座图如图 7-12 所示，经过测量，系统的最小 BER 可以达到 1.08×10^{-3}。对于 9.2 Gbaud 的 16QAM 信号传输，BER 与 PD 的输入功率的关系如图 7-11(c) 所示。随着 PD 输入功率的增加，BER 先减小后增加，当输入功率在 -0.5 dBm 时，BER 达到最小值。我们可以实现以低于 2×10^{-2} 的 BER 实现 36.8 Gbit/s 的 16QAM 信号在 10 m 无线网络中的传输，但不能实现 80 km 以上的 SMF 结合 10 m 无线传输。

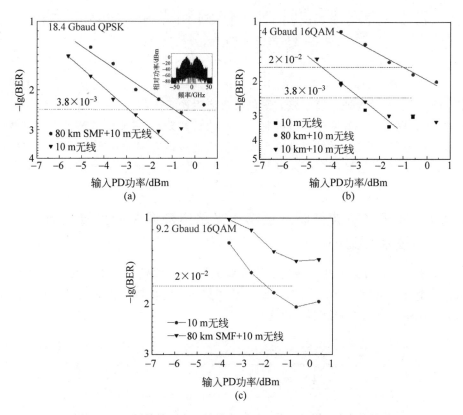

图 7-11　不同传输距离和波特率下 BER 与 PD 输入功率的关系

（a）光纤无线传输的 18.4 Gbaud QPSK 信号；（b）光纤无线传输的 4 Gbaud 16QAM 信号；（c）光纤无线传输的 9.2 Gbaud 16QAM 信号

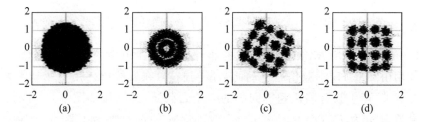

图 7-12　4 Gbaud 16QAM 信号无线传输 10 m 后的信号星座图

（a）时钟恢复后；（b）CMA 均衡后；（c）频率恢复后；（d）相位恢复后

7.4　基于载波抑制八倍频和光单边带的矢量太赫兹信号产生方案

在 7.3 节我们提出了基于光学独立边带调制的光生矢量太赫兹信号生成方案,并进行了实验验证。鉴于该方案仍需要使用光滤波器,给系统增加了复杂度和成本,我们提出了一种基于载波抑制八倍频的新方案,无需光学滤波器即可实现 D 波段太赫兹信号生成,系统复杂度大大降低。通过该方案成功实现了 150 GHz 的 10 Gbaud QPSK 信号和 4 Gbaud 16QAM 信号在 10 km SMF 结合 1 m 无线的融合传输。

7.4.1　基于光载波抑制八倍频和光单边带调制的矢量太赫兹信号技术方案

基于 CSFE 方案和相应频谱的无光滤波器 D 波段信号生成原理如图 7-13 所示。整个方法包括三个部分:CSFE、SSB 调制和光电转换。其中,CSFE 与 SSB 调制分别使用一个强度调制器即可完成。

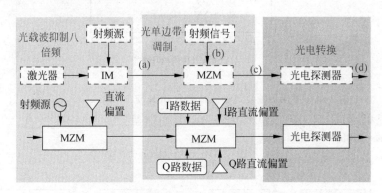

图 7-13　基于 CSFE 方案和光 SSB 的 D 波段光生太赫兹信号产生原理

CSFE 方案利用 MZM 调制曲线的非线性。使用 ECL 产生一个单频光载波,随后使用由 20 GHz 射频信号驱动的强度调制器(在实验中使用单驱动 MZM)来调制光载波,产生具有固定频率间隔的多个光载波,其结构如图 7-13 所示。我们将光载波表示为 $E_0(t) = E_0 \exp(j\omega_0 t)$,MZM 的两个驱动信号记为 $V_1(t) = V_{\mathrm{RF1}} \cos(\omega_{m_1} t)$,$V_2(t) = V_{\mathrm{RF2}} \cos(\omega_{m_2} t)$,MZM 的两个 DC 偏置电压分别记为 V_{DC1} 和 V_{DC2}。第一个 MZM 的输出信号表示为[9]

$$E_{\mathrm{out}}(t) = E_0 e^{j\omega_0 t} \cdot [\sqrt{\rho_1(1-\rho_2)} \cdot \exp(j\phi_1) +$$
$$\sqrt{\rho_2(1-\rho_1)} \cdot \exp(j\varphi_2)] \tag{7-15}$$

式中,$\phi_1 = \pi[V_1(t) + V_{\mathrm{DC1}}]/V_\pi$,$\phi_2 = \pi[V_2(t) + V_{\mathrm{DC2}}]/V_\pi$,$V_\pi$ 是 MZM 的半波电

压。对于单驱动 MZM,可将 V_{RF2} 和 V_{DC2} 设为零,则 ϕ_2 也为零。式(7-15)可简化为

$$E_{out}(t) = E_0 \cdot \exp[j(\omega_0 t + \eta + \beta\cos\omega_m t)] \tag{7-16}$$

其中 $\eta = \pi V_{DC1}/V_\pi$,$\beta = \pi V_{RF1}/V_\pi$。考虑雅可比-安格尔(Jacobi-Anger)等式,式(7-16)展开为

$$E_{out}(t) = (1/2) \cdot E_0 \cdot \Big\{ J_0(\beta) \cdot \cos(\omega_0 t + \eta) +$$

$$2\cos(\omega_0 t + \eta)\Big[\sum_{n=1}^{+\infty} J_{2n}(\beta) \cdot \cos(2n\omega_{m1}t + n\pi)\Big] -$$

$$2\sin(\omega_0 t + \eta)\Big[\sum_{n=1}^{+\infty} J_{2n-1}(\beta) \cdot \sin((2n-1)\omega_{m1}t + (2n-1)/2\pi)\Big] \Big\} \tag{7-17}$$

该输出包含贝塞尔函数的奇数和偶数边带以及光载波。由式(7-17),如满足 $\cos(\omega_0 t + \varphi) + J_0(\beta)\cos\omega_0 t = 0$ 且 $J_0(\beta)(\cos\omega_0 t + \eta) = 0$,则光载波将被抑制[9];将 MZM 偏置在传输函数的零点,则偶数边带将被抑制[5];若 MZM 偏置到最大传输点,则奇数边带将被抑制[9]。因此,调整单驱动 MZM 的偏置电压到最大传输点,以抑制奇数阶边带。

第一类贝塞尔函数的偶数阶如图 7-14 所示,其中横坐标 x 为式(7-17)中的 β。当 β 为 5 时,相比于 $J_4(\beta)$、$J_0(\beta)$、$J_2(\beta)$、$J_6(\beta)$ 和 $J_8(\beta)$ 都相对较小,因此我们可以生成两路频率差为驱动 MZM 的 RF 源的八倍的光音调,相应的光谱如图 7-14(a)所示。

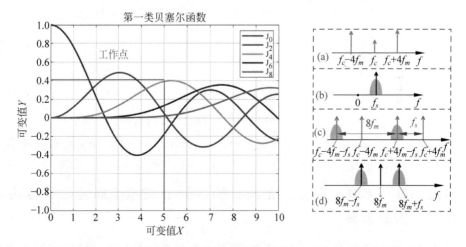

图 7-14　第一类贝塞尔函数偶数阶示意图及图 7-13 各点对应的频谱

(a) CSFE 方案产生的光音调;(b) 用于单边带调制的推挽式调制器的驱动射频数据;(c) 光单边带信号;(d) 太赫兹信号边带

我们所提出方案的第二部分为光 SSB 调制。我们使用一个双驱动 MZM 来实现 IQ 调制,该 MZM 的两个分支的相位差应为 $\pi/2$。MZM 的输出为

$$E_{out}(t) = (1/2)E_{in}(t)\left\{\exp\left[j\left(\frac{\pi}{V_\pi}I(t) - \frac{\pi}{2}\right)\right] + \exp\left[j\frac{\pi}{V_\pi}Q(t)\right]\right\}$$

$$= 1/2E_{in}(t)\left\{-j\exp\left[j\frac{\pi}{V_\pi}I(t)\right] + \exp\left[j\frac{\pi}{V_\pi}Q(t)\right]\right\} \tag{7-18}$$

式中，$I(t)$ 和 $Q(t)$ 分别代表 MZM 两个分支的输入数据。当 $I(t)$ 和 $Q(t)$ 是小信号时，式(7-18)可近似表示为

$$E_{out}(t) = (1/2)E_{in}(t)\left\{-j\left[1 + j\frac{\pi}{V_\pi}I(t)\right] + \left[1 + j\frac{\pi}{V_\pi}Q(t)\right]\right\}$$

$$= 1/2E_{in}(t)\left\{\frac{\pi}{V_\pi}[I(t) + jQ(t)] + 1 - j\frac{\pi}{2}\right\} \tag{7-19}$$

因此，电信号被线性地转换到光域，双驱动 MZM 可实现 IQ 调制。我们在数字域中生成基带数据，将其数字上变频至频率 f_s，生成电 SSB 数据，频谱如图 7-14(b) 所示。该电 SSB 信号的实部和虚部分别用作双驱动 MZM 的两路输入驱动信号。为了产生 SSB 信号，应将 MZM 偏置在正交点。MZM 的驱动数据可写为

$$\begin{cases} \text{Data} = A\exp(i2\pi f_s t) \\ I(t) = \text{Re}(\text{Data}) = A\cos(2\pi f_s t) \\ Q(t) = \text{Im}(\text{Data}) = A\sin(2\pi f_s t) \end{cases} \tag{7-20}$$

将式(7-19)代入式(7-20)，得到

$$E_{out}(t) = \frac{\pi A}{2V_\pi}[\cos(2\pi f_c t) + j\sin(2\pi f_c t)][\cos(2\pi f_s t) + j\sin(2\pi f_s t)] +$$

$$\frac{1}{2}E_{in}(t)\left(1 - j\frac{\pi}{2}\right)$$

$$= \frac{\pi A}{2V_\pi}\{\exp[j2\pi(f_c + f_s)t]\} + \frac{1}{2}E_{in}(t)\left(1 - j\frac{\pi}{2}\right) \tag{7-21}$$

因此，可得到光 SSB 信号，相应的光谱如图 7-14(c)所示。

在光电检测器中拍频实现 O/E 转换后，生成的 D 波段太赫兹信号的频谱如图 7-14(d)所示。在整个过程中，我们没有使用任何光滤波器，从而降低了系统复杂性。

7.4.2　基于 CSFE 方案和光 SSB 调制的 D 波段太赫兹信号传输实验设置

基于 CSFE 方案和光 SSB 调制的 D 波段太赫兹信号生成系统的实验装置如图 7-15 所示[10,11]。系统原理图如图 7-15(a)所示，发射端照片如图 7-15(b)所示。我们使用工作在 1552.316 nm 的 ECL 产生光载波，使用由 20 GHz 射频源驱动的 MZM 实现 CSFE 调制，该 MZM 的插入损耗为 3.9 dB，消光比为 30 dB，RF 信号在 1 GHz 时的 V_π 为 2.8 V，3 dB 带宽为 30 GHz。经过 EA 放大后，进入 MZM 的 RF 信号输入功率为 31 dBm。MZM 的输出光音调具有 20 GHz 的固定频率间隔，在八倍频后，最大频率间隔为 160 GHz。PM-EDFA 用于放大光载波的功率。传输的 I

和 Q 数据在数字域中生成,并由具有 80 GSa/s 采样速率的 DAC 转换为模拟信号。

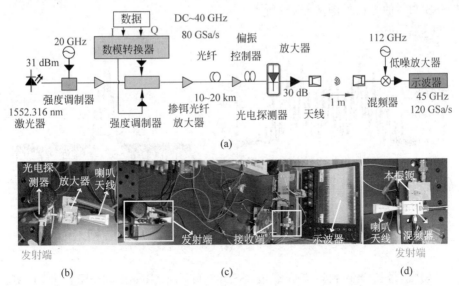

图 7-15　基于 CSFE 和光学单边带调制的 D 波段信号产生系统的实验装置

(a) 系统原理图;(b) 发射端照片;(c) 收发端照片;(d) 接收端照片

随后,IQ 数据用两个相同的带宽为 DC 约 40 GHz 的 EA 进行放大,用作双驱动推挽 MZM 的两个输入,实现光 SSB 调制。MZM 的插入损耗为 4.9 dB,消光比为 30 dB,RF 信号在 1 GHz 时的 V_π 为 2.7 V,3 dB 带宽为 37 GHz。随后,光信号通过 10 km SMF 传输,我们使用两个相同的 EDFA 来放大光功率,并利用偏振控制器来调整光信号的偏振。最终,光信号通过带宽为 110～170 GHz 的 PD 转换为 D 波段太赫兹信号,并由增益为 30 dB 的 LNA 放大。太赫兹信号通过 D 波段喇叭天线广播到自由空间中,并通过 1 m 无线距离传输。

在接收端,使用相同的喇叭天线收集太赫兹信号,并将 112 GHz 的 RF 源用作 LO 进行下变频。接收到的信号与 LO 混频成中频信号,由具有 DC 约 50 GHz 带宽的 EA 放大,并由具有 45 GHz 带宽的数字示波器接收。由于 MZM 的驱动信号被数字上变频至 10 GHz,因此在混频后,存在两个 IF 信号,这两个 IF 信号的频率分别为 160 GHz−10 GHz−112 GHz＝38 GHz 和 160 GHz＋10 GHz−112 GHz＝58 GHz。我们使用的 OSC 的带宽为 45 GHz,它可以捕获 38 GHz 的 IF 信号,而 58 GHz 的 IF 信号太高,无法被 OSC 检测到。因此,最终接收到的只有一个 IF 信号。离线数字信号处理包括下变频、CMA/CMMA 后均衡、载波恢复(包括载波频率和相位恢复)、DD-LMS 和 BER 计算。

7.4.3　实验结果及分析

经过 CSFE 调制之后的光载波的光谱如图 7-16(a)所示。第一个 MZM 生成具有固定频率间隔的光载波,两个光功率最高的载波的频率空间为 8×20 GHz＝

160 GHz。对于光 SSB 调制,生成光信号的上边带受到很大程度的抑制,单个光载波 SSB 调制的光谱如图 7-16(b)所示。

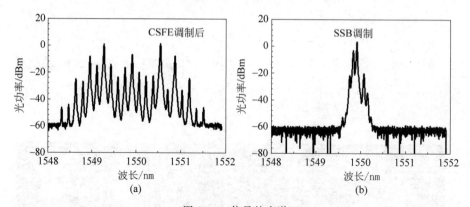

(a)   (b)

图 7-16 信号的光谱

(a) CSFE 调制后产生的多个光音调;(b) 单个光载波的光 SSB 调制后

SSB 信号被调制到所有光载波,SSB 调制后 4 Gbaud QPSK 信号,4 Gbaud 16QAM 信号和 10 Gbaud QPSK 信号的光谱如图 7-17 所示。在图 7-17(c)中,A

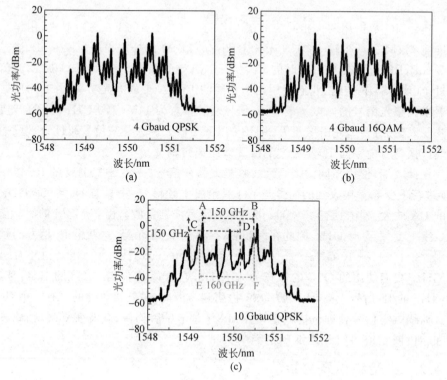

图 7-17 信号的光谱

(a) 4 Gbaud QPSK 调制信号;(b) 4 Gbaud 16QAM 调制信号;(c) 10 Gbaud QPSK 调制信号

端和 B 端具有 150 GHz 频率差,因此可通过在 PD 中拍频而产生 150 GHz 的太赫兹信号。类似地,C 端和 D 端也可以产生 150 GHz 的太赫兹信号。E 端和 F 端具有 160 GHz 的频率差,可以产生 160 GHz 的太赫兹信号。但是,在传输的波特率较高时,色散会影响 160 GHz 太赫兹信号的性能,因此我们没有采用这个频率较高的太赫兹信号。

我们还针对恢复的 QPSK 和 16QAM 信号测量了 BER 性能与 PD 输入功率的关系,如图 7-18 所示。图 7-18(a)显示了当 4 Gbaud QPSK 信号分别通过 1 m 无线和 10 km SMF + 1 m 无线传送时,BER 与 PD 的输入功率的关系。当输入功率增加时,OSNR 会增加,因此 BER 会降低。为了满足 3.8×10^{-3} 的 7% FEC 阈值,两种情况下的接收器灵敏度均设为 -2.5 dBm。图 7-18(a)中还显示了 38 GHz IF 信号的频谱和恢复的星座图。对于 4 Gbaud QPSK 信号,星座图很清晰。接收信号通过离线 DSP 程序恢复,并且 BER 低于 FEC 阈值,因此,没有应用其他方法来抑制其他不需要的谐波分量。图 7-18(b)显示了当 10 Gbaud QPSK 信号通过 1 m 无线和 10 km SMF+1 m 无线传输时,BER 曲线与输入功率的关系。

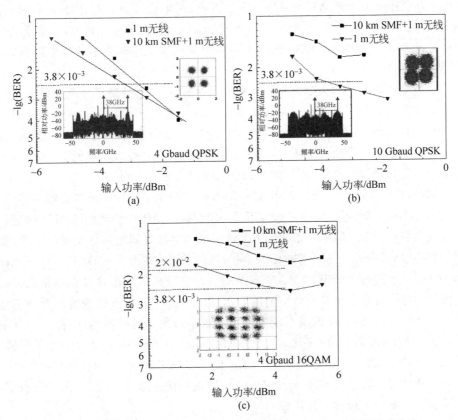

图 7-18　不同传输距离下三种信号的 PD 的误码率与输入功率的关系曲线
(a) 4 Gbaud QPSK 信号;(b) 10 Gbaud QPSK 信号;(c) 4 Gbaud 16QAM 信号

对于 1 m 无线传输,当输入功率高于 1.5 dBm 时,BER 低于 FEC 阈值。对于 10 km+1 m 的无线传输,随着输入功率的增加,BER 先减小然后增加,这是由于 PD 的饱和所致,走离效应也会影响系统性能。图 7-18(c)显示了对于 4 Gbaud 16QAM 信号,相应的 BER 与输入功率的曲线。通过 1 m 无线传输时,在 4.5 dBm 的输入功率下,最小 BER 可以低于 3.8×10^{-3}。在经过 10 km 的 SMF-28 传输后,最小 BER 为 1.7×10^{-2}。我们不能使 BER 小于 3.8×10^{-3}。

7.5 本章小结

鉴于太赫兹信号产生方案在 RoF 链路中的重要性,本章提出了两种基于级联光外调制器产生太赫兹信号的方案。

第一种方案采用独立边带调制的级联相位调制器和 IQ 调制器生成多频矢量太赫兹信号。PM 由单频率 RF 源驱动,生成具有恒定频率间隔的多频光载波,作为 IQ 调制器的光输入。驱动 IQ 调制器的电信号由一个矢量调制的 SSB QAM 信号和一个未调制的 SSB RF 信号组成,两个信号分别位于零频率的不同侧。IQ 调制器的输出包含几个多频光学边带和受抑制的光载波,光载波通过 ISB 调制方案得到抑制。WSS 选择不同频率的两个光学边带在 PD 中拍频产生太赫兹信号。

该方案产生的多频矢量太赫兹信号灵活性高,可以有效降低发射机的复杂度。产生太赫兹信号的最高频率可高 400 GHz。我们通过实验演示了 133 GHz D 频段多频矢量太赫兹信号在 80 km SMF-28 和 10 m 无线链路上的融合传输,传输速率为 18.4×2 Gbit/s=36.8 Gbit/s。在这种情况下,PD 的输入功率低至 −0.5 dBm,系统功耗低,而低功耗是未来城域网和数据中心的必需功能。

同时,由于光滤波器会增加系统成本,我们又提出了一种不需要光滤波器的太赫兹信号生成方案,基于 CSFE 技术和光 SSB 调制,使用两个级联的 MZM 来生成 D 波段太赫兹信号。第一个单驱动 MZM 用于产生具有固定频率空间的多个光音调,频率空间最高可以达到 160 GHz,同时抑制了相应的光中心载波。第二个双驱动 MZM 用于实现光 SSB 调制。SSB 是 C 波段光纤通信中的最佳调制格式,因为它可以容忍光纤色散和衰落效应。随后,光信号进入 PD 中并转换为太赫兹信号。该方案无需光滤波器,降低了系统复杂度和成本。我们通过实验实现了 150 GHz 10 Gbaud QPSK 信号和 4 Gbaud 16QAM 信号在 10 km SMF 结合 1 m 无线链路的融合传输,4 Gbaud 16QAM 信号 BER 低于 20%FEC 的软判决阈值 2×10^{-2},4 Gbaud QPSK 信号的 BER 低于 7%FEC 硬决策阈值 3.8×10^{-3},充分说明了我们所提出方案的可行性和实用性。

参 考 文 献

[1]　HO C H,LIN C T,CHENG Y H,et al. High spectral efficient W-band optical/wireless system employing single-sideband single-carrier modulation[J]. Optics Express,2014,22 (4)：3911-3917.

[2]　ZHU Y, ZOU K,CHEN Z,et al. 224Gb/s optical carrier-assisted Nyquist 16-QAM half-cycle single sideband direct detection transmission over 160km SSMF[J]. Journal of Lightwave Technology,2017,35(9)：1557-1565.

[3]　ZHANG L, ZUO T,ZHANG Q,et al. Transmission of 112-Gb/s DMT over 80-km SMF enabled by twin-SSB technique at 1550 nm[C]. European Conference on Optical Communication,2015.

[4]　CHIEN H C, JIA Z, ZHANG J, et al. Optical independent-sideband modulation for bandwidth-economic coherent transmission[J]. Optics Express,2014,22(8)：9465-9470.

[5]　ZHANG H,CAI L, XIE S,et al. A novel radio-over-fiber system based on carrier suppressed frequency eightfold millimeter wave generation[J]. IEEE Photonics Journal, 2017,9(5)：1-6.

[6]　QI G, YAO J, SEREGELYI J, et al. Generation and distribution of a wide-band continuously tunable millimeter-wave signal with an optical external modulation technique [J]. IEEE Transactions on Microwave Theory and Techniques,2005,53(10)：3090-3097.

[7]　余建军,迟楠,陈林.基于数字信号处理的相干光通信技术[M].北京：人民邮电出版社,2013.

[8]　LI X, XU Y, YU J. Single-sideband W-band photonic vector millimeter-wave signal generation by one single I/Q modulator[J]. Optics Letters,2016,41(18)：4162-4165.

[9]　YU J, JIA Z, YI L, et al. Optical millimeter-wave generation or up-conversion using external modulators[J]. IEEE Photonics Technology Letters,2006,18(1)：265-267.

[10]　ZHAO M, ZHOU W,ZHAO L,et al. A new scheme to generate multi-frequency mm-wave signals based on cascaded phase modulator and I/Q modulator[J]. IEEE Photonics Journal,2019,11(5)：1-8.

[11]　ZHAO M, LIU C,WANG K et al. D-band signal generation without optical filter based on carrier suppressed frequency eightfold volume[J]. Optics Communications,2020,465 (15)：125540.

第8章　概率整形技术在太赫兹通信中的应用

8.1　引　言

尽管太赫兹通信系统具有巨大的带宽,可以实现较大的传输容量,但传输距离受到太赫兹频段的高大气衰减导致的信噪比降低,并且太赫兹频段缺乏相应的低噪声放大器,无法做到功率补偿。

传统低阶调制格式如 OOK,已经不能满足高速无线接入网络的需要。提升调制阶数是较为直接的一种能够有效提升太赫兹通信系统频谱效率的方法。目前,已经有 QPSK、16QAM、64QAM、128QAM 等高阶调制格式被广泛研究并应用于实现高速的无线信号传输。然而,随着调制阶数不断增加,QAM 信号外围功率较高的星座点受非线性效应的影响,极易产生非线性畸变,造成后续均衡非常困难,系统性能恶化严重。

由于太赫兹通信系统的功率限制,要在不提高发射功率的情况下提高信号频谱效率,需要对发射的信号进行优化。近年来,几何整形(geometrical shaping, GS)技术和概率整形技术的出现,能够实现在给定的信噪比中实现更高的频谱效率(spectrum efficiency,SE),也可以提高给定 SE 的 SNR 容限。在几何整形中,星座点不再是传统 QAM 信号所呈现的方形分布,而是呈现一种更加灵活和优化的位置分布,以达到更高的 SE 或对非线性失真的更大容忍度。

相比于几何整形,概率整形能提供更高的增益和灵活度。将概率整形技术运用到 16QAM、64QAM 等高级码中,能实现前所未有的传输容量和频谱效率,明显改善太赫兹通信系统的性能[1]。已有研究结果表明,概率整形调制技术可用于扩展传输距离或在特定传输距离处增加容量[2-3]。概率整形技术是一种不等概率分布的编码调制方案,在概率整形中,星座点的位置与传统方形 QAM 信号是相同的,但是每个星座点的概率分布不等,外围功率高的点出现的概率较低,内层功率较低的点出现的概率较高,由此使得系统容量更接近信道的香农极限容量[4]。内部星座点的能量较低,且出现的概率高于外部点,因此 PS 信号的平均功率低于均匀点的功率。对于高斯信道,概率整形技术可以渐近地将 SNR 容忍度提高多达 1.53 dB[5]。

因此,为了满足无线通信网络容量大量增加和容量动态变化的需要,采用概率整形技术通过利用新型调制技术动态改善性能和容量,能够扩展当前无线传输的限制,在不增加网络复杂性的情况下更快更远地传输信号,显著提高无线通信的频谱效率,提供更优越的性能。探索高阶调制信号的概率整形技术的关键理论和应用研究已受到国内外的广泛关注,成为太赫兹通信技术领域的一个重要课题,对未来超高速太赫兹通信网络的发展具有重要意义。

8.2　概率整形技术原理

目前研究的概率整形技术通常使用的是二维麦克斯韦-玻耳兹曼分布,在每个维度上,信号强度越大,分布的概率就越低,信号的分布可由关键分布参数灵活调节。这种分布被证明是在高斯白噪声信道下增益最大的概率分布,较均匀分布的信号具有较大的整形增益[6]。

8.2.1　基于麦克斯韦-玻耳兹曼分布的概率整形调制原理

在传统的通信系统中往往采用等概率的信号调制方式,即每个星座点具有相同的符号概率。概率整形技术通过调整星座点的概率分布,从而实现系统信息熵的增益。麦克斯韦-玻耳兹曼分布是当前最为常用的一种概率分布。在高斯信道下,采用此种概率分布的信号传输被证明具有最高的平均互信息。本章我们主要针对二维 QAM 调制格式展开讨论。二维离散形式的麦克斯韦-玻耳兹曼分布表达式如下:

$$P(x,y) = e^{-v(|x|^2 + |y|^2)} / \sum_{x' \in X} \sum_{y' \in Y} e^{-v(|x'|^2 + |y'|^2)} \tag{8-1}$$

式中,(x,y)代表 QAM 星座点的坐标,$P(x,y)$代表每个星座点的分布概率,v 决定了麦克斯韦-玻耳兹曼分布函数的形状。因此,我们在实验中可以通过改变 v 值来实现不同的概率分布星座点。不同的概率分布会使信号的信源熵产生变化。根据信息论的知识,信号的信源熵可由下式计算得出:

$$H(X) = \sum_{x_i \in X} p(x_i) \lg(1/p(x_i)) \tag{8-2}$$

以 16QAM 为例,其横纵坐标的取值范围分别为:$X = \{-3,-1,1,3\}$和$Y = \{-3,-1,1,3\}$。对于特定的 v 值,由式(8-1)、式(8-2)可以求得相应的星座点概率分布及信源熵。图 8-1 为不同概率整形 16QAM 信号的概率分布及解调星座点。

由于 v 值是连续可变的,对于任意阶数的 QAM 信号具有无穷多种概率分布情况。我们需要针对特定的信道质量来选取最优的星座点概率分布。互信息定义了发送信号和接收信号之间的信息传递量,因此可以作为一种判定概率分布信号传输性能的标准。设发送信号为 $X(x_1,x_2,\cdots,x_n)$,接收信号为 $Y(y_1,y_2,\cdots,y_n)$,互信息的计算表达式如下:

$$
\begin{aligned}
I(X;Y) &= H(X) - H(X|Y) \\
&= H(X) + H(Y) - H(X,Y) \\
&= \sum_x p(x) \lg\left(\frac{1}{p(x)}\right) + \sum_y p(y) \lg\left(\frac{1}{p(y)}\right) - \sum_{x,y} p(x,y) \lg\left(\frac{1}{p(x,y)}\right) \\
&= \sum_{x,y} p(x,y) \lg\left(\frac{p(x,y)}{p(x)p(y)}\right)
\end{aligned}
\tag{8-3}
$$

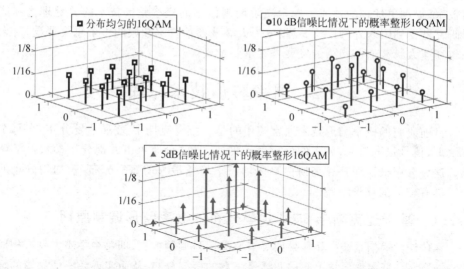

图 8-1　不同概率整形 16QAM 信号的概率分布及解调星座点

8.2.2　与 FEC 编解码技术相结合的概率整形实现方法

传统光通信系统的实现框图如图 8-2(a)所示。在光发射端,输入的二进制信息首先需要经过 FEC 编码生成校验位比特,然后将原始信息和校验信息通过星座点映射生成我们所需的 QAM 调制信号,接着将 QAM 信号输入光发射机再最终进入信道传输。在光接收端,由光接收机解调出来的信号首先经过 QAM 解映射,之后再通过 FEC 解码器恢复出原始的二进制信号。FEC 编码通过对原始数据进行冗余编码,可以在接收端自动纠正传输中产生的误码。在实际系统中,FEC 编码可以通过引入级联信道编码等增益编码技术从而在不可靠或强噪声干扰的信道中传输数据时有效地控制错误。

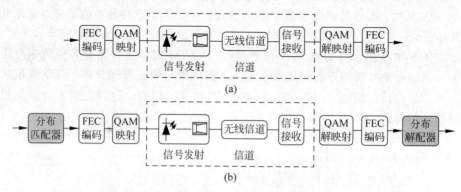

图 8-2　传统太赫兹通信系统(a)与概率整形太赫兹通信系统(b)的流程图

对于采用概率整形调制的太赫兹通信系统,其结构与传统太赫兹通信系统几乎相同。它们之间的区别在于:概率整形的系统中,需要在 FEC 编码器之前加入一个分布匹配器,以及在 FEC 解码器之后增加一个分布解匹配器。分布匹配器的作用是将等概率的原始二进制信息转换为特定概率分布的二进制信号,以便于 QAM 映射之后生成符合麦克斯韦-玻耳兹曼分布的 QAM 信号。分布解匹配器的作用正好相反。因此,如何将概率整形所必需的分布匹配器与 FEC 编码器相结合是概率整形技术实际应用的关键。

图 8-3 展示了我们在实验中采用的概率整形与 FEC 编解码技术相结合的实现方法。对于 QAM 信号,我们将 I 路和 Q 路的信息分别进行概率整形调制。输入的 I 路原始比特流被分为两部分:U_1 和 U_2。U_1 经过分布匹配器(CCDM)后生成不等概率的幅度信息序列 P_A。将幅度信息序列 P_A 映射回比特流,我们可以得到新的比特序列 B_1。相比于原始的比特序列 U_1,B_1 是非等概率分布的,且由于带有冗余信息,B_1 的长度要大于原始比特流。

接着,将得到的 B_1 和另一组原始序列 U_2 组合后输入 LDPC 生成矩阵,从而得到相应的 LDPC 校验序列 B_2。值得注意的是,生成的 LDPC 校验序列 B_2 是均匀分布的比特序列。可以将原始比特序列 U_2 和 LDPC 校验序列 B_2 作为幅度信息序列 P_A 的符号位比特。对于 Q 路信号也进行同样的操作,最终经过 QAM 映射之后就能得到满足特定概率分布的 QAM 信号。

虽然概率整形之后的信号幅度分布是不等概率的,但由于其星座点在二维平面上满足中心对称,其符号位比特信息依然是等概率分布的“01”比特序列。这种方法通过将生成的 LDPC 校验序列放置于 QAM 信号的符号位,从而保留了 CCDM 之后信号序列的特定概率分布,最终能够实现概率整形与 FEC 编解码技术的结合。同时这种方法对于调制格式透明,不会增加系统结构和数字信号处理的复杂度。

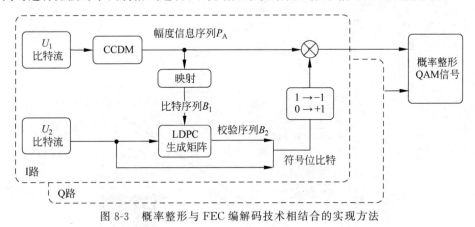

图 8-3　概率整形与 FEC 编解码技术相结合的实现方法

8.3　概率整形技术仿真研究

为了更好地说明概率整形技术在高斯白噪声(AWGN)信道下提升系统性能的能力,我们进行了仿真,将概率整形调制的信号星座点与普通均匀信号星座点的性能进行了比较。仿真结果如图 8-4 和图 8-5 所示。我们在高斯白噪声信道下进行仿真。均匀分布 16QAM 和 PS-16QAM 信号的传输性能仿真如图 8-4 所示。图中,横坐标为发射信号的功率 E_b 与高斯白噪声功率 N_0 之比,即信号的信噪比 SNR。纵坐标为互信息(mutual information,MI)。信道的质量可以由 SNR 表示。在高斯信道中,对于每一个特定的 SNR,都可以找到一个最佳的概率分布,它具有最大的传输互信息量。图 8-4 给出了最佳 PS-16QAM 和均匀 16QAM 信号在不同 SNR 的高斯白噪声信道传输后的互信息量曲线。其中黑色的线为香农传输极限,点和虚线分别为均匀 16QAM 和 PS-16QAM 符号的互信息曲线。可以看到,PS-16QAM 信号相比于均匀 16QAM 信号更加接近于香农传输极限,图中的插图还分别给出了当 SNR 为 7 时的 PS-16QAM 信号和均匀 16QAM 信号星座点。

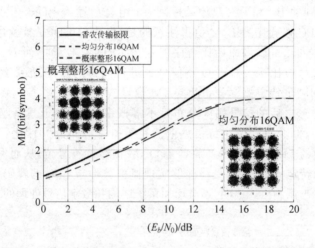

图 8-4　均匀分布 16QAM 和 PS-16QAM 信号的传输性能仿真

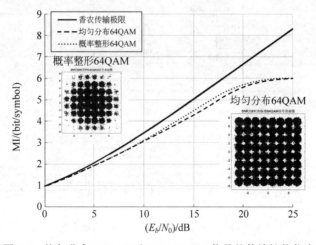

图 8-5　均匀分布 64QAM 和 PS-64QAM 信号的传输性能仿真

类似地,我们对 PS-64QAM 信号与均匀 64QAM 信号的传输性能进行了仿真,仿真结果如图 8-5 所示。

可以看到,与均匀分布的 64QAM 信号星座点相比,PS-64QAM 信号在达到相同信息传输量的情况下,所需的 SNR 降低了 0.8 dB,即最大 SNR 增益为 0.8 dB,这是通过编码能够达到的比较大的增益。

另外,值得注意的是,此结果是在理想高斯信道模型中得到的。在实际的高速光传输系统中,由于器件带宽限制、光/电放大器饱和等各种原因,传输的 QAM 信号往往会受到非线性损伤。这些非线性一般会使 QAM 信号的外圈星座点误码性能急剧下降,星座图产生畸变。而概率整形可以使外圈的星座点分布概率降低,更多的信息分布在性能更好的内圈星座点上,从而提高对光传输非线性的耐受能力。因此,在实际实验中,概率整性技术能够为系统带来更大的性能提升。

8.4   概率整形技术在单载波太赫兹通信中的实验研究

我们采用集成光子学技术、无线 2×2 MIMO、高阶 64QAM 调制和 PS 技术,在 20 km 光纤和 1.8 m 无线距离下实现载频 450 GHz、速率 132 Gbit/s 单载波太赫兹信号传输,在 SD-FEC 阈值为 4×10^{-2} 的情况下进行了实验验证。PS 技术的使用显著提高了传输能力和系统性能。据我们所知,这是第一次实现高于 100 Gbit/s 的单载波 64QAM 调制的无线太赫兹信号传输[7-15]。

基于太赫兹波段的 2×2 MIMO 光子辅助无线传输系统的实验设置如图 8-6 所示。在我们演示的系统中,在 450 GHz 的太赫兹载波上调制均匀分布 PDM-64QAM 信号和 PDM-64QAM-PS5.5 信号(信息熵为 5.5 bit/(符号·偏振)),它是由两个具有 450 GHz 频率间隔的偏振分集光远程外差的两个连续光载波产生的。两个自由运行的激光器,即光发射端的 ECL1 和无线发射端的 ECL2 用来产生两个连续光波。

在光发射端,我们使用采样速率为 64 GSa/s 的数/模转换器产生一个六电平的电信号,使用均匀 64QAM 或 64QAM-PS5.5 信号调制,然后由两个并行的电放大器放大。图 8-6(a)给出了 64QAM 信号的概率整形示意图。64QAM 信号的同相分量和正交分量可以看作是两个独立的 PAM 信号,每个 PAM 信号的电平按照麦克斯韦-玻耳兹曼分布[9]进行非等概率分布。从 64QAM 信号星座来看,能量较低的内星座点比能量较高的外星座点具有更高的发射概率。在发射端 DSP 中,64QAM-PS5.5 信号的 PAM 电平分布为[0.41, 0.32, 0.19, 0.08]。使用级联的 IQ 调制器与偏振复用器,放大后的六电平的电信号对 ECL1 产生的连续光进行调制,实现光 PDM-64QAM 信号调制。IQ 调制器的 3 dB 带宽为 32 GHz,在 1 GHz 下具有 2.3 V 半波电压。在 IQ 调制器和偏振复用器之间插入一个保偏掺铒光纤放大器来补偿调制和插入损耗。随后,生成的光 PDM-64QAM 基带信号经过 20 km 以上的标准单模光纤(SMF-28)传输,在 1550 nm 处的传输色散系数为 17ps/(nm·km)。

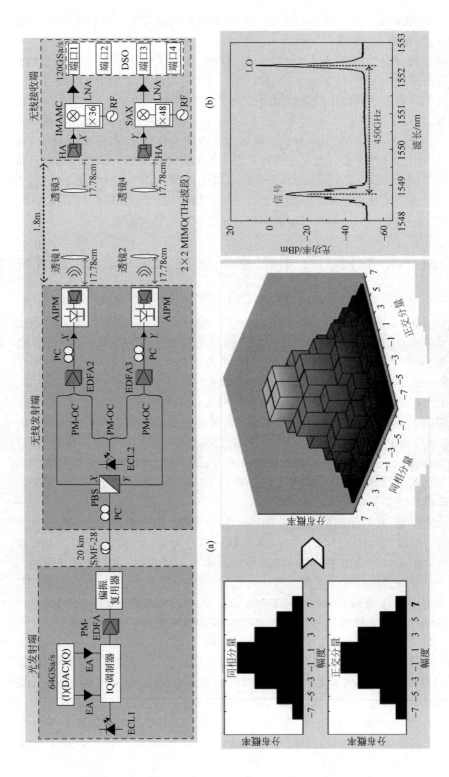

图 8-6 132 Gbit/s 单载波太赫兹信号传输实验装置
(a) 概率整形技术原理; (b) 光偏振分集后的 X 偏振信号光谱

在无线发射端,接收到的光基带信号经过偏振控制器后经过了基于本振光源、偏振分束器和保偏光纤耦合器的偏振分集。在这里,PBS 将接收到的光基带信号的 X 偏振和 Y 偏振分量完全分离。分离出的 X 偏振和 Y 偏振光太赫兹信号由两个并行 EDFA 放大,经过两个并行的偏振控制器,最后由两个并行 NTT 天线集成光混频器模块(AIPM,型号为 IOD-PMAN-13001)转换为两路电太赫兹信号,可看作是使用 PDM-64QAM 调制的电太赫兹信号。每个 AIPM 的典型输出功率为 −28 dBm,工作频率范围为 300～2500 GHz,它集成了 UTC-PD 和一个太赫兹天线。需要注意的是,用于探测光偏振多路复用信号的理想光混频器应该是偏振不敏感的,因为光偏振多路复用信号在正交偏振下包含两个信号分量(X 偏振和 Y 偏振)。然而,我们实验中使用的太赫兹波段光混频器的光纤束尾是保偏光纤。本实验中在每个太赫兹波段的光混频器前加入一个 PC 来调整偏振方向,以获得每个光混频器的最大输出。

然后,通过一个 1.8 m 的 2×2 MIMO 无线太赫兹传输链路传输 450 GHz 的电太赫兹信号。X 偏振和 Y 偏振的无线传输链路是平行的,使用两对透镜对太赫兹信号进行聚焦,使无线接收端接收到的无线功率最大化。透镜 1 和透镜 3 的中心与 X 偏振的无线传输链路对齐,透镜 2 和透镜 4 的中心与 Y 偏振无线传输链路对齐。所有的透镜都是一样的,每个透镜的直径是 10 cm,焦距是 20 cm。每个透镜与相应的喇叭天线之间的距离为 17.78 cm,每个透镜的插入损耗小于 0.1 dB。

在无线接收端,我们使用两个并行的增益为 26 dBi 的 HA 来接收无线太赫兹信号,每个信号的工作频率在 330～500 GHz。对于 X 偏振信号,我们使用集成的混频器/放大器/乘法器链,由一个 12.008 GHz 的正弦波本振源驱动,实现模拟下变频。IMAMC 集成了一个混频器、一个放大器和一个 36 倍频器,工作频率范围为 330～500 GHz。用来驱动混频器的本振频率是 36×12.008 GHz = 432.288 GHz。我们随后使用增益为 40 dBi、饱和输出功率为 14 dBm、工作频率范围为 4～18 GHz 的 LNA 对下变频后的 18 GHz X 偏振中频信号进行放大。对于 Y 偏振信号,利用一个由 9.006 GHz 正弦波本振源驱动的频谱分析仪扩展器(SAX,WR2.2SAX)来实现模拟下变频。SAX 集成了一个混频器和一个 48 倍频器,工作频率范围为 330～500 GHz,大约有 16 dB 的固有混频器 SSB 转换损耗。用来驱动混频器的本振源频率是 48×9.006 GHz = 432.288 GHz,等于 X 偏振时用来驱动混频器的本振源频率。随后使用增益为 50 dBi、饱和输出功率为 15 dBm、工作频率范围为 7～16 GHz 的 LNA 对下变频后的 18 GHz Y 偏振中频信号进行增强。在这里,由于缺乏可用的器件,我们对 X 偏振和 Y 偏振的信号使用不同的模拟下变频器和 LNA。随后利用数字存储示波器的两个 120 GSa/s 的 ADC 信道来捕获中频 X 偏振和 Y 偏振的信号。每个 120 GSa/s ADC 信道具有 45 GHz 的电带宽。后续的离线 DSP 包括下变频到基带、CMMA 均衡、载波恢复、DD-LMS 均衡和 BER 计算。经光偏振分集处理后的实测 X 偏振光太赫兹信号频谱如图 8-6(b)所示,分辨率为 0.02 nm,对应于 11 Gbaud 的均匀 64QAM 信号。

我们测量了系统 BER 性能与每个 AIPM 的输入功率的关系曲线,如图 8-7(a)

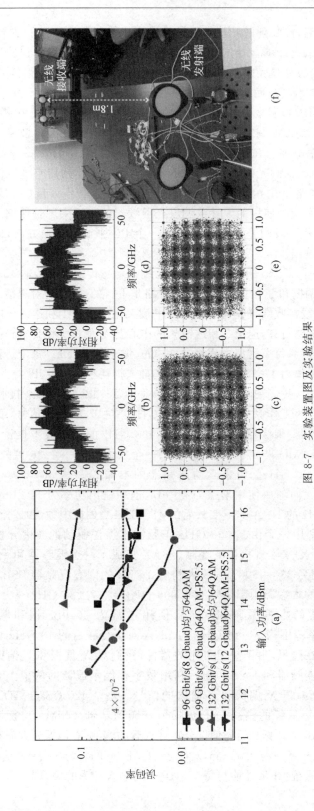

图 8-7 实验装置图及实验结果

(a) 在 64QAM 和 64QAM-PS5. 5 调制信号的误码性能；(b) 均匀 8 Gbaud PDM-64QAM 信号中频信号频谱；(c) 均匀 8 Gbaud PDM-64QAM 信号 18 GHz 中频信号频谱；(c) 均匀 8 Gbaud PDM-64QAM 信号 Y 偏振星座图；(d) 9 Gbaud PDM-64QAM-PS5. 5 中频信号频谱；(e) 均匀 9 Gbaud PDM-64QAM-PS5. 5 信号 Y 偏振星座图；(f) 1.8 m 无线太赫兹传播链路的照片

所示。我们可以看到,与普通的 64QAM 信号相比,64QAM-PS5.5 信号在相同的传输速率下,在更大的 OSNR 范围内具有更好的误码率性能。波特率高达 12 Gbaud($12×5.5×2$ Gbit/s＝132 Gbit/s)的 450 GHz 的 PDM-64QAM-PS5.5 信号可在 20 km 的 SMF-28 和 1.8 m 的无线距离内传输,误码率低于 $4×10^{-2}$ 的 SD-FEC 阈值。在去掉 27％的 SD-FEC 开销后,132 Gbit/s 的总传输速率相当于 103.9 Gbit/s 的净传输速率。

数字示波器捕获的均匀 8 Gbaud PDM-64QAM 18 GHz 中频信号的频谱图和恢复出的 Y 偏振信号星座图如图 8-7(b)和(c)所示,每个 AIPM 的输入功率是 16 dBm,误码率为 $2.6×10^{-2}$。9 Gbaud 的 PDM-64-QAM-PS5.5 信号调制的中频信号频谱图和恢复出的 Y 偏振信号星座图如图 8-7 (d)和(e)所示,输入功率为 15.4 dBm,误码率为 $1.2×10^{-2}$。1.8 m 无线太赫兹传输链路的照片如图 8-7(f)所示。

8.5　概率整形技术在多载波 W 波段通信系统中的实验研究

概率整形技术除了能够用在单载波系统里提高传输性能,也能够在多载波 OFDM 系统里传输性能[16-18]。本节我们将介绍这方面的实验结果[19]。

8.5.1　实验装置

图 8-8 为基于 W 波段外差相干检测 64QAM OFDM 信号传输系统的实验装置图,其中光无线传输距离分别为 1 m、3 m、5 m 和 13 m。1 m 实验中各项参数见表 8-1。我们首先通过离线 MATLAB 产生数字 OFDM 信号,然后数字 OFDM 信号加载到任意波形发生器中产生多载波 OFDM 信号。其中 OFDM 调制的逆快速傅里叶变换大小为 1024,其中 980 个载波用于数据传输,4 个低频载波为零作为直流偏置,剩下的 40 个零载波用于上采样。

OFDM 信号产生的具体过程包括:①生成伪随机序列,②64QAM 映射(概率整形),③串行-并行转换,④IFFT,⑤添加循环前缀,⑥添加训练序列,⑦并行-串行转换,⑧在 TS 前添加 1000 个用于帧同步的 0。在数据流前面有两种类型的 TS,一个用于同步,另一个用于信道估计。一帧数据由 1000 个 0、2 个 TS 和 12 个 OFDM 数据符号组成。在发射端,利用外腔激光(ECL1)产生一束连续光,然后利用 64QAM 基带 OFDM 电信号驱动 IQ 调制器对光波进行调制,产生光 OFDM 信号。IQ 调制器的插入损耗为 6 dB,其 3 dB 带宽为 32 GHz。基带的 64QAM OFDM 信号在驱动 IQ 调制器之前由两个并行放大器进行放大到 $2.5V_{pp}$ 左右。然后,采用保偏掺铒光纤放大器对信号进行放大。ECL2 起着光本振光的作用。ECL1 与 ECL2 之间的频率间距为 82 GHz。ECL1 和 ECL2 的线宽均小于 100 kHz,其输出功率均为 13 dBm。两束激光由一个保偏光纤耦合器耦合。然后信号

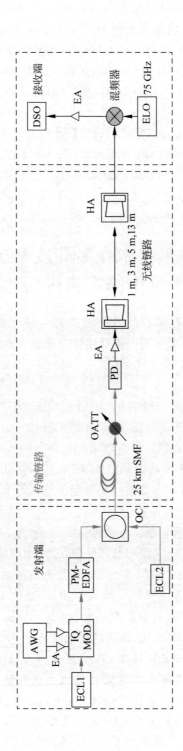

图 8-8 64QAM OFDM 信号 W 波段外差相干检测实验装置图

通过 22 km 的单模光纤传输。采用 100 GHz 光带宽的光电二极管（BPD）进行外差拍频产生 82 GHz 64QAM W 波段的毫米波电信号，光衰减器用于调节进入光电二极管的功率。从光电二极管出来的电信号通过 25 dB 增益的 W 波段电放大器放大后，再由具有 25 dBi 增益的喇叭天线输出送入自由空间。

表 8-1　实验参数（1 m 无线）

参　　数	数　　值
波特率（PS）	8.2 Gbaud
波特率（统一）	7 Gbaud
熵（PS）	5.148 bit/符号
熵	6 bit/符号
OFDM 的开销	38%
PS 信号的开销	16.5 %
系统总传输速率（1 m 无线）	30.43 Gbit/s

接收端采用具有 25 dBi 增益的 W 波段喇叭天线接收无线信号。82 GHz 的电无线信号与 75 GHz 本振信号进入混频器，产生 7 GHz 的中频信号。然后，7 GHz 中频信号被低噪声放大器放大，该放大器具有 30 dB 增益和 25 GHz 的 3 dB 带宽。最后信号被采样速率为 50 GSa/s，带宽为 20 GHz 的数字存储示波器捕捉，并将模拟信号转换为数字信号。接收到的信号由 DSP 离线恢复。首先将接收到的中频信号向下转换成基带。其次，采用第一种训练对 64QAM OFDM 信号进行同步。第三，采用 1024 点快速傅里叶变换将信号从时域转换到频域。在频域利用第二个训练序列进行信道估计。第四，根据 64QAM 映射规则对恢复的信号进行解映射。最后，通过比较原始比特和解调比特来估计误码率。

8.5.2　实验结果

图 8-9 为 1 m 无线传输时 7 Gbaud 的均匀 64QAM OFDM 信号和 8.2 Gbaud 的 PS-64QAM OFDM 信号的 PD 的输入功率与误码率曲线图。均匀 64QAM 信号和 PS-64QAM 信号的总传输速率均为 42 Gbit/s（普通 64QAM 信号为 7×6 Gbit/s，PS-64QAM 信号为 8.2×5.148 Gbit/s）。我们分别测量了有传输光纤和无传输光纤的情况。从图 8-9 可以看出，随着 BPD 输入功率的增大，误码率先减小后增大。因为当输入功率相对较低时，信噪比低，误码率高。而当输入功率增加时，输入功率逐渐使光电接收器件趋于饱和。显然，与均匀 64QAM 方案相比，PS-64QAM 方案能够以更低的误码率传输数据。从图中可以看出，22 km 传输光纤带来的系统恶化可以忽略不计。当 PD 的最优输入功率为 −1.3 dBm，概率整形星座分布的熵为 5.148 比特每符号时，可以获得最佳的误码率性能。PS 信号和均匀 64QAM 信号对应的恢复星座在实轴和虚轴上对称，如图 8-9 中插图（a）和（b）所示，BER 分别为 1.02×10^{-2} 和 3.4×10^{-2}。经过软判决的 FEC 后可以实现无误码传输。

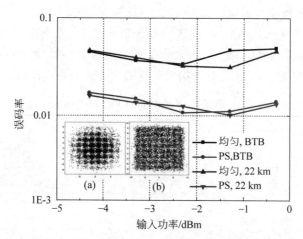

图 8-9　实验测量的误码率与输入功率关系图(经过 1 m 无线传输)

星座图：(a) PS-64QAM；(b) 均匀 64QAM

图 8-10 描述了 6 Gbaud 均匀 64QAM OFDM 信号和 7 Gbaud PS-64QAM 信号经过 3 m 无线传输后 OFDM 信号的误码率与进入光电检测器输入功率的关系曲线。均匀 64QAM 信号和 PS-64QAM 信号的总传输速率均为 36 Gbit/s(均匀 64QAM 信号为 6×6 Gbit/s,PS-64QAM 信号为 7×5.148 Gbit/s)。显然,与均匀 64QAM 方案相比,概率整形 64QAM 方案能够以更低的误码率传输数据。

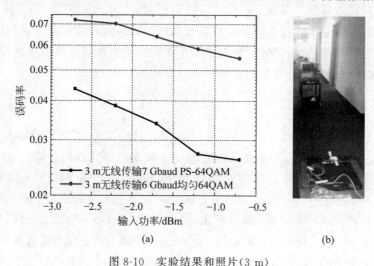

图 8-10　实验结果和照片(3 m)

(a) 3 m 无线传输后的误码率与输入功率曲线；(b) 3 m 无线距离下的实验装置

图 8-11 为 3 Gbaud 均匀 64QAM OFDM 信号和 3.5 Gbaud PS-64QAM 信号在 5 m 无线链路传输时,OFDM 信号的误码率与进入光电检测器输入功率的关系曲线。均匀 64QAM 信号和 PS-64QAM 信号的总传输速率均为 18 Gbit/s(均

匀 64QAM 信号为 3×6 Gbit/s，PS-64QAM 信号为 3.5×5.148 Gbit/s）。从图中可以看出与均匀 64QAM 方案相比，PS-64QAM 方案能够以更低的误码率传输数据。

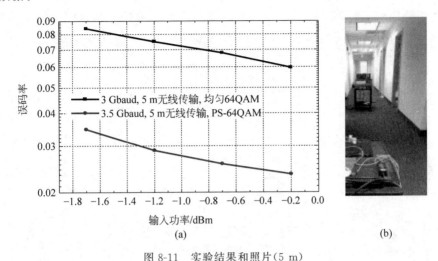

图 8-11　实验结果和照片（5 m）

（a）5 m 无线传输后的误码率与输入功率曲线；（b）5 m 无线距离下的实验装置

图 8-12 描述了在经过 13 m 无线距离传输后 2 Gbaud 均匀 64QAM OFDM 信号和 2.3 Gbaud PS-64QAM OFDM 信号的误码率与进入光电检测器输入功率的关系曲线。均匀 64QAM 信号和 PS-64QAM 信号的总传输速率为 12 Gbit/s（均匀 64QAM 为 2×6 Gbit/s，PS-64QAM 为 2.3×5.148 Gbit/s）。可见 PS-64QAM 方案能够以更低的误码率传输数据。

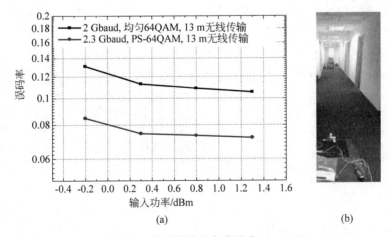

图 8-12　实验结果和实验照片（13 m）

（a）13 m 无线传输后的误码率与输入功率曲线图；（b）13 m 无线距离的实验装置

　　图 8-13 为 BPD 输入功率为 -1.3 dBm,无线链路为 1 m 时,均匀 64QAM
OFDM 和 PS-64QAM OFDM 信号的误码率与传输速率的关系曲线。从图 8-13
可以看出,误码率随着传输速率的增加而增加。PS-64QAM 信号的每个符号的比
特数为 5.148。16.5%(($6-5.148$)/5.148)为 PS 信号的开销,OFDM 的开销是
38%,开销计算方式为{[$1000+14\times(1024+64)$]-12×980}/(12×980)。

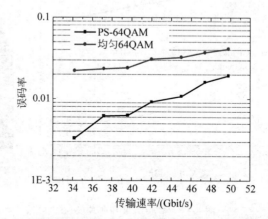

图 8-13　均匀和概率整形的 64QAM OFDM 信号下的误码率与传输速率曲线

　　PS-64QAM 信号的波特率为 8.2 Gbaud 时,其传输速率为 42.2 Gbit/s
(5.148×8.2 Gbit/s)。为了与 PS-64QAM 信号保持相同的传输速率,均匀
64QAM 信号的波特率为 7 Gbaud($5.18\times8.2/6$ Gbaud)。当 PS-64QAM 信号的
波特率从 6.7 Gbaud 增加到 9.7 Gbaud 时,均匀 64QAM 方案相应的波特率从
5.7 Gbaud 增加到 8.3 Gbaud。如图 8-13 所示,PS-64QAM OFDM 信号对应点的
误码率低于均匀 64QAM OFDM 信号,可见 PS 技术可以极大地提高 64QAM
OFDM 系统的性能。当误码率 4×10^{-2} 比 FEC 阈值 2×10^{-2} 低时,PS-64QAM
信号的净传输速率为 49.9 Gbit/s(5.148×9.7 Gbit/s)。

　　图 8-14 为 PS-64QAM OFDM 信号输入功率为 -1.3 dBm,无线距离为 1 m

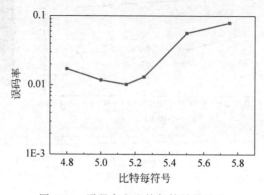

图 8-14　误码率和比特每符号的关系

时,每个符号的误码率随比特数的变化曲线。当我们将每个符号的比特数从 4.8 增加到 5.75 时,将总传输速率固定为 42 Gbit/s。从图 8-14 可以看出,误码率先减小,然后随着每个符号的比特数的增加而增大。从而得出结论,当 PS-64QAM 信号的每个符号的比特数为 5.148 时,系统的误码率性能最好。

8.6　本章小结

相比于传统均匀分布的星座点,概率整形技术改变了星座点分布,将低功率星座点的概率增大,高功率星座点概率降低,被证明是能够提升频谱效率、降低非线性效应的方法。

在本章中,我们介绍了概率整形技术的基本原理和应用方法,给出了在 AWGN 信道下概率整形的星座点与均匀星座点在不同 SNR 下的互信息量仿真。仿真和实验结果均表明,与均匀分布相比,概率整形后的星座点的性能有所提升,PS 信号能够在光子辅助无线太赫兹波系统中传输,这为未来研究光子辅助无线太赫兹通信系统的研究带来了新的方向,有助于提升系统容量和性能。

通过实验证明了概率整形技术对太赫兹无线通信系统性能的提升。在实验中,通过调整概率分布的参数值,使不同波特率的信号具有同样的净传输速率。实验证明了一个 450 GHz 的光子辅助矢量太赫兹波信号无线传输系统,实现了 132 Gbit/s(12 Gbaud)的单载波 PDM-64QAM-PS 5.5 太赫兹波信号传输,传输距离为 20 km 光纤传输以及 1.8m 无线传输,误码率在 4×10^{-2} 以下。我们采用包括概率整形在内的先进 DSP 技术,大大提高了传输能力,提高了 5G 新的无线移动数据通信的空中距离性能。

在另外一个实验里我们也验证了 PS 技术在多载波的 OFDM 毫米波系统中也能极大地提高传输性能包括延长传输距离和提高传输速率。

参 考 文 献

[1] NAKAMURA M, MATSUSHITA A, OKAMOTO S, et al. Spectrally efficient 800 Gbps/ carrier WDM transmission with 100-GHz spacing using probabilistically shaped PDM-256QAM[C]. European Conference on Optical Communication, 2018.

[2] BÖCHERER G, STEINER F, SCHULTE P. Bandwidth efficient and rate-matched low-density parity-check coded modulation[J]. IEEE Transactions on Communications, 2015, 63(12): 4651-4665.

[3] FEHENBERGER T, LAVERY D, MAHER R, et al. Sensitivity gains by mismatched probabilistic shaping for optical communication systems[J]. IEEE Photonics Technology Letters, 2016, 28(7): 786-789.

[4] WANG K, YU J, CHIEN H C, et al. Transmission of probabilistically shaped 100Gbaud DP-16QAM over 5200km in a 100GHz spacing WDM system[C]. European Conference on

Optical Communication,2019.

[5] TEHRANI M N,TORBATIAN M,SUN H,et al. A novel nonlinearity tolerant super-gaussian distribution for probabilistically shaped modulation[C]. European Conference on Optical Communication,2018.

[6] YOSHIDA T,KARLSSON M,AGRELL E. Performance metrics for systems with soft-decision FEC and probabilistic shaping[J]. IEEE Photonics Technology Letters,2017,29 (23):2111-2114.

[7] LI X,YU J,ZHAO L,et al. 1-Tb/s millimeter-wave signal wireless delivery at D-band [J]. Journal of Lightwave Technology,2019,37(1):196-204.

[8] LI X,YU J,ZHAO L,et al. 132-Gb/s photonics-aided single-carrier wireless terahertz-wave signal transmission at 450GHz enabled by 64QAM modulation and probabilistic shaping[J]. Optical Fiber Communication Conference,OSA Technical Digest (Optical Society of America),2019.

[9] KONG M,YU J,CHIEN H,et al. WDM transmission of 600G carriers over 5600 km with probabilistically shaped 16QAM at 106 Gbaud [C]. Optical Fiber Communications Conference and Exhibition,2019.

[10] WANG C,LU B,LIN C,et al. 0.34-THz wireless link based on high-order modulation for future wireless local area network applications[J]. IEEE Transactions on Terahertz Science & Technology,2014,4(1):75-85.

[11] 邓贤进. 太赫兹高速通信技术研究[J].中国工程物理研究院科技年报,2014.

[12] YU X,JIA S,HU H,et al. THz photonics-wireless transmission of 160 Gbit/s bitrate [C]. Optoelectronics and Communications Conference. IEEE,2016.

[13] JIA S,YU X,HU H,et al. 80 Gbit/s 16-QAM multicarrier THz wireless communication link in the 400 GHz band [C]. European Conference on Optical Communication, Proceedings of. VDE,2016.

[14] WANG K,YU J. Transmission of 51.2 Gb/s 16QAM single carrier signal in a MIMO radio-over-fiber system at W-band[J]. Microwave & Optical Technology Letters,2017,59 (11):2870-2874.

[15] 林长星,陆彬,吴秋宇,等. 基于混频偏置合成的高速太赫兹无线通信系统[J]. 太赫兹科学与电子信息学报,2017,15(1):1-6.

[16] SHI J,ZHANG J,CHI N,et al. Probabilistically shaped 1024-QAM OFDM transmission in an IM-DD system[C]. Optical Fiber Communication Conference,OSA Technical Digest (online) (Optical Society of America),2018.

[17] SHI J,ZHANG J,LI X,et al. Improved performance of high-order QAM OFDM based on probabilistically shaping in the datacom[C]. Optical Fiber Communication Conference, OSA Technical Digest (online) (Optical Society of America),2018.

[18] WANG K,WEI Y,ZHAO M,et al. 140-Gb/s PS-256-QAM transmission in an OFDM system using Kramers-Kronig detection[J]. IEEE Photonics Technology Letters,2019,31 (17):1405-1408.

[19] ZHAO L,ZHANG Y,ZHOU W. Probabilistically shaped 64QAM OFDM signal transmission in a heterodyne coherent detection system[J]. Opticals Communications, 2019,434:175-179.

第 9 章　基于 KK 接收机的太赫兹 RoF 通信系统实验研究

9.1　引　　言

如第 3 章中所述,基于光子辅助方案的太赫兹生成系统可在很高的载波频率下实现超宽带信号的产生和调制。目前,商用 PD 已经能够达到高达几百吉赫兹的可用带宽,产生高频太赫兹信号已经成为现实。近年来,光载无线短距离链路的发展推动了对同时具有高性能和高成本效益的传输方案的探索。为了使生成的太赫兹信号具有最大输出功率,光信号的输入功率应与本振光源相同,高输入功率将导致在 PD 中拍频产生的信号带有信号间的拍频干扰(signal-signal beat interference,SSBI),这是 PD 平方检波特性所决定的[1]。SSBI 是二阶的非线性干扰,它会在以 PD 作为探测方法的系统中引起严重错误。

克拉默斯-克勒尼希接收机算法[2]可以有效减轻 PD 的平方检测带来的 SSBI 干扰。KK 接收机基于基本的 KK 关系,是一种在接收端进行数字信号处理的方案,在光通信系统中,能用直接探测的方式实现相干探测的效果,使用信号幅度唯一确定地重构出信号相位。KK 关系描述了在最小相位系统中复数信号实部和虚部之间的确定关系[3]。KK 算法已被用于直接探测的光通信系统,能实现超长距离和超高频谱效率的光纤信号传输[4]。已有文献证明,在几种降低 SSBI 的方法中,KK 算法的性能最好[1]。

KK 接收机方案仅需要在后端数字信号处理过程中进行处理,不需要硬件上的改变,操作便捷、复杂度低、易于实现。KK 接收机方案也允许在后端对线性传播损害进行数字后补偿,与其他现有解决方案相比,在频谱占用率和接收效率方面更高效,使用 KK 接收机方案能够降低三分之一的系统功耗,低功率损耗对于未来移动数据中心通信将具有重要的价值和意义[5]。

在我们的太赫兹通信系统中,PD 的平方律检波带来的二阶 SSBI 几乎不可避免,在太赫兹系统中应用 KK 算法来提升系统性能十分必要。之前已经有过在毫米波波段使用 KK 算法的例子,将 KK 算法应用在 W 波段(75～110 GHz)实现毫米波信号的相干探测[6]。

利用 KK 算法,我们在 D 波段进行了太赫兹 RoF 通信实验。在我们的实验中,在基带生成的是双边带信号。与 DSB 信号生成相比,生成 SSB 信号需要两倍的带宽,因此生成 DSB 基带信号可以减少发射机的带宽需求。与 W 波段相比,D 波段(110～170 GHz)具有更高的载波频率和更宽的带宽,为提高海量数据传输的速率和质量提供了巨大的潜力。与之前的成果[6]相比,我们实现了更大的容量和更高的信号频率以及更长距离的无线传输。

9.2　KK 算法的原理及应用

KK 算法能够通过强度探测的方法实现相干探测,由信号的强度唯一确定地恢复出相位。实现 KK 算法需要发射端信号满足最小相位条件,并且进入接收机的是光单边带信号。在这种情况下,PD 拍频会产生 SSBI,KK 算法能够降低这种干扰,恢复出原始发送的信号,提升系统性能。并且,它与后端补偿线性损伤的数字信号处理算法兼容,没有增加系统复杂度。研究表明,在带宽受限的强度探测系统中,KK 方案在信息容量方面是最佳的[4]。

9.2.1　信号间拍频干扰的产生

在光通信系统中,普通单模光纤(single mode fiber,SMF)在 1550 nm 波段损耗最低,但其色散很高,典型值为 17 pm/(nm · km)[7]。使用 SSB 调制格式能够在一定程度上抵抗色散带来的性能损失。在直接探测光通信系统中,使用光电探测器进行平方检波时,会不可避免地产生 SSBI。光 SSB 通信系统经过 PD 探测后产生 SSBI 的原理说明如图 9-1 所示。在光 SSB 通信系统中,可以发送复数信号(如 QAM 信号),但需要同时发送一个较强的连续光源,与信号共同传播。进入 PD 之前的复光场可以表示为

$$E(t) = A + S(t)\exp(j\pi Bt) \tag{9-1}$$

式中,A 是一个常数,表示连续光波的强度;$S(t)$ 是承载信息的信号,其带宽为 B; $S(t)\exp(j\pi Bt)$ 为将 $S(t)$ 在频率轴上向右平移其带宽,即一个单边带信号。因此,

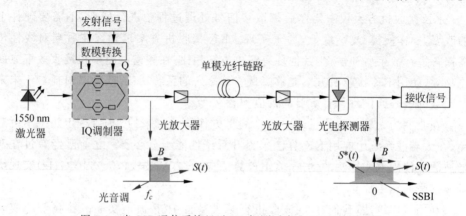

图 9-1　光 SSB 通信系统经过 PD 探测后产生 SSBI 的原理图

$E(t)$ 为单边带信号加上一个连续光波,连续光与信号之间的频率间隔几乎为零,没有保护频带,这是为了使频谱效率最大化。

经过 PD 的平方律探测后,接收到的单边带直接探测信号可以表示为

$$I = |E(t)|^2$$
$$= |A|^2 + A^* S(t)\exp(j\pi Bt) + AS^*(t)\exp(-j\pi Bt) + |S(t)|^2 \qquad (9\text{-}2)$$

其中有用的信号为 $A^* S(t)\exp(j\pi Bt)$,$|S(t)|^2$ 即基带信号的拍频干扰项 SSBI,这是一个二阶非线性噪声,会给需要探测的信号带来干扰,降低系统性能。

目前传输加入连续光的 SSB 信号有三种常见方式,如图 9-2 所示。

最常见的技术如图 9-2(a)所示,使用带宽为 B 的电 SSB 信号直接驱动 IQ 调制器,同时调节 IQ 调制器的两路直流偏置电压在正交点,在发射端激光器的激光频率上生成光载波。这种方法可以实现的最大波特率等于生成电 SSB 信号的 DAC 的带宽。该方法虽然简单,但要求在发射端即生成 SSB 信号,这会使所需的电带宽增加一倍,限制了生成信号的最高波特率,因此限制了可达到的数据传输速率。

第二种方法如图 9-2(b)所示,使用带宽为 $2B$ 的基带电信号驱动 IQ 调制器,同时在发射端添加单独的激光光波作为连续光波。与 SSB 信号生成相比,生成的基带信号波特率加倍,最后生成光信号的带宽将是第一种方法的两倍,IQ 调制器偏置在零点以抑制光载波。但是,该方法需要额外的激光源或梳状频率发生器来产生连续光波,这大大增加了实现成本和系统复杂度。

第三种方法如图 9-3(c)所示,能够克服前两种方法的缺点。在基带生成带宽为 $2B$ 的数字信号和虚拟载波[8],即可以较低的实现复杂度有效地实现高波特率 SSB 传输。与第二种方法类似,这种方法将 IQ 调制器偏置在零点来抑制光载波。

9.2.2　最小相位条件

如引言中所述,在光通信系统中,KK 接收机能用直接探测的方式实现相干探测的效果,KK 接收机方案操作便捷、复杂度低、易于实现,能够降低 PD 拍频产生的 SSBI,提升系统传输容量和距离。

然而,想要使用 KK 算法来重构信号相位,发送信号需要满足一定条件,即最小相位条件。在信号满足这一条件的情况下,可以从其强度唯一恢复出其相位,现将方法说明如下。

设有一基带信号 $S(t)$,其带宽(正频率部分)为 $B/2$,如图 9-3(a)所示。则将 $S(t)$ 乘以一个复数射频信号,得到 $S(t)\exp(-i\pi Bt)$ 为一个单边带信号,如图 9-3(b) 所示。令信号 $b(t)=A+S(t)\exp(-i\pi Bt)$,其中 A 是常数,且 $A > |S(t)|$,如图 9-3(c)所示。此时信号 $b(t)$ 是最小相位信号,$b(t)$ 的相位可由其幅度唯一确定。

此时 $b(t)$ 的相位为

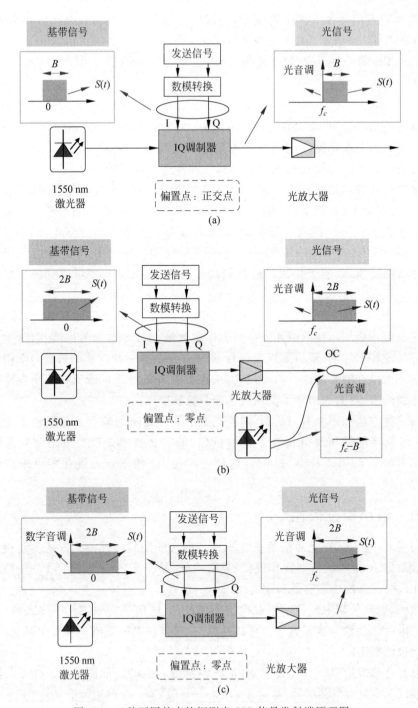

图 9-2　三种不同的直接探测光 SSB 信号发射端原理图

（a）在发射端通过偏置 IQ 调制器产生光连续波；（b）在发射端添加额外激光器产生光连续波；
（c）在基带信号中产生虚拟载波产生光连续波

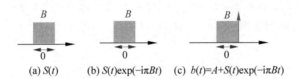

图 9-3　最小相位信号频谱示意图

(a) 带宽为 $B/2$ 的基带信号频谱示意图；(b) 单边带信号的频谱示意图；

(c) 最小相位信号的频谱示意图

$$\varphi(t) = \frac{1}{\pi} p \cdot v \cdot \int_{-\infty}^{+\infty} \frac{\lg\left[\left| b(t') \right|\right]}{t - t'} \mathrm{d}t' \tag{9-3}$$

我们对以上结论做一个证明[2]。

设信号 $u(t) = u_r(t) + \mathrm{i}u_i(t)$ 是单边带信号，在频率轴的负半轴其幅度为 0。设 $u(t)$ 的傅里叶变换为 $\tilde{u}(\omega)$，那么当 $\omega < 0, \tilde{u}(\omega) = 0$。因此，该单边带信号 $u(t)$ 的傅里叶变换可写为

$$\tilde{u}(\omega) = \frac{1}{2}\left[1 + \mathrm{sign}(\omega)\right]U(\omega), \quad 其中\ \mathrm{sign}(\omega) = \begin{cases} -1, & \omega < 0 \\ 0, & \omega = 0 \\ 1, & \omega > 0 \end{cases} \tag{9-4}$$

又因为 $\mathrm{sign}(\omega)$ 的逆傅里叶变换为 $\dfrac{-\mathrm{i}}{\pi t}$，对式(9-4)作逆傅里叶变换，可得

$$u(t) = u(t)/2 + \mathrm{i}p \cdot v \cdot \int_{-\infty}^{+\infty} \frac{u(t')\mathrm{d}t'}{2\pi(t - t')} \tag{9-5}$$

因此，

$$u(t) = \mathrm{i}p \cdot v \cdot \int_{-\infty}^{+\infty} \frac{u(t')\mathrm{d}t'}{\pi(t - t')} \tag{9-6}$$

根据 KK 关系，单边带信号的实部和虚部间有如下关系：

$$u_r(t) = -p \cdot v \cdot \int_{-\infty}^{+\infty} \frac{u_i(t')\mathrm{d}t'}{\pi(t - t')}, \quad u_i(t) = p \cdot v \cdot \int_{-\infty}^{+\infty} \frac{u_r(t')\mathrm{d}t'}{\pi(t - t')} \tag{9-7}$$

令 $1 + u(t) = \left| 1 + u(t) \right| \exp(\mathrm{i}\phi(t))$，其中 $\phi(t)$ 是信号 $1 + u(t)$ 的相位部分，定义一个新的信号 $U(t) = \lg\left[1 + u(t)\right] = \lg\left[\left| 1 + u(t) \right|\right] + \mathrm{i}\phi(t)$，那么 $\lg\left[\left| 1 + u(t) \right|\right]$ 与 $\phi(t)$ 将分别是信号 $U(t)$ 的实部和虚部。

接下来需要证明，只要 $1 > \left| u(t) \right|$，那么 $U(t)$ 是一个单边带信号，即 $U(t)$ 的实部和虚部之间满足 KK 关系。

设 $1 > \left| u(t) \right|$，则 $U(t)$ 可展开为

$$U(t) = \lg\left[1 + u(t)\right] = \sum_{n=1}^{\infty} \frac{(-1)^{n+1} u^n(t)}{n} \tag{9-8}$$

又根据傅里叶变换的性质 $F\{f^n(t)\} = (\mathrm{j}\omega)^n F(\omega)$，其中 F 为傅里叶变换，可

以知道，$F\{u^n(t)\} = (j\omega)^n \tilde{u}(\omega)$。因为 $u(t)$ 是单边带信号，所以当 $\omega < 0$，$\tilde{u}(\omega) = 0$，即在 $\omega < 0$ 时，$U(t)$ 的傅里叶变换 $U(\omega)$ 也为 0，即 $U(t)$ 也是一个单边带信号。

因为 $U(t) = \lg[1 + u(t)] = \lg[|1 + u(t)|] + i\phi(t)$ 是一个单边带信号，那么它的实部和虚部满足如式(9-5)所示的 KK 关系，它的虚部 $\phi(t)$ 应为

$$\phi(t) = p \cdot v \cdot \int_{-\infty}^{+\infty} \frac{\lg|1 + u(t')|^2}{2\pi(t - t')} dt' \tag{9-9}$$

因此，当 $u(t)$ 是单边带信号，且 $1 > |u(t)|$ 时，信号 $1 + u(t)$ 的相位 $\phi(t)$ 可由该信号的幅度完全确定。同理，当 $b(t) = A + S(t)\exp(-i\pi Bt)$ 时，信号 $b(t)$ 的相位 $\varphi(t) = \frac{1}{\pi} p \cdot v \cdot \int_{-\infty}^{+\infty} \frac{\lg[|b(t')|]}{t - t'} dt'$，即式(9-3)。

进一步，定义信号 $E_S(t) = E_0 u(t)$，其中 E_0 是一个正数，那么 $E_S(t)$ 也是一个单边带信号，且 $p \cdot v \cdot \int \frac{\lg(E_0^2)}{2\pi(t - t')} = 0$。

定义信号 $A(t) = \lg[E_0 + E_0 u(t)] = \lg[E_0 + E_S(t)]$，并且设信号 $E_0 + E_0 u(t)$ 的相位为 $\theta(t)$。

由于

$$E_0 + E_0 u(t) = |E_0 + E_0 u(t)| \exp[i\theta(t)]$$

$$A(t) = \lg[E_0 + E_0 u(t)] = \lg(|E_0|) + \lg(|1 + u(t)|) + i\theta(t)$$

且 $A(t)$ 也是单边带信号。因此

$$\theta(t) = p \cdot v \cdot \int_{-\infty}^{+\infty} \frac{\lg|E_0 + E_S(t)|^2 dt'}{2\pi(t - t')}$$

令 $I(t) = |E_0 + E_S(t)|^2$，那么 $\theta(t)$ 可以看作是 $\lg[I(t)]$ 的希尔伯特变换。因此，在实际应用中，使用希尔伯特变换即可实现 KK 接收机方案。

9.3 KK 接收机的应用

由以上推导可知，在直接探测系统中使用 KK 关系重构相位，需要发送信号满足最小相位条件。在实际的操作中，KK 算法的实现需要在承载信息的信号频谱的一个边缘发射连续波信号，并且该连续波的幅度要大于信号最大幅度。

我们令承载信息的信号为 $E_S(t)$，它的有限光带宽为 B，如图 9-4(a)所示。令连续光波的幅度为 E_0，让其在频谱上位于携带信息的信号 $E_S(t)$ 的边缘。如图 9-4(b)所示，进入 PD 的光信号可以表示为

$$E(t) = E_S(t) + E_0 \exp(i\pi Bt) \tag{9-10}$$

光信号进入 PD 后，产生的光电流可以表示为 $I(t) = |E(t)|^2$，在这里我们将 PD 的响应指数设为 1，以简化计算。

根据 9.2.2 节所述，当连续光 E_0 的幅度足够大时，可以认为信号 $E(t)\exp(-i\pi Bt) =$

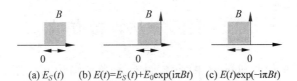

图 9-4　KK 接收算法的实际应用

（a）基带信号频谱示意图；（b）基带信号加上连续光的频谱示意图；（c）最小相位信号的频谱示意图

$E_0 + E_S \exp(-\mathrm{i}\pi Bt)$ 满足最小相位条件，其频谱示意图如图 9-4（c）所示。因此，可以使用 KK 关系，根据其幅度来重构其相位。

$$\phi_E(t) = \frac{1}{2\pi} p \cdot v \cdot \int_{-\infty}^{+\infty} \frac{\lg\left[I(t')\right]}{t - t'} \mathrm{d}t' \tag{9-11}$$

$$E_S(t) = \left\{ \sqrt{I(t)} \exp\left[\mathrm{i}\phi_E(t)\right] - E_0 \right\} \exp(\mathrm{i}\pi Bt) \tag{9-12}$$

由式（9-11）和式（9-12）可从接收到的光电流幅度恢复出原始信号 $E_S(t)$，并消除 SSBI 的影响。在实际应用中，相位是通过对电流取对数后进行希尔伯特变换得到，具体 DSP 流程如图 9-5 所示。PD 采用平方律探测，因此首先需要对探测到的信号开平方，作为最终信号的幅度值。对该幅度值的模取自然对数后，进行希尔伯特变换，得到信号的相位。将相位与幅度结合起来即可重构信号。

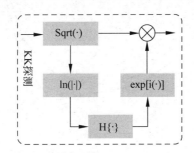

图 9-5　KK 接收机算法数字信号处理流程

PD 探测到的信号为双边带信号，其频谱如图 9-6（a）所示。使用 KK 接收机算法，能将接收到的双边带信号还原为单边带信号，如图 9-6（b）所示。在后续数字信号处理中，将单边带信号下变频至基带，再进行后续均衡与载波恢复处理，如图 9-6（c）所示。

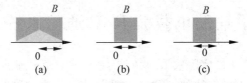

图 9-6　KK 接收机算法的实际应用

（a）PD 探测后的频谱示意图；（b）使用 KK 算法去除 SSBI 后的频谱示意图；

（c）数字下变频后的频谱示意图

9.4　KK算法性能仿真

为了验证 KK 接收机的效果,我们进行了光传输仿真。光学仿真部分基于 VPI 光学仿真平台搭建。我们搭建了一个 QPSK 信号的传输系统,使用光 IQ 调制器实现光 SSB 调制,并实现最小相位光传输系统。

其中,QPSK 信号的波特率为 16 Gbaud,系统采样速率为 64 GHz,激光器工作频率为 151.2 THz。按照 KK 原理,我们在信号发射端进行 4 倍上采样,在系统中调节 IQ 调制器的直流偏置电压,这样可以改变光载波和信号的功率比(carrier-sideband power ratio,CSPR),便于找到最佳工作点。在使用 KK 接收机探测后,将接收信号进行 4 倍下采样,离线 DSP 处理过程包括第 4 章所述的频偏纠正算法、相偏纠正算法、CMA 算法,随后进行判决和 BER 计算。使用 KK 探测和不使用 KK 探测的 BER 曲线与 IQ 调制器偏置电压的关系如图 9-7 所示。

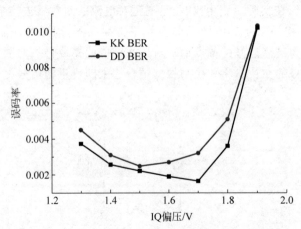

图 9-7　仿真得到系统 BER 与 IQ 调制器偏置点的关系

仿真结果表明,由于 KK 接收机降低 SSBI 的能力较强,所以相比于直接接收机在 BER 上面有提升,在 OSNR 为 12 dB 时,调整直流偏置,相比于直接探测,KK 接收最多能使 BER 从 0.0032 降低至 0.0017,下降幅度高达 46.8%,证明了 KK 接收机的性能。

9.5　光子辅助单载波 RoF 通信系统实验研究

为了验证 KK 算法的实际效果,我们搭建了一个光子辅助的单载波 RoF 通信系统,并实现了基于 KK 算法的 D 波段太赫兹信号的高速传输。我们使用 KK 算法、CMMA 和 DD-LMS 后均衡技术等先进算法,通过实验实现了在 3.47 m 的无线距离上的 D 波段 16QAM 太赫兹信号传输,传输速率为 80 Gbit/s。据我们所知,这是首次在大带宽和高达几米的无线距离上,在 D 波段的 RoF 太赫兹信号传输系统中使用 KK 算法来提升系统性能。

9.5.1　实验设置

D 波段光子辅助 RoF 太赫兹通信系统的实验设置如图 9-8 所示[9]。我们使用了两个激光器,分别记为 ECL1 和 ECL2。ECL1 产生自由运行的光载波便于携带信号,ECL2 产生的光波作为 LO 以便于在 PD 中拍频产生太赫兹信号。ECL1 和 ECL2 的波长分别为 1557.578 nm 和 1558.608 nm,两路激光之间的频率差为 127.2 GHz,由此拍频产生的太赫兹信号属于 D 波段。

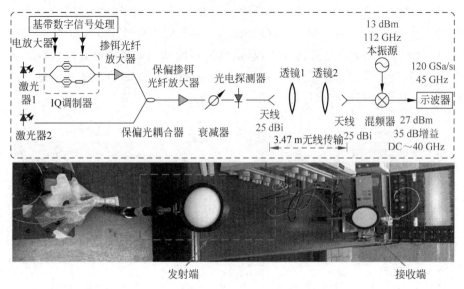

图 9-8　D 波段光子辅助 RoF 太赫兹通信系统实验设置图

在数字域生成的 PRBS 长度为 2^{14},调制为 16QAM 数字信号后,由滚降因子为 0.01 的数字升余弦滤波器进行滤波,以产生奈奎斯特 16QAM 信号,然后使用 DAC 将其转换为模拟信号。我们使用的 DAC 的带宽为 20 GHz,最大采样速率为 80 GSa/s。I 路和 Q 路数据分别经两个 EA 放大,然后用于驱动 IQ 调制器,调制 ECL1 产生的光载波。因此,我们可以由 20 Gbaud 的波特率、80 Gbit/s 的传输速率获得 16QAM 光信号,信号的上采样倍数为 4,因为使用 KK 算法需要将信号进行上采样,上采样倍数需要大于 3[2]。

经过 IQ 调制后,光信号由保偏掺铒光纤放大器放大,经过保偏光纤耦合器与 LO 耦合,耦合后的光经过 EDFA 放大。我们使用了一个衰减器调整进入 PD 的光功率。两路光信号在 PD 中拍频,在 D 波段产生 127.2 GHz 的太赫兹信号。太赫兹信号由增益为 25 dBi 的 D 波段喇叭天线传输,我们同时使用了一对太赫兹透镜,用来会聚信号,增加传输距离。透镜的直径为 10 cm,焦距为 20 cm,其插入损耗小于 1 dB。

在经过 3.47 m 无线传输后,太赫兹信号被另一个透镜会聚并被另一个 D 波段喇叭天线接收,接收端的透镜和天线与发送端相同。在接收端,接收到的信号由 D 波段混频器与本振 LO 进行混频,该 LO 的频率为 112 GHz,输出功率为 13 dBm。与 LO 混频后,信号被下变频为 15.2 GHz 的中频信号,由具有 35 dB 增益和 27 dBm 输出功率的 EA 放大,然后由示波器进行采样。该示波器的采样速率为 120 GSa/s,带宽为 45 GHz。

发射端和接收端的数字信号处理流程如图 9-9 所示。发射端 DSP 包括 PRBS 的产生、QAM 符号映射、上采样、RC 滤波器和上变频,如图 9-9(a)所示。实际操作中使用的 KK 算法流程如图 9-9(b)所示,将接收到的符号开方取对数,再进行希尔伯特变换即可得到该信号的相位,将信号的幅度和相位重新结合即可得到原始信号。随后使用匹配滤波器滤波,使用 CMMA 和 DD-LMS 后均衡算法进一步降低误码率,然后进行误码率计算,如图 9-9(c)所示。

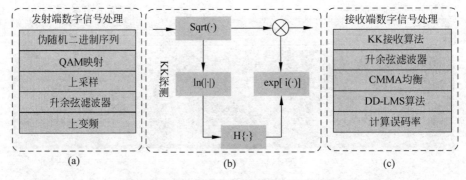

图 9-9　发射端与接收端数字信号处理流程
(a) 发射端 DSP 流程;(b) KK 接收机 DSP 流程;(c) 接收端 DSP 流程

设 G_{lens} 表示太赫兹透镜的功率增益,λ 表示无线信号的波长,d 表示传输距离,G_T 是发射天线增益,G_R 是接收天线增益,P_M 是测量的功耗损耗。根据弗里斯传输方程,透镜对提供的功率增益可以表示为

$$G_{lens} = 20\lg\left(\frac{4\pi d}{\lambda}\right) - G_T - G_R - P_M \tag{9-13}$$

改变发射机和接收机之间的距离,通过计算 OSC 中显示的功率来测量功率损耗。与没有无线传输的情况相比,信号频率为 140 GHz 时 1 m 无线传输的实测功率损耗约为 2 dB,如图 9-10 所示。G_T 和 G_R 等于 25 dBi,而 1 m 无线在 D 波段的路径损耗约为 78 dB。因此,一对透镜大约可以带来 26 dB 的功率增益(78 dB-25 dB-25 dB-2 dB=26 dB)。

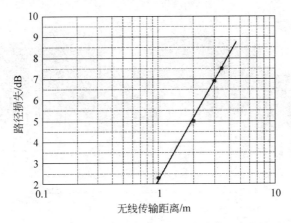

图 9-10　测量得到的路径损失与无线传输距离的关系

9.5.2　实验结果与分析

我们测量得到信号和本振光的光谱如图 9-11 所示,可以看到,为了保证输出功率最大,我们使信号光和本振光功率几乎一致。

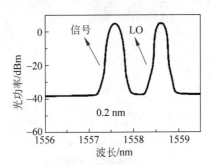

图 9-11　信号和本振光的光谱(分辨率 0.2 nm)

部分信号频谱图如图 9-12 所示。当 PD 的输入功率为 14 dBm 时,经过无线传输 3.47 m 后,信号的 BER 可以减小到 1.79×10^{-3}。接收到的下变频后 16QAM 中频信号的频谱如图 9-12(a)所示,对应的波特率为 20 Gbaud。通过 KK 算法,可以重建 SSB 信号,并在很大程度上减轻 SSBI。经过 KK 算法后的频谱如图 9-12(b)所示。随后将中频信号数字下变频至基带信号,并通过后续 DSP 程序进行处理,基带信号的频谱如图 9-12(c)所示。

我们随后测量了不同的无线距离下,系统的 BER 性能与 PD 的输入功率的关系,如图 9-13 所示。

在背靠背情况下,当输入功率从 9.4 dBm 增加到 10.3 dBm 时,由于 SNR 的提高,BER 逐渐降低;当输入功率继续增加到 10.7 dBm 时,BER 性能开始变差,这是由于系统中的饱和效应所致。因此,在这种情况下的最佳输入功率为 10.3 dBm,

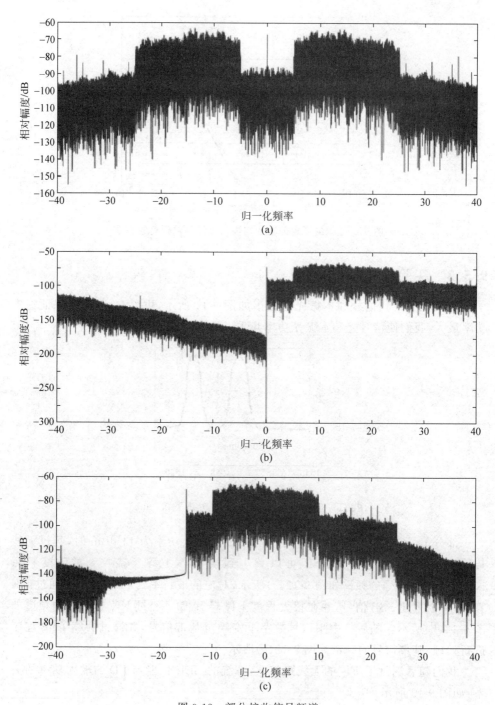

图 9-12　部分接收信号频谱

（a）PD 探测后的中频信号频谱；（b）KK 接收机后的信号频谱；（c）数字下变频后的频谱

DD-LMS 算法后的相应信号星座图如图 9-13 中的插图所示。当无线距离增加到
1 m 时,在 10.3～12 dBm 的输入功率范围内,BER 低于 3.8×10^{-3} 的 7％ 的 HD-
FEC 阈值。当输入功率为 11.1 dBm 时,系统具有最佳的 BER 性能。当无线传输
距离达到 3.47m 时,随着输入功率的增加,BER 继续减小,并达到 14 dBm 的最低
点。图 9.13 的插图中也显示了相应的信号星座图。因此,系统的最佳的 BER 为
1.79×10^{-3},小于 FEC 阈值 3.8×10^{-3}。当 PD 的输入功率为 14 dBm 时,PD 的
电流为 21 mA。

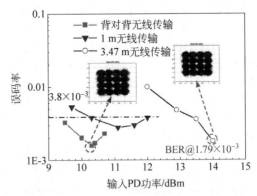

图 9-13　进入 PD 的输入功率与系统 BER 的关系曲线,其中的插图为相
应功率值与传输距离对应的信号星座图

9.6　本 章 小 结

　　本章介绍了 KK 接收机的研究意义、原理和实现方法,仿真证明了 KK 接收机
的有效性,通过实验实施了基于 KK 接收机的光子辅助单载波太赫兹 RoF 通信系
统。在光通信中,使用 PD 进行直接探测的接收机结构简单、成本低廉,是短距离
无线通信的良好选择。但是,直接探测仅能探测到信号的幅度,无法探测到信号的
相位。KK 接收机利用经典的 KK 关系,能够在直接探测的系统中通过数字信号
处理的方式实现相干探测,大幅降低系统成本和功耗。使用 KK 接收机方案需要
发送信号满足最小相位条件。在实际中,需要在发射光单边带信号的同时发送一
个连续光波,该连续光的频率要位于携带信息的光信号的边缘,可以通过在发射端
增加一个独立激光源实现,也可在产生数字信号时加入虚拟载波。我们通过仿真
验证了 KK 接收机在光通信系统中的优越性。在光载无线太赫兹通信系统中,我
们首次实现了 D 波段的基于 KK 接收机的光子辅助单载波太赫兹 RoF 通信系统
的实验研究。为了使拍频得到的太赫兹信号具有最大输出功率,携带数据的光信
号和光 LO 具有相同的功率。通过 KK 算法、CMMA 均衡和 DD-LMS 可以消除
SSBI 对 PD 的非线性影响。使用 KK 接收机方案,我们在 3.47 m 的无线传输距离

上实现了 D 波段上的 80 Gbit/s 的 16QAM 信号的无线传输。去掉 7% 的 FEC 开销后,净传输速率为 74.7 Gbit/s,系统 BER 为 1.79×10^{-3},小于 FEC 阈值 3.8×10^{-3},我们的研究比之前在 W 波段上使用 KK 接收机方案的实验传输距离更远,系统容量更大,是一次突破。

参 考 文 献

[1]　LI Z, ERKILINC M, SHI K, et al. SSBI mitigation and the Kramers-Kronig scheme in single-sideband direct-detection transmission with receiver-based electronic dispersion compensation[J]. Journal of Lightwave Technology, 2017, 35(10): 1887-1893.

[2]　MECOZZI A, ANTONELLI C, SHTAIF M. Kramers-Kronig coherent receiver [J]. Optica, 2016, 3(11): 1220-1227.

[3]　MECOZZI A. Retrieving the full optical response from amplitude data by Hilbert transform[J]. Optics Communications, 2009, 282(20): 4183-4187.

[4]　LE S T, SCHUH K, CHAGNON M, et al. 1.72-Tb/s virtual-carrier-assisted direct-detection transmission over 200 km [J]. Journal of Lightwave Technology, 2018, 36(6): 1347-1353.

[5]　BO T, KIM H. Coherent versus Kramers-Kronig transceivers in metro applications: a power consumption perspective [C]. Optical Fiber Communications Conference and Exhibition, 2019.

[6]　GUERRERO L, SHAMS H, FATADIN I, et al. Spectrally efficient SSB signals for W-band links enabled by Kramers-Kronig receiver [C]. Optical Fiber Communications Conference and Exposition, 2018.

[7]　余建军,迟楠,陈林. 基于数字信号处理的相干光通信技术[M]. 北京:人民邮电出版社,2013.

[8]　LE S T, SCHUH K, CHAGNON M, et al. 8×256 Gbps virtual-carrier assisted WDM directdetection transmission over a single span of 200 km[C]. European Conference on Optical Communication, Gothenburg, 2017.

[9]　ZHAO M, YU J, ZHOU Y, et al. KK heterodyne detection of mm-wave signal at D-band [C]. Optical Fiber Communication Conference, OSA Technical Digest (Optical Society of America), 2019.

第 10 章 大容量太赫兹传输系统研究

10.1 引 言

通信网络发展的最终目标是实现随时随地实时、高速、可靠的信息接入。太赫兹波频率高、可用带宽大,具有适合信号传输的多种优良特性,在未来无线通信中具有广阔的应用前景和潜力。光纤通信可以提供巨大的传输容量和超长的传输距离,但其移动性较差,无法实现广域无缝覆盖。太赫兹无线通信在理论上可以覆盖任何地方,但由于受到频率资源不足和各种损伤的影响,使得通信带宽和传输距离受到限制[1-2]。太赫兹通信已经出现超高的无线传输速率(>40 Gbit/s),这相当于甚至超过光纤传输速率[3]。然而,仅仅依靠带宽受限的电子设备很难产生这样的超高速无线信号,因此,光子辅助太赫兹技术应运而生并得到了深入的研究[4-5]。为了满足日益增长的通信带宽需求,未来的宽带接入网络需要平衡和无缝集成无线通信和光纤通信,这就是所谓的光纤-无线集成技术[6]。太赫兹光纤-无线集成(fiber-wireless integration,FWI)通信融合了光纤通信和太赫兹无线通信的优点,能够满足未来通信网络对通信带宽和移动性的要求[7-8],太赫兹 FWI 通信具有 5G 及以上移动通信、室内宽带网络、国防空间通信、大容量应急通信等多种应用场景。

光纤-无线集成接入系统有效地融合了光纤通信在通信带宽和传输距离方面的优势,以及无线通信在移动性和无缝覆盖方面的优势,这是未来宽带接入网的一个重要发展趋势。并且,光纤-无线集成接入系统可以充分利用结构简单、成本低廉的光子辅助太赫兹生成技术,克服电子设备的带宽瓶颈,产生超高速的无线太赫兹信号[9]。它还可以充分利用各种复用技术,包括空间复用、频带复用、天线偏振复用等,降低光电子器件的信号波特率和带宽要求,极大地提高无线传输能力[10]。先进的数字信号处理技术可以进一步应用到光纤-无线集成接入系统中,有效弥补光纤-无线集成传输链路所造成的各种线性和非线性损伤,实现高频谱效率和高接收机灵敏度的光纤-无线集成传输。

未来的 5G/5G+移动通信技术还需要满足超大容量、超高可靠性、随时随地可达的要求,以解决"交通风暴"等诸多问题。它需要在现有无线接入技术的基础上集成多种新的无线接入技术,而光纤-无线集成接入系统可以提供超宽带、低干扰的无线路由,可以在未来的 5G/5G+网络中使用。近年来,可应用于不同场景的大容量光纤-无线集成通信与传输技术吸引了越来越多的国内外研究人员。因此,研究大容量太赫兹传输技术对发展高速太赫兹通信非常重要,具有广阔的应用空间与研究价值。

  本章将介绍我们在大容量太赫兹传输技术研究的最新进展,首先简单地介绍大容量太赫兹传输实现的方法,包括多波段复用、偏振复用、空间复用等多维复用方法,高阶 QAM 调制、光子辅助方法及先进数字信号处理技术等,这些方法都能有效提高信道容量,提升系统传输速率。本章随后介绍了我们在大容量太赫兹传输方面的两个最新的研究进展。

10.2 大容量传输的方法

  在光纤通信中,实现大容量光纤传输有几种典型的技术,包括光的偏振复用、多入多出结构、高阶 QAM 调制、电/光多载波调制以及先进的基于发射和接收的数字信号处理算法。先进的 DSP 算法可以补偿器件和光纤传输链路的各种线性和非线性损伤,从而提高接收机灵敏度和系统性能[11-16]。新兴的光子辅助太赫兹传输技术利用光纤信道的大带宽,使用光子拍频的方式生成宽带太赫兹信号,能够突破电子器件带宽的限制。为了使太赫兹的无线传输与大容量光纤传输相匹配,可以将上述光通信技术引入到无线太赫兹通信系统中[5]。在这种情况下,需要研究如何实现基于光子辅助技术的偏振复用太赫兹信号、高电平 QAM 调制太赫兹信号,以及多载波太赫兹信号的产生和无线传输。还需要研究各种先进技术在太赫兹频段内的实现和集成,以实现大容量无线太赫兹信号的传输。将上述光通信技术引入无线太赫兹系统中,可以降低传输波特率,增加传输容量,促进光纤通信与太赫兹无线通信系统的无缝融合。另外,DSP 技术也能纠正信道中线性或非线性的损失,进一步提升信道容量。无线太赫兹系统也需要先进的相干 DSP 算法来恢复多维多电平的太赫兹信号,提高系统性能[6-9]。本节将介绍几种大容量太赫兹传输技术,包括多波段复用、高阶 QAM 调制、偏振复用等多维复用技术,以及先进 DSP 算法。

10.2.1 光子辅助方法

  太赫兹信号的产生方法包括全电方法和光子辅助方法。全电方法产生太赫兹信号的系统结构简单,易于集成。然而,商用电子设备的带宽通常十分有限,同时,高频射频设备的制造相对困难和昂贵[17-22]。因此,仅利用电子器件来产生宽带高载频太赫兹信号非常困难,甚至不切实际。光子辅助太赫兹信号的产生可以克服电子器件的带宽限制,更适合于产生宽带、高载频的太赫兹信号[23-26]。简单、经济的光子太赫兹矢量信号生成技术是实现光纤-无线集成系统和网络的关键。光子辅助的方法在本书的第 2 章和第 7 章中均有详细介绍,这里不再详述。

10.2.2　多维复用

多种多维复用技术的实现与协同集成可以显著降低光纤-无线集成接入系统的信号波特率,提高系统的传输能力。图 10-1 总结了用于光纤-无线集成接入系统的典型多维多路复用技术,包括多入多出空间复用、高阶调制格式、天线偏振复用和多波段复用[10,25,27-41]。

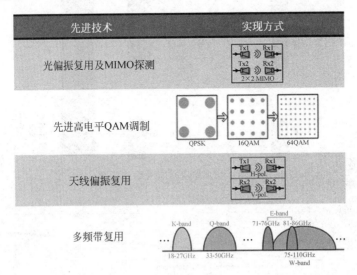

图 10-1　用于光纤-无线集成接入系统的典型多维多路复用技术

（1）MIMO 空间复用技术

MIMO 空间复用技术使用多个发射和接收天线,可以很好地集成光学偏振复用技术,显著提高系统传输能力。但是,这样做的代价是相对复杂的天线结构,并且每个发射天线的发射能量显著降低[40-41]。此外,当 MIMO 空间复用技术应用于高速光纤-无线集成系统时,天线间距对信号干扰的影响成为关键问题。MIMO信号的独立性通常由瑞利距离决定,瑞利距离取决于工作波长、发射和接收天线的数量,以及发射机和接收机两端的天线间距。瑞利值域的定义可以表示为

$$R \leqslant \frac{nD_T D_R}{\lambda} \tag{10-1}$$

式中,n 为天线数量,D_T、D_R 分别为发射天线与接收天线之间的间距,λ 是工作波长。

图 10-2 是 MIMO 空间复用的结构图。天线的大小、重量和传输距离可以通过选择天线的数目和天线在发射端和接收端之间的间距来实现折中。

在瑞利范围内,MIMO 信号彼此独立,在这种情况下,无需大量的信号处理就可以接收到它们。然而,在瑞利距离之外很难保持信号的独立性,因此需要进行额外的处理来分解这些相关的信号。图 10-3 给出了天线间距从 1 cm 到 10 m 时瑞

利距离与载波频率的关系。可以看出,当太赫兹载波频率接近 1 THz,天线间距接近 10 m 时,瑞利距离接近 1000 km。我们在第 5 章已经介绍了采用 MIMO 传输太赫兹信号增加传输容量。

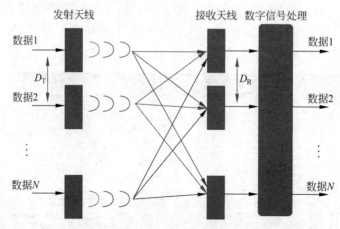

图 10-2　MIMO 空间复用结构图

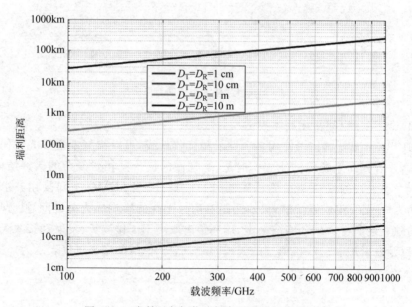

图 10-3　瑞利距离与载波频率和天线间距的关系

（2）偏振复用技术

在光纤通信中,光的偏振复用技术可以将光纤链路的容量提高一倍,是未来频谱效率高的高速光传输的一种实用解决方案。在光子辅助的太赫兹通信系统中,偏振复用技术同样是一种能有效提高系统容量的方案。经过偏振复用后,太赫兹信号可以由二维转换为三维,从而使无线传输能力提高一倍。

如何实现多路偏振复用太赫兹信号的产生和无线传输,从而实现 FWI 通信是一个很有意义的研究课题。可以使用单输入单输出的无线链路来传输单偏振的太赫兹信号[42-46]。

然而,为了传输多路偏振复用的太赫兹信号,我们需要使用基于两对天线的 2×2 MIMO 无线链路[47-48]。在这种情况下,我们提出了利用光偏振复用的无线 MIMO 技术来实现偏振复用的太赫兹信号的产生和无线传输[49]。

光偏振复用的无线 MIMO 技术的原理如图 10-4 所示。整个系统结构包括五个部分,即光基带发射机、光纤链路、光外差上变频器、2×2 MIMO 无线链路和无线太赫兹信号接收机。在光基带发射机中,使用光调制器和偏振多路复用器来产生偏振多路复用的光基带信号。光外差上变频器接收光纤传输后的偏振复用光基带信号。在光外差上变频器中,使用两个偏振分束器和两个光耦合器对接收到的光基带信号和本振光信号进行光偏振分集操作。本振光信号是由激光器 2 产生的。在这里值得注意的是,光外差上变频器中的激光器 2 和光发射机中的激光器 1 都是自由运行的,它们的频率间隔正好是所需的太赫兹载频。

值得注意的是,在我们相应的实验系统[49]中,激光器 1 和激光器 2 都是典型的商用外腔激光器,激光器的线宽小于 100 kHz,工作频率在 193.1 THz 左右。因此,可以计算出实验系统的频率偏移约为 0.001 ppm*。这是非常小的,并且,在接收端采用基于 DSP 的载波恢复算法可以有效地消除由激光器线宽引起的频率偏移。

随后利用两个并行的光电探测器进行光电转换,这两种光电探测器可以是单端的,也可以是平衡的。光电探测器产生两路太赫兹电信号,可以认为这是一个偏振复用的太赫兹电信号。与单端的光电探测器相比,平衡光电探测器可以消除噪声,提高系统的稳定性。在这里值得注意的是,每个偏振分束器的输出和输入的光基带信号包含 X 偏振和 Y 偏振方向上的在光基带发射端编码的发送数据,这是因为光纤传输引起的偏振旋转。为了简化表达,在图 10-4 中使用"X"和"Y"标签来描述这两种偏振状态。

随后,利用 2×2 的无线 MIMO 链路传输产生多路偏振复用的太赫兹电信号。在某些情况下,每个接收天线可以同时接收来自两个发射天线的无线功率,因此可能会出现无线串扰。在无线太赫兹接收机中,首先采用基于平衡混频器和正弦波射频信号的模拟下变频,将高频太赫兹信号下变频为频率较低的中频信号。然后,使用双信道数字存储示波器来捕获中频信号,用于后续离线数字信号处理。对于多路偏振复用信号,光纤链路和 2×2 MIMO 无线链路都可以看作是 2×2 的模型,可用 2×2 的琼斯矩阵表示。由于两个 2×2 琼斯矩阵的乘积仍然是一个 2×2 矩阵,我们可以使用基于接收端的 CMA/CMMA 算法来同时进行信号的偏振解复用

---

　* 1 ppm＝0.001‰。

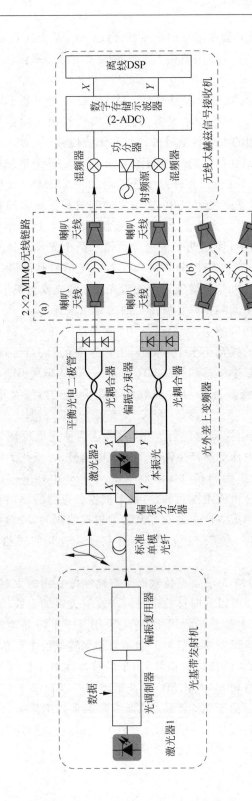

图 10-4　利用光偏振多路复用技术实现多路复用太赫兹信号的产生和无线传输的原理

和无线串扰抑制[30]。

图 10-5 给出了我们在 100 Gbit/s 级实验样机[35]中光基带发射机的详细结构,它可以实现光 PDM-QPSK/PDM-16QAM/PDM-64QAM 调制。该光基带发射机主要包括一个自由运行的外腔激光器、一个 IQ 调制器和一个偏振多路复用器。IQ 调制器由两个 MZM 和一个相位调制器组成。通过调整 IQ 调制器的三个直流偏置,可以使这两个 MZM 工作在传输函数的零点,并且使相位调制器工作在 π/2 相移点。在这种情况下,当使用电的二进制/四电平/六电平信号来驱动 IQ 调制器时,可以分别实现光 QSPK/16QAM/64QAM 调制。

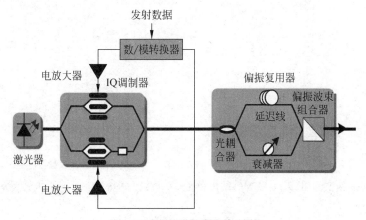

图 10-5　光基带发射机的结构

偏振多路复用器包括一个用来将 IQ 调制器的输出平均分成两个支路的保偏光纤耦合器,在一个支路上用来实现 150 符号时延的单臂光延迟线,在另一个支路上的用来平衡两个支路光功率的光衰减器,以及一个用来组合两个支路的偏振波束组合器。经过偏振多路复用器,可以得到一个 PDM-QPSK/PDM-16QAM/PDM-64QAM 调制的光基带信号。值得注意的是,调制阶数越高,每个符号的比特数越大,所需的信号波特率越低。同时,随着调制阶数的增加,也需要更高的接收机灵敏度。因此,最优的矢量调制与系统的整体性能之间存在权衡。

(3) 多载波调制技术

为了增加无线传输容量,我们进一步将光多载波调制技术引入到太赫兹通信系统中。光多载波调制技术包括光正交频分复用和奈奎斯特波分复用等技术,这些技术为光子载波优化提供了可能。

集成偏振复用、无线 MIMO 结构和光多载波调制技术的光子辅助太赫兹系统的原理图如图 10-6 所示,该系统可用于实现多载波偏振复用太赫兹信号[50]的产生和无线传输。

在这里,我们以一个三路波分复用信号为例。太赫兹载波的频率是信道 2 与光本振信号之间的频率间隔。我们使用了与 10.2.4 节所述相同的光外差上变频器、2×2 MIMO 无线链路和无线太赫兹接收机。在无线太赫兹接收机中,经过模拟下变频,可以得到具有全信道信息的中频信号。可以使用如图 10-7 所示的基于接收端的联合信道 DSP 来处理中频信号,同时恢复完整的三个 WDM 信道[30]。从图 10-7 可以看出,信道解复用是在数字域实现的。在同时下变频到基带之后,分别对所有三个波分复用信道执行从色散补偿到误码率计算的相同的 DSP流程。

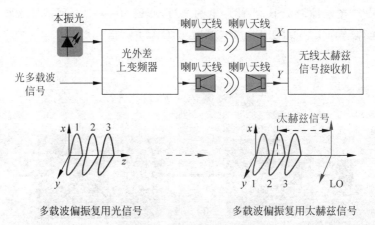

图 10-6　集成偏振复用、无线 MIMO 结构和光多载波调制技术的光子辅助太赫兹系统原理图

图 10-7　基于接收端的多载波偏振复用太赫兹信号的联合信道数字信号处理算法

(4) 天线偏振复用技术

为了增加无线传输能力,我们进一步将天线偏振复用技术引入到太赫兹通信系统中。图 10-8 给出了集成了偏振复用、无线 MIMO、多载波调制和天线偏振复用四种技术的[31]光子辅助太赫兹系统的原理图。在这里,我们以双路波分复用信

号为例。在光外差上变频器中,我们首先使用波长选择开关来分离出信道 1 和信道 2 的信号。经光外差上变频后,我们使用的太赫兹载波携带信道 1 和信道 2 的信号。然后,使用两对水平偏振(偏振)的天线来发射信道 1 的信号,使用另外两对垂直偏振(偏振)的天线来发射信道 2 的信号,我们把这种天线结构定义为天线偏振复用。

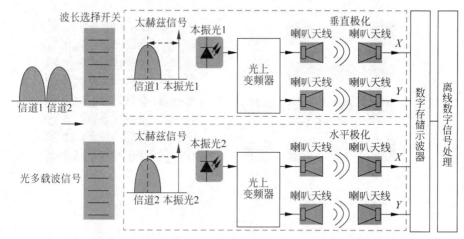

图 10-8　集成了偏振复用、无线 MIMO、多载波调制和天线偏振复用四种技术的光子辅助太赫兹系统的原理图

使用天线偏振复用可以进一步使无线传输能力加倍,但需要两倍的光电器件。我们还测量到,对于一个典型的喇叭天线,垂直偏振和水平偏振可以有大于 33 dB 的偏振隔离[51]。因此,采用天线偏振复用可以有效地抑制信道 1 与信道 2 之间的无线串扰。

对于基于空间复用、太赫兹频带复用、天线偏振复用等多维复用技术的大容量光纤-无线集成系统,需要进一步优化天线结构,实现多维复用技术的完全集成。在基于天线偏振复用的天线结构设计中,可以增加交叉偏振鉴别,优化天线结构参数,减小传播路径对发射信号的去偏振效应。

10.2.3　结合概率整形技术的高阶 QAM 调制

高阶 QAM 调制,特别是 64QAM 调制,在光纤传输系统和光子辅助太赫兹系统中得到了广泛的研究,用来实现更高的传输速率和光谱效率。16QAM 和 64QAM 星座图如图 10-9 所示。相比于 16QAM 调制的频谱效率,64QAM 调制的频谱效率能够达到 6 bit/(s·Hz)。然而,由于缺乏高频太赫兹频段的功率放大器,功率受限的光纤信道或功率不足的无线太赫兹信道通常会限制高电平 QAM 信号的传输距离或容量。概率整形技术作为一种编码调制方案,是近年来的研究热点,可以在不增加发射功率到光纤或无线信道的情况下,在一定的传输距离下增加容

量或延长高阶 QAM 信号的传输距离[52-61]。在 PS 方案中,传输的高电平 QAM
信号的同相分量和正交分量可以看作是两个独立的脉冲幅度调制(PAM)信号,每
个 PAM 信号的电平按照麦克斯韦-玻耳兹曼分布,是不等概率分布[52-54]。也就是
说,从高阶 QAM 信号星座来看,内部能量较低的星座点比外部能量较高的星座点
具有更高的发射概率。图 10-10 给出了 64QAM 信号的概率整形示意图。

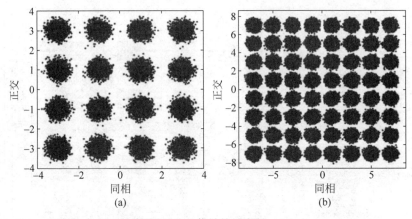

图 10-9 信号的星座图

(a) 16QAM 调制信号; (b) 64QAM 调制信号

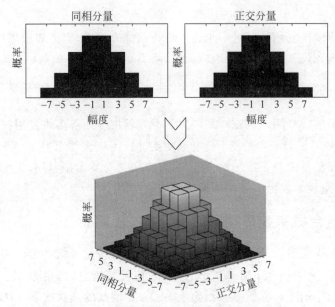

图 10-10 64QAM 信号的概率整形示意图

因此,经过概率整形后的信号星座比原星座的平均功率低,因此可以降低发射
功率。虽然 PS 方案会降低 QAM 符号的平均比特数,从而降低有效传输速率,但

是所节省的能量要大于用来补偿传输速率损失的能量。此外,对于固定发射功率,
PS 方案可以增加发射 QAM 信号的有效欧几里得距离,从而提高系统的抗噪能
力。此外,用于正常 QAM 信号的相干 DSP 算法也适用于 PS QAM 信号。因此,
基于 DSP 的 PS 方案在应用于光纤传输系统和光子辅助太赫兹通信传输系统时具
有很大的灵活性,不需要改变现有的系统结构,而且计算复杂度也很低。

10.2.4　先进 DSP 算法

　　正如在前文中提到的,先进的光通信技术的应用,包括光子辅助方法、多维度
复用和高阶 QAM 调制等,都能减少无线太赫兹通信系统的传输波特率,提高传输
容量,更好地满足大容量光纤传输。高效率的数字信号处理对于光纤-无线集成系
统是至关重要的,因为它可以有效地减轻或补偿由于组件和传输链路不完善而造
成的各种线性和非线性损伤,从而显著提高系统性能。并且,在外差相干检测系统
中,需要结合先进 DSP 算法来检测多维多电平的太赫兹信号,以提高系统性能,降
低系统复杂度。

　　与先进 DSP 相结合的外差相干探测的零差相干探测和外差相干探测结构分
别如图 10-11 和图 10-12 所示。从图 10-11 可以看出,外差相干检测的集成结构包
括两个偏振分束器、两个 90°光混频器和四个平衡光电探测器。在光域,两个偏振
分束器和两个 90°光混频器用于实现偏振多路复用光信号和本振光的偏振分集和
相位分集,它们已有商用器件的集成。

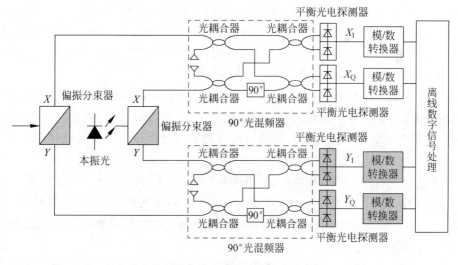

图 10-11　结合数字信号处理实现光载太赫兹信号零差相干探测结构图

　　由于外差相干检测不需要光相位分集,因此将两个偏振分束器和两个 90°光混
频器可以简化为两个偏振分束器和两个光耦合器,如图 10-12 所示。所需的平衡
光电探测器和模/数转换器的数量也可以减少一半,因为在每个偏振(X 偏振或 Y

偏振）处的同相和正交信号分量仍然合并在一起，光偏振分集后只剩下两个不同的信号支路。显然，简化的外差相干检测结构比相应的集成结构具有更高的硬件效率。此外，由于高速宽带平衡光电探测器和模/数转换器的可用性，中频信号的下变频以及 I 路和 Q 信号成分的分离可以通过离线数字信号处理[28]在数字领域实现。

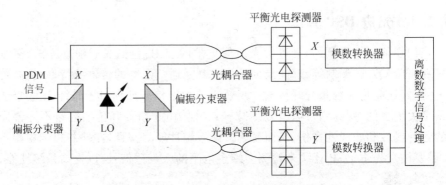

图 10-12　结合数字信号处理实现光载太赫兹信号外差相干探测结构图

值得注意的是，在我们的光子辅助太赫兹通信实验中，当采用 PDM-QPSK 和 PDM-16QAM 调制格式时，通常采用简化的外差相干探测结构，其结构如图 10-12 所示。当采用 PDM-64QAM 调制时，通常采用如图 10-11 所示的外差相干检测的集成结构。这是因为 PDM-64QAM 调制对系统稳定性的要求高于 PDM-QPSK 和 PDM-16QAM 调制，而集成了偏振分束器和 90°光混频器的结构比分立偏振分束器和光耦合器的简化结构更稳定。此外，当我们使用集成的探测器来检测 PDM-64QAM 信号时，只使用每个 90°光混频器的两个输出端口，因此在这种情况下只需要两个平衡光电探测器和两个模/数转换器。

对于光载太赫兹 PDM-QPSK 调制信号，外差相干探测后的离线数字信号处理流程包括中频信号下变频、色散补偿、时钟恢复、恒模算法均衡、载波恢复、差分译码、误码率计算[28]，基于外差检测和离线数字信号处理的宽带无线接收机的实例如图 10-13 所示。

在进行下变频和色散补偿后，利用时钟提取和时钟恢复算法实现最佳采样点。在这里，使用 CMA 均衡来实现 PDM-QPSK 信号的偏振解复用，同时抑制无线串扰。对应于 CMA 均衡前、CMA 均衡后和载波恢复后的信号星座图分别如图 10-14 中的三个插图所示。

考虑到不同算法对不同调制格式的兼容性和效率，可以将前馈均衡和反馈均衡相结合，使系统整体性能达到最佳。对于不同的光载太赫兹 PDM-QAM 调制的信号需要使用不同的 DSP 算法。例如，对于具有三种幅度的 PDM-16QAM 信号的偏振解复用，需要使用级联多模算法均衡来代替 CMA 均衡。对于幅度值更多的 PDM-64QAM 调制的信号，需要在载波恢复后增加大抽头数系数的判决导向最

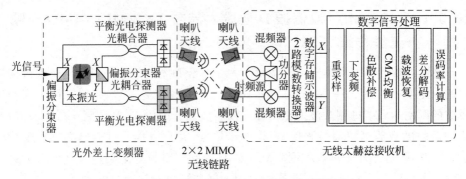

图 10-13　基于外差检测和 DSP 的宽带无线接收机

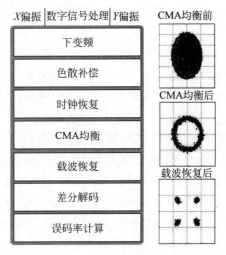

图 10-14　基于接收端的 PDM-QPSK 信号的离线数字信号处理流程，
以及分别在 CMA 均衡前、CMA 均衡后和载波恢复后的星
座图

小均方均衡。与 QPSK 和 16QAM 相比，64QAM 具有更短的欧几里得距离和更差的噪声容忍度。基于随机梯度下降法的大抽头数系数的 DD-LMS 均衡可以消除相位噪声，使各星座点收敛。因此，采用 PDM-64QAM 调制可以显著提高系统性能。

10.3　大容量太赫兹传输

本节将介绍我们在大容量太赫兹传输方面的研究进展，包括 328 Gbit/s 的单载波双偏振 D 波段太赫兹 2×2 MU-MIMO 光载无线传输和 D 波段的 1 Tbit/s 太赫兹信号无线传输。

10.3.1　328 Gbit/s 双偏振 D 波段太赫兹 2×2 MU-MIMO 光载无线传输

　　无载波幅相调制及其多频方案是一种在光纤和无线传输中展现出极大传输潜力的调制格式。在 CAP 调制中,通过两个正交的数字滤波器,在数字域生成的副载波的调制达到了抑制载波的正交幅度调制效果。因为 CAP 调制在数字域进行,调制后的副载波可以通过强度/振幅调制传输,并且可以通过简单的非相干接收机,例如匹配过滤器来进行解调。MB-CAP 调制可以较好地利用光纤融合太赫兹通信中可用的大带宽无线连接,同时又因为其非平坦的频响和电/光设备的有限带宽,可以降低信道中的损伤。此外,MB-CAP 调制格式不需要依靠导频音调或导频符号的时间和频率同步,其峰均功率比低,可以缓解对放大器工作范围的限制,并且其实现计算复杂度较低。

　　CAP 和 MB-CAP 调制的一个缺点是它在调制光载波或射频载波时频谱效率有所降低,在最好的情况下,只有 QAM 调制频谱效率的一半。然而,考虑到多波段调制信号可以通过强度/振幅来传输调制时,这个弊端可以用单边带调制和独立边带调制克服。

　　我们提出了利用光子学技术实现 D 波段的超高容量太赫兹信号传输。我们产生了光 ISB-CAP 和 ISB-MB-CAP-PDM 信号,并通过一个 2×2 多用户多入多出(MU-MIMO)无线链路传输了两种偏振态的信号,对每个偏振态的信号使用了一对专用的发射和接收天线,净传输速率达到了 328.97 Gbit/s。由于 IQ 分量的不平衡,我们讨论了在接收机信号均衡阶段需要使用的均衡器抽头数系数。就我们所知,这是在太赫兹波段中通过单个 2×2 MU-MIMO 系统实现的最高数据传输速率。

　　CAP 调制是 QAM 调制的一种变体,它产生抑制载波的 QAM 信号。与通过调制两个相同频率的正交载波的振幅,从而产生发射信号的同相和正交分量不同,该信号由两个正交滤波器在数字域内产生。这些滤波器是两个正交载波和一个脉冲整形函数时域相乘的结果,形式为有限脉冲响应(FIR)滤波器。CAP 调制分为两个阶段进行:首先,信号在数字域调制一个副载波,随后这个数字调制副载波调制光载波或射频载波。因此,CAP 调制有两大优点。一个是因为 CAP 信号的 I 分量和 Q 分量组成在数字域生成的副载波中,它们可以用强度/振幅调制的方式传送,例如调幅无线电通信,直接调制激光器,和通过 MZM 的强度调制。另一个是在接收端,CAP 信号的 I 分量和 Q 分量可以通过简单的匹配滤波器探测到,可以代替相干探测或基于快速傅里叶变换的接收机。鉴于 CAP 调制的优点,可在无线和光纤链路中使用 MB-CAP 以实现大带宽上的高频谱效率。MB-CAP 调制允许在每个波段独立使用根据信号的信噪比和各波段信道条件的比特加载和功率加载技术。每个频带的 I 分量和 Q 分量由其自身的一对 FIR 正交滤波器产生,随后,我们把所有频段的信号分量相加,形成一个单一的信号。

虽然 CAP 调制信号具有一些优点,然而,在采用相同的信号波特率和脉冲整形函数时,用 CAP 信号来调制光载波的强度或射频载波的振幅,由此产生的光频谱效率只能达到 QAM 调制的频谱效率的一半。为了克服这一缺点,可以采用数字希尔伯特变换滤波器和光 IQ 调制来实现 SSB 调制和 ISB 调制。因此,可以提高 CAP 和 MB-CAP 调制的频谱效率,以匹配 QAM 调制的频谱效率。

为了产生一个 ISB 调制信号,首先需要产生两个独立的 SSB 信号。为了生成每个 SSB 信号,首先使用 FIR 希尔伯特变换滤波器对原始信号进行滤波。随后,其相应的解析信号,即 SSB 形式的信号,是以原始信号为实部,以原始信号的希尔伯特变换为虚部的复信号生成的。通过将其希尔伯特变换作为虚部加或减到原信号上,我们可以决定是需要抵消下边带还是抵消上边带(USB)。通过对两个独立(即不相关的)的 CAP/MB-CAP 信号进行滤波,并每次抵消一个不同的边带来产生两个分析信号,令其相加产生 ISB 信号。还应该指出的是,FIR 希尔伯特变换滤波器估计的是实际的分析信号,因此 ISB-CAP 信号的频谱效率略低于 QAM 调制的信号,因为为了避免信号失真,必须在光载波和 CAP 频带之间留下一个频率间隔。这是由于图 10-15(a)所示的数字希尔伯特滤波器的频率响应,其负频谱成分到正频谱成分之间存在一个过渡带。

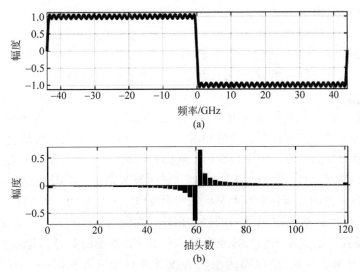

图 10-15　FIR 希尔伯特变换滤波器

(a) 频率响应;(b) 脉冲响应

为了使光 IQ 调制器的输出功率最大化,当偏置在正交点时其驱动信号电压的峰峰值必须为 V_π。然而,由于系统的可变性,如温度变化,组成 IQ 调制器的 MZM 的正交点会随时间变化,所以有时光信号的调制指数大于等于 1,发生过调制,载波相位被反转。因此,在经过光外差拍频和无线传输后,需要实现一个数字科斯塔斯(Costas)环路[62-63]，即使载波受到轻微的抑制(即调制指数略大于 1)，也能始终保证正确的射频载波恢复。

在接收端，我们使用了结合自适应训练算法的数字均衡器。判决反馈均衡器通过消除信道的前馈和后馈冲激响应，部分缓解了信道中的确定性损伤[64]。在光纤传输部分，实现了对色散的抑制；在无线传输部分，实现了对多径效应的抑制。此外，在这两种情况下，DFE 还补偿了由于电子和光学设备的有限带宽以及 IQ 不平衡造成的码间干扰。

产生 ISB 调制信号的主要模块如图 10-16(a)所示。首先，将长度为 $2^{11}-1$ bit 的两个去相关伪随机二进制序列映射到每个边带(上边带 USB 和下边带 LSB)对应的符号星座上，然后将得到的多电平序列上采样，用 CAP 根升余弦(RRC)正交滤波器进行滤波，滤波器滚降系数为 0.03。随后对每个边带的 CAP 信号进行希尔伯特变换，得到 LSB 和 USB 解析信号的 I 分量和 Q 分量。为了避免 FIR 希尔伯特滤波器的过渡频带引起的失真，在基带 CAP 信号的产生过程中，我们在直流(DC)和 CAP 频带的起点之间留下 500 MHz 的频率间隔。

用于传输的激光源是一个自由运行的外腔激光器，其线宽小于 100 kHz，输出功率为 13 dBm，其输出连续光由光 IQ 调制器进行调制。一个具有 22 GHz 电带宽的双通道 88 GSa/s 数/模转换器用来作为驱动光 IQ 调制器的电信号发生器。每个信道都加载了由 FIR 希尔伯特变换滤波器产生的解析信号的 I 分量和 Q 分量。生成的 ISB 光学信号被掺铒光纤放大器(EDFA)放大。功率放大后，通过使用保偏光纤耦合器将 EDFA 的输出分离开，在其中一个输出中添加一条光延迟线来对两个偏振的信号进行去相关，然后使用偏振波束组合器(PBC)再次组合两个偏振态，从而实现偏振复用。

经过 PDM 后，光信号在标准单模光纤中传输超过 25 km。X 偏振和 Y 偏振信号的光谱及其对应的各独立边带如图 10-16(b)所示。在无线传输之前，每一个偏振都是由一个偏振分束器来接收的。我们利用第二个 ECL 作为本振光源，它与发射端的 ECL 有 141 GHz 的相对频率间隔，两路激光在光电探测器上通过光外差拍频产生 D 波段的太赫兹射频载波。仅传输 LSB、仅传输 USB 和同时传输两个边带时，每个边带 22 Gbaud 的信号的光谱比较如图 10-17 所示。

每个偏振态的太赫兹信号首先通过具有 15 dB 增益的 D 波段电放大器进行放大，然后通过两个发射/接收端的喇叭天线对进行无线传输，每个 HA 的增益为 25 dBi。2×2 MU-MIMO 天线的设置如图 10-16(c)所示。经无线传输后，所接收的信号经过两个并行的平衡混频器及两台 112 GHz 的电本振源混频后，下变频至 29 GHz 的中频信号。下变频后的信号被放大并存储在一个具有 65 GHz 带宽和八位垂直分辨率的采样速率为 160 GSa/s 数字存储示波器中，用于进一步离线 DSP。主要的 DSP 接收模块包括由科斯塔斯环路实现载波和相位恢复、CAP 匹配滤波器、下采样构造符号星座以及 DFE 均衡，如图 10-16(d)所示。

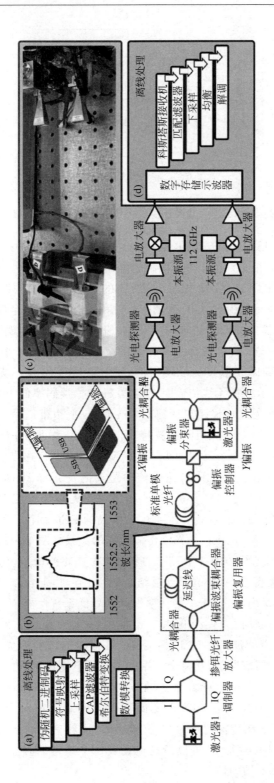

图 10-16　实验装置图

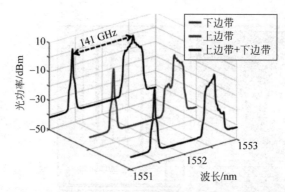

图 10-17　三种偏振方式下每边带传输 22 Gbaud CAP 信号的光谱比较

　　为了体现所提出的 ISB 调制方案的灵活性和在信道容量方面的提升，我们传输了多个 CAP 和 MB-CAP 信号。由于 ISB 调制使得每个边带相互独立，为了清楚地展示我们的结果，我们测量了四组数据，即每个偏振态的 LSB 和 USB 的误码率。

　　在第一次传输中，波特率为 22 Gbaud 的 CAP 信号被分配在两个偏振态和两个边带上。通过在两个偏振态的两个边带中传输 QPSK 符号，我们实现了 176 Gbit/s 的总传输速率。在接收端，数字均衡由一个具有 25 个前馈和 51 个反馈抽头的 DFE 来完成。在固定 SMF 的长度为 25 km 时，测量得到的 BER 与无线传输距离的关系如图 10-18(a) 所示。在无线传输距离为 20 cm 时，误码率低于 7% 的前向纠错阈值 3.8×10^{-3}，而在无线传输距离达到 80 cm 时(仅上边带信号)，误码率低于 20% 的 FEC 阈值 2×10^{-2}。保持相同的波特率，通过大幅增加 DFE 的抽头数系数，使用 51 个前馈抽头和 525 个反馈抽头，16QAM 信号在两个边带的传输可以达到 352 Gbit/s 的总传输速率。BER 与无线传输距离的关系如图 10-18(b) 所示。在无线传输 20 cm 时，BER 低于 7% 的 FEC 阈值。在无线传输距离达到 60 cm 时，只有上边带的两个偏振态信号能够达到低于 20% 的 FEC 阈值。固定无线传输距离为 20 cm 时，测量得到的 BER 与光纤传输距离的关系如图 10-18(c) 所示。对于所有的 SMF 长度，在光纤传输之前，我们通过调整 EDFA 增益，将光电探测器输入端的接收光功率保持在 9 dBm。测量结果表明，在 50 km 以内，BER 低于 FEC 阈值，但在较长的距离内，EDFA 的功率饱和会降低系统性能。

　　在进一步的传输中，我们在两个偏振的边带中都分配了一个 2 频带的 MB-CAP 信号，其中每个频带的波特率为 11 Gbaud。在固定光纤长度为 25 km，并且固定无线距离为 20 cm 的情况下，在每个偏振态和波段下测量得到的 BER 与传输速率的关系如图 10-19(a) 所示。可以看出，在误码率低于 7%FEC 阈值时，我们可以达到 176 Gbit/s 的传输速率，而当误码率低于 20%FEC 阈值时，我们可以达到 286 Gbit/s 的传输速率。在传输速率为 286 Gbit/s 时中频信号的频谱和接收到的 X 偏振星座图如图 10-19(b) 所示，可以清楚地看到每个边带的独立性，以及 D 波段电放大器导致的增益不均匀性。

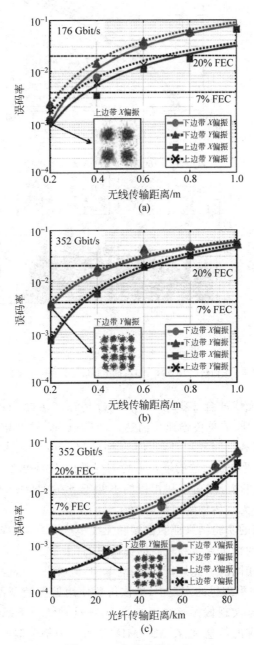

图 10-18　实验结果(一)

(a) 176 Gbit/s 传输时 BER 与无线传输距离的关系;(b) 352 Gbit/s 传输时 BER
与无线传输距离的关系;(c) 352 Gbit/s 传输时 BER 与光纤传输距离的关系

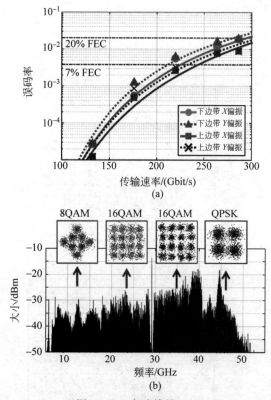

图 10-19 实验结果(二)

（a）BER 与传输速率的关系曲线；（b）286 Gbit/s 的中频信号电谱和 X 偏振态的接收信号星座图

我们通过光纤无线融合 2×2 MU-MIMO 传输产生的 ISB 调制信号，并进行了实验验证，在 D 波段的总传输速率高达 352 Gbit/s。这些结果是通过高频谱效率的调制、偏振复用和空间复用，即我们的 MU-MIMO 系统来实现的。主要的传输损耗是由于 D 波段电放大器的增益不均匀导致的不同边带性能、高自由空间路径损失、和光 IQ 不平衡，即功率和相位的不匹配。在实验中，由于缺少 D 波段的信号放大器，我们的无线传输距离被限制在 1m 以内。

另一方面，我们的实验结果证明偏振和无线串扰在系统中基本上不存在问题。由于采用了高定向的喇叭天线和较高的偏振隔离（大于 25 dB），两种偏振态的边带的误码率实际上是相同的。此外，所使用的 DFE 能够进一步缓解剩余的偏振模色散（PMD）。另外，在更理想的实现中，应该避免使用偏振控制器，并通过数字半径定向均衡器（RDE）来实现偏振解复用。然而，在这种情况下每个接收机或用户都能接收到两个偏振态的信息，但在 MU-MIMO 系统中每个偏振态信号被传送给不同的用户。通常，偏振状态（SOP）的变化率可达 50 kHz，商用的高速自动偏振控制器可用于跟踪这些变化并稳定 SOP。

在我们的传输中，由于希尔伯特变换的需要，IQ 不平衡降低了 ISB 调制的性能。理想情况下，I 分量和 Q 分量之间有一个完美的 π/2 相移，然而在实际实验的过程中,这个条件很难总是满足,因此,边带之间的镜像串扰总是存在的。

我们以 352 Gbit/s 的速率传输时的镜像效应如图 10-20 所示。在我们将 DEF 滤波器的反馈抽头数系数增加到 525 时,能够补偿 IQ 不平衡效应,并且能够获得低于 FEC 阈值的误码率,这是由于 IQ 分量的相关性,可以参考文献[65]。在我们的 352 Gbit/s 的传输的特殊情况下,尽管每个边带的符号序列在其产生和传输过程中我们都有意将它们去相关,但这些信号仍然是相关的。这是由于在每个边带使用的伪随机二进制序列是基于相同的多项式生成器[65]生成的,并且在两个边带使用了相同的符号星座。

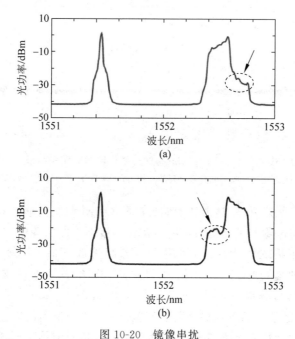

图 10-20　镜像串扰

(a) 下边带镜像串扰;(b) 在 352 Gbit/s 的传输中由于光 IQ 不平衡导致的上边带镜像串扰

一段每个边带接收到的符号序列的互相关如图 10-21(a)所示,大约在第 500 个符号处表现出很强的相关性。图 10-21(b)为 DFE 反馈均衡器系数的实部。与预期一样,525 个反馈抽头可以补偿 IQ 相关带来的镜像串扰。值得注意的是,通过适当的 IQ 不平衡补偿,均衡复杂度可以大大降低。

10.3.2　D 波段的 1 Tbit/s 太赫兹信号无线传输

我们利用光子辅助技术、无线 MIMO 和 PS 技术,实验演示了 D 波段超过 3.1 m 距离的 4×4 MIMO-PS-64QAM 太赫兹信号的无线传输,总传输速率为 1.056 Tbit/s,误码率为 $4×10^{-2}$[66]。除了 PS 技术,其他先进的数字信号处理技术,包括奈奎斯特整形和查找表预失真,也被用来提高系统性能。据我们所知,这是第一次实现速率高于 1 Tbit/s 的太赫兹信号的无线传输。

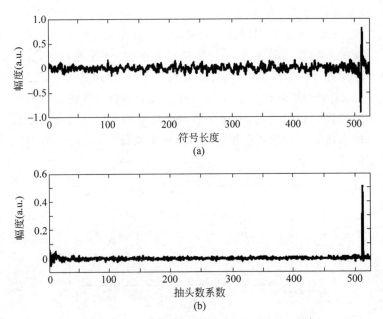

图 10-21　以 352 Gbit/s 的速率传输时的实验结果

(a) 各边带接收到的符号序列的互相关；(b) DFE 反馈均衡的实部

由 10.2.3 节所述，概率整形技术结合高阶 QAM 调制能够有效消除信道中的非线性损失，提高传输容量和传输距离。在我们接下来的实验中，为了更好地平衡 PS 信号的开销和系统性能，我们使用了信息熵为 5.5bit/（符号·偏振）的 PS-64QAM 调制，即 64QAM-PS5.5 信号调制，实现方法见参考文献[53]-[55]。64QAM-PS5.5 信号调制的 PAM 电平分布为[0.41,0.32,0.19,0.08]。

随着光纤传输速率的不断提高，光纤传输系统和光子辅助太赫兹传输系统中用于信号调制、放大和检测的带宽受限的器件所引起的依赖于模式的非线性畸变越来越多。模式相关的非线性失真会引入原发射信号的二阶甚至高阶谐波，从而降低系统的性能。LUT 预失真被认为是解决这一问题的一个有希望的候选方案，特别是对于有限状态的高电平 QAM 信号[67-70]。

图 10-22 给出了 PS-64QAM 调制系统的 LUT 预失真原理。PS-64QAM 信号的同相分量和正交分量的模式相关非线性失真可以分别通过查找表的同相分量和正交分量来降低，而查找表的同相分量和正交分量是通过提前传输已知的 PS-64QAM 调制训练符号序列产生的。由于 PS-64QAM 符号的同相分量和正交分量可以看作是两个独立的 PAM 符号，所以在下面的描述中只考虑 PS-64QAM 符号的同相分量或正交分量。

利用固定长度为 $2M+1$ 的滑动窗口，从已知的训练符号序列中选择模式符号序列，形成 LUT 的索引。因此，LUT 应该有 8^{2M+1} 个索引，已知的训练符号序列应该足够长，能够覆盖所有可能的 8^{2M+1} 个模式，以便尽可能准确地估计信道响

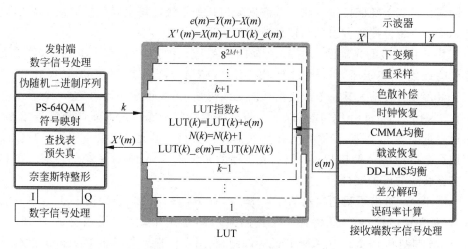

图 10-22　LUT 预失真的原理及基于发射端和接收端的数字信号处理技术

应。在初始时,我们将 LUT 的所有元素都设置为零。设 $X(m-M:m+M)$ 表示以 $X(m)$ 为中心符号的传输符号模式序列,而 $Y(m-M:m+M)$ 表示以 $Y(m)$ 为中心符号的在接收端恢复的对应信号。$X(m-M:m+M)$ 和 $Y(m-M:m+M)$ 都有一个固定的长度 $2M+1$,对应于 LUT 中的索引 k。$Y(m)$ 和 $X(m)$ 之间的差,即 $e(m)=Y(m)-X(m)$,被存储到 LUT 中 k 索引下的条目。随着滑动窗口的不断移动,滑动窗口移动到已知训练符号序列的最后一个符号时,越来越多的值被存储到 LUT 中。LUT 中 k 索引下存储的最终值计算过程为

$$LUT(k)=LUT(k)+e(m) \tag{10-2}$$
$$N(k)=N(k)+1 \tag{10-3}$$
$$LUT(k)\_e(m)=LUT(k)/N(k) \tag{10-4}$$

式中,$LUT(k)$ 和 $LUT(k)\_e(m)$ 分别表示在 LUT 中索引为 k 时 LUT 元素的更新值和最终值。$N(k)$ 为在 LUT 索引为 k 时跟踪到的存储在 LUT 中的值的数量。根据存储在 LUT 中的所有值的平均值,我们可以最终创建这样的一个索引表格。随后,我们可以根据 LUT 索引中的 k 值查找到对应符号模式的预失真,得到最终我们需要在发送端发送的符号 $X'(k)=X(k)-LUT(k)\_e(m)$。增加模式的长度 $2m+1$,预失真的准确性将会改善,但计算复杂性的成本大幅增加。因此,为了更好地平衡 LUT 预失真精度和计算复杂度,我们在后续的实验中选择了合适的模式长度 9。

图 10-22 还给出了接下来实验中使用的基于发送端和接收端的数字信号处理的详细过程。基于发送端的 DSP 包括伪随机二进制序列生成、PS-64QAM 映射、LUT 预失真和奈奎斯特整形。奈奎斯特整形是由一个滚出系数为 0.1 的根升余弦函数来实现的。基于接收端的 DSP 包括下变频转换、重采样、色散补偿、时钟恢复、CMMA 均衡、载波恢复、DD-LMS 均衡、差分解码和误码率计算。其中采用的

时钟恢复是基于峰值搜索方法。载波恢复包括基于快速傅里叶变换方法的频偏估计和基于盲相位搜索方法的前馈载波相位估计。

基于 D 波段的光辅助无线 2×2 MIMO 系统,我们实验研究了 PS 技术对系统性能的改善。实验证明,通过使用 PS-64QAM 调制,我们可以实现速率为 352 Gbit/s 的矢量太赫兹单载波信号的无线传输,无线传输距离可达 3.1 m,误码率在 $4×10^{-2}$ 的 SD-FEC 阈值以下。与传统的均匀分布 64QAM 调制信号相比,信道容量提升了 47%,传输距离有 94% 的提升。我们也通过实验研究了在 D 波段使用奈奎斯特整形和 LUT 技术后,光子辅助无线 2×2 MIMO 系统的性能改善和太赫兹载波的可扩展性。

图 10-23 给出了我们演示的在 2×2 MIMO 系统中的光子辅助 D 波段单载波太赫兹信号传输的实验装置。在我们演示的系统中,我们使用普通的 PDM-64QAM 调制和 PDM-64QAM-PS5.5 调制,利用光远程外差产生 D 波段的单载波太赫兹信号。我们使用两个自由运行的外腔激光器,即光发射端的激光器 1 和无线发射端的激光器 2,分别提供光载波和本振光源。我们固定激光器 1 的工作频率,同时调整激光器 2 的工作频率,生成频率范围在 124～152 GHz 的 D 波段太赫兹载波。我们使用的两个激光器的线宽都小于 100 kHz。

在光发射端,激光器 1 产生的连续光波首先通过 IQ 调制器由一个六电平电信号调制,随后由保偏掺铒光纤放大器进行放大,最后由偏振复用器进行偏振复用,生成一个均匀 PDM-64QAM 调制的光基带信号或一个 PDM-64QAM-PS5.5 调制的光基带信号。用作驱动信号的六电平电信号采用普通的 64QAM(6bit/(Symbol·偏振态))调制或 64QAM-PS5.5 调制,它由一个采样速率为 64 GSa/s 的数/模转换器产生,并由两个并行的电放大器放大。我们使用的 IQ 调制器的 3 dB 带宽为 32 GHz,在 1 GHz 时具有 2.3V 半波电压。IQ 调制器中的两个平行的 MZM 都偏置在零点,IQ 调制器上支路和下支路之间的相位差固定在 π/2。偏振多路复用器包含一个将信号分为两个分支的保偏光纤耦合器,一臂上的用来提供 150 符号时延的光延迟线(DL),另一臂上用来平衡两支路光功率的光衰减器,以及用来重组信号的偏振波束组合器。随后,我们将生成的光基带信号通过 10 km 的标准单模光纤传输,该光纤在 1550 nm 处的色散系数为 17 ps/(nm·km)。

在无线发射端,接收到的光基带信号经过偏振控制器,然后经过光的偏振分集。光的偏振分集是由一个本振光、一个偏振分束器和三个保偏光纤耦合器实现的。在这里,PBS 将接收到的光基带信号的 X 偏振和 Y 偏振分量完全分离。随后,生成的 X 偏振和 Y 偏振光太赫兹信号由两个并行的掺铒光纤放大器放大,通过两个并行的光耦合器,并最终由两个并行的单向载流子光电探测器转换为两个并行的 D 波段太赫兹信号,它可以被视为一个采用均匀 PDM-64QAM 调制或 PDM-64-QAM-PS5.5 调制的电太赫兹单载波信号。值得注意的是,用于探测光偏

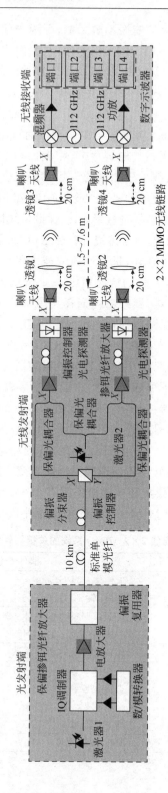

图 10-23　光子辅助 D 波段单载波太赫兹信号 2×2 MIMO 无线传输系统

振复用信号的理想光电探测器应该是偏振不敏感的,因为光偏振复用信号在正交偏振下包含两个信号分量(X偏振和Y偏振)。然而,在我们的实验中使用的D波段PD的光纤尾纤是保偏光纤。在实验中,我们在每个D波段的PD之前加入偏振控制器来调整偏振方向,以获得每个PD的最大输出。在本实验中,各D波段PD均在110~170 GHz的频率范围内工作,直流偏置为-2V,输出功率为-7 dBm。

随后,我们将生成的单载波矢量太赫兹信号在D波段通过1.5~7.6 m的$2×2$ MIMO无线链路传输。在我们的无线传输链路中,X偏振和Y偏振的无线传输链路是平行的,两对D波段的喇叭天线处于相同的天线偏振状态,即水平偏振(H偏振)或垂直偏振(V偏振)。每个D波段的喇叭天线具有25 dBi增益,3 dB波束宽度为10°。我们使用两对透镜对太赫兹信号进行聚焦,以保证无线接收端接收到的无线功率最大化。所有的透镜都是相同的,每个透镜的直径是10 cm,焦距是20 cm,每个镜头与相应的喇叭天线的距离是20 cm,每个透镜的插入损耗小于0.1 dB。我们测量了在140 GHz下,与没有无线传输的情况相比,3.1 m的无线传输所带来的功耗损耗,在这里已经去掉了喇叭天线,测得功耗损耗约为7.5 dB。因此,我们可以由$20\lg(4\pi D/\lambda)$计算出相应的无线路径损耗约为85.2 dB。因此,在这种情况下,一对透镜至少可以带来大约27.7 dB($85.2-7.5-25×2=27.7$)的功率增益。

在无线接收端,我们首先使用两个并行的D波段混频器对接收到的X偏振和Y偏振的太赫兹电信号进行模拟下变频。每个D波段混频器由112 GHz的正弦波LO源驱动,大约有9.5 dB的转换损耗。随后,两个并联的功率放大器对下变频后的X偏振和Y偏振的中频信号进行放大,放大器的增益为33 dB,饱和输出功率为14 dBm,工作频率范围为DC约50 GHz。随后,我们利用数字存储示波器的两个采样速率为160 GSa/s模/数转换器信道同时捕获下变频后的X偏振和Y偏振的中频信号。每个160 GSa/s模/数转换器信道都有65 GHz的电带宽。表10-1列出了D波段光子辅助无线$2×2$ MIMO系统的关键器件和器件参数。

表 10-1 D波段光子辅助无线 2×2 MIMO 系统的关键器件及器件参数

器件名称	器件参数
数/模转换器	采样率: 64 GSa/s
	电带宽: 13 GHz
IQ 调制器	1 GHz 时的半波电压: 2.3 V
	3 dB 光带宽: 32 GHz
标准单模光纤	1550 nm 处的色散系数: 17 ps/(nm·km)
D 波段光电探测器	工作频率范围: 110~170 GHz
	直流偏置: -2 V
	输出功率: -7 dBm
D 波段喇叭天线	增益: 25 dBi
	3 dB 波束宽度: 10°

续表

器件名称	器件参数
透镜	直径：10 cm
	焦距：20 cm
	插入损耗：＜0.1 dB
	与对应喇叭天线的距离：20 cm
D 波段混频器	直流偏置：5 V
	转换损失：约 9.5 dB
	驱动本振光源频率：112 GHz
功率放大器	增益：33 dB
	饱和输出功率：14 dBm
	工作频率范围：DC 约 50 GHz
数字存储示波器	采样率：160 GSa/s
	电带宽：65 GHz

　　我们首先测量了在不使用奈奎斯特整形和 LUT 预失真的情况下，系统 BER 性能与各 PD 的输入功率的关系，如图 10-24、图 10-25 和图 10-26 所示。图 10-24、图 10-25 和图 10-26 所采用的太赫兹载波频率均为 140 GHz，对应的是在无线接收端经过模拟下变频后的 28 GHz 中频。图 10-24 给出了在相同的波特率和传输速率下，在 1.6 m 的无线传输场景下，均匀的 PDM-64QAM 信号和 PDM-64QAM-PS5.5 信号的性能对比。在这里，对于均匀的 PDM-64QAM 信号，20 Gbaud 对应的传输速率为 240 Gbit/s，而对于 PDM-64QAM-PS5.5 信号，20 Gbaud 和 22 Gbaud 分别对应的传输速率为 220 Gbit/s 和 242 Gbit/s。从图 10-24 可以看出，与均匀 PDM-64QAM 相比，无论是在 20 Gbaud 的相同波特率下，还是在 240 Gbit/s 的相同传输速率下，PDM-64QAM-PS5.5 信号在更大的光信噪比范围内都具有更好的误码率性能。

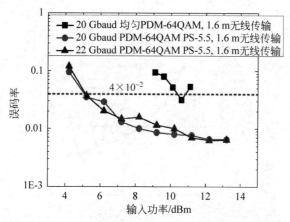

图 10-24　相同的波特率和传输速率下，在 1.6 m 无线传输距离时，均匀 PDM-64QAM 信号和 PDM-64QAM-PS5.5 信号的性能比较

图 10-25 为在相同的 1.5 m 无线距离下，不同波特率的 PDM-64QAM-PS5.5 信号的性能对比。从图 10-25 可以看出，随着传输波特率的增加，能够使误码率满足 $4×10^{-2}$ 的 SD-FEC 阈值的 OSNR 范围变小。从图 10-25 还可以看出，在 SD-FEC 阈值为 $4×10^{-2}$ 的情况下，在信号的载波频率为 140 GHz 时，速率高达 32 Gbaud($32×5.5×2$ Gbit/s＝352 Gbit/s)的 PDM-64QAM-PS5.5 信号可以在 1.5 m 的无线距离内传输，且 BER 值为 $4×10^{-2}$。

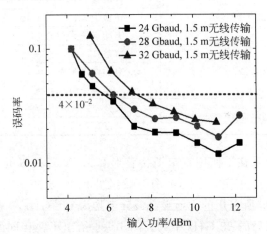

图 10-25   PDM-64QAM-PS5.5 信号在相同的 1.5 m 无线距离下传输不同波特率的性能比较

图 10-26 为不同无线传输距离的 PDM-64QAM-PS5.5 信号在相同波特率为 32 Gbaud 的情况下的性能对比。从图 10-26 可以看出，随着无线传输距离的增加，能够使误码率满足 $4×10^{-2}$ 的 SD-FEC 阈值的 OSNR 范围明显变小。从图 10-26 还可以看出，在 SD-FEC 阈值为 $4×10^{-2}$ 的情况下，在载波频率为 140 GHz 时，32 Gbaud($32×5.5×2$ Gbit/s＝352 Gbit/s)的 PDM-64QAM-PS5.5 信号可以在高达 3.1 m 的无线距离内传输，误码率为 $4×10^{-2}$。因此，使用 PS-64QAM 调制

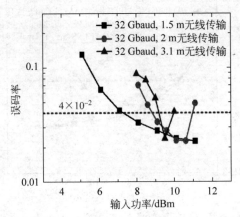

图 10-26   相同波特率 32 Gbaud 下，传输不同无线距离时 PDM-64QAM-PS5.5 信号的性能比较

相比于使用正常的 64QAM 调制格式,在超过 1.6 m 无线距离的情况下,使用速率为 240 Gbit/s 的单载波太赫兹信号传输,可以带来 47% 的容量提升和 94% 的距离提升,如图 10-24 所示。

　　进一步通过实验评估了将 24 Gbaud 的 PDM-64QAM-PS5.5 信号传输超过 7.6 m 无线距离的情况下,采用 LUT 预失真和滚降系数为 0.1 的奈奎斯特整形 (NQ-0.1)的性能改进,如图 10-27(a)所示。在这里我们使用的是 126 GHz 的太赫兹载波频率,对应的是在无线接收端经过模拟下变频后的 14 GHz 中频信号。我们采用模式长度为 9 LUT 进行预失真,在 126 GHz 的载波频率和 3.1 m 的无线距离下,传输 24 Gbaud 的 PDM-64QAM-PS5.5 信号,每个 PD 的输入功率为 9.9 dBm。从图 10-27(a)可以看出,使用 LUT 预失真和滚降系数为 0.1 的奈奎斯特整形滤波器可以在更大的 OSNR 范围内获得更好的误码率性能,因为奈奎斯特整形可以克服数字存储示波器的截止效应,而 LUT 预失真可以对信号分量的非线性进行预补偿。从图 10-27(a)还可以看出,如果将 24 Gbaud 的 PDM-64QAM-PS5.5 信号的无线传输距离从 7.6 m 减小到 3.1 m,采用 LUT 预失真和 NQ-0.1 后,可以在更大的 OSNR 范围内获得更好的误码率性能。图 10-27(b)为恢复出的

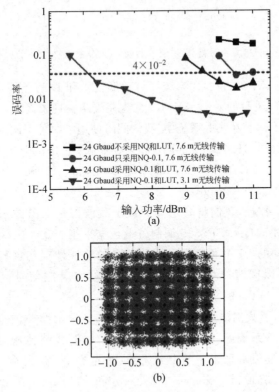

图 10-27　实验结果

　　(a) 采用或不采用 NQ-0.1/LUT 的 64QAM-PS5.5 信号的性能比较;(b) 恢复出的 X 偏振 64QAM-PS5.5 信号星座图

X 偏振的 64QAM-PS5.5 信号星座图,我们将 24 Gbaud PDM-64QAM-PS5.5 信号在 3.1 m 无线距离内传输,对应的输入功率为 10.4 dBm,误码率为 4.14×10^{-3}。

图 10-28 给出了经过 7.6 m 无线传输后,测得的 24 Gbaud 的 PDM-64QAM-PS5.5 信号的 BER 性能与太赫兹载波频率之间的关系,在这里同时使用了 LUT 预失真和滚降系数为 0.1 的奈奎斯特整形,并且每个 PD 的输入功率固定在 10 dBm。从图中可以看出,当太赫兹载波频率从 124 GHz 变化到 152 GHz 时,误码率性能相对稳定。

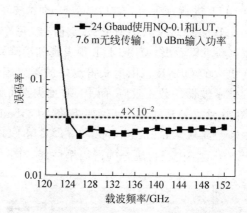

图 10-28　测量得到的 BER 性能与太赫兹载波频率的关系

利用 PS-64QAM 调制技术、奈奎斯特整形技术和 LUT 预失真技术,我们使用光子辅助方式在 D 波段的 4×4 MIMO 系统上成功实现了高于 1 Tbit/s 的矢量太赫兹信号的无线传输。在实验系统中,我们同时使用了两种不同的 D 波段太赫兹载波频率,分别为 124.5 GHz 和 150.5 GHz,这两种频率正好位于 D 波段系统的可扩展频率范围内(124~152 GHz),如图 10-28 所示。124.5 GHz 和 150.5 GHz 的太赫兹载波可分别携带高达 24 Gbaud($24 \times 5.5 \times 2$ Gbit/s $=$ 264 Gbit/s)的 PDM-64QAM-PS5.5 调制的矢量数据,我们将其定义为双副载波矢量太赫兹信号。我们使用的 24 Gbaud 的 PDM-64QAM-PS5.5 调制矢量数据采用 NQ-0.1 来抑制载波间干扰,并采用与上文相同的 LUT 预失真对两路分量的非线性损伤进行预补偿。基于光远程外差技术,可以同时产生两个双副载波矢量太赫兹信号,以达到 $264 \times 2 \times 2$ Gbit/s $=$ 1.056 Tbit/s 的总数据容量。

图 10-29 给出了我们演示的大于 1 Tbit/s 的光子辅助 D 波段矢量太赫兹信号传输的实验装置,该系统可以实现 4×4 MIMO 传输,无线传输距离为 3.1 m。在此实验系统中,光发射端采用了四个激光器(激光器 1~激光器 4),它们分别工作在 1550.908 nm、1551.118 nm、1553.133 nm 和 1553.343 nm 处,用来提供光载波。激光器 5 和激光器 6 均工作在 1552.118 nm,用于在无线发射端提供本振光源。激光器 1~激光器 6 都是自由运行的,它们的线宽都小于 100 kHz。在此实验系统中,使用了与表 10-1 相同的器件,它们具有相同的器件参数。

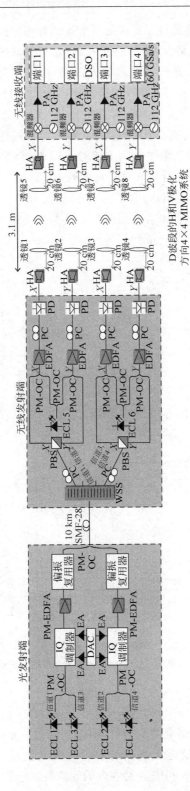

图 10-29　速率高于 1 Tbit/s 的光子辅助 D 波段矢量太赫兹信号 4×4 MIMO 无线传输系统

在光发射端,激光器 1 和激光器 3 生成的两个连续光波(分别标记为信道 1 和信道 3)首先由保偏光纤耦合器耦合,然后通过一个 IQ 调制器被 24 Gbaud 的六电平电信号调制,随后由保偏掺铒光纤放大器放大,最后由偏振复用器复用,生成一个双通道的光 PDM-64QAM-PS5.5 信号,信道间隔为 275 GHz(124.5+150.5=275)。对激光器 2 和激光器 4 产生的两个连续光波(分别标记为信道 2 和信道 4)进行相同的操作,生成另一个具有 275 GHz 信道间距的双通道光 PDM-64QAM-PS5.5 信号。每个 24 Gbaud 的六电平驱动电信号采用 64QAM-PS5.5 调制,使用了 NQ-0.1 滤波器,我们还对其进行了 9 模式长度的 LUT 预失真。

随后,将产生的两个双通道光 PDM-64QAM-PS5.5 信号用保偏光纤耦合器进行耦合,随后以 2.9 dBm 的光功率将组合光信号从光发射端发送到无线发射端,在单模光纤上的传输长度超过 10 km,测量到的光谱(0.02 nm 分辨率)如图 10-30(a)所示。

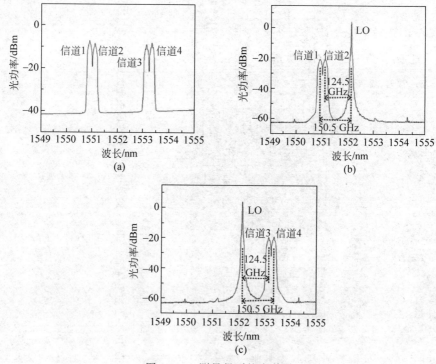

图 10-30　测量得到的光谱图

(a) 光发射端的信号光谱图;(b) 信道 1 和信道 2 对应的光偏振分集信号光谱图;(c) 信道 3 和信道 4 对应的光偏振分集信号光谱图

在无线发射端,接收到的光信号经过最小网格为 10 GHz 的 1×4 可编程波长选择性开关,随后被分成两个双副载波光信号,即包括信道 1 和信道 2 在内的双副载波光信号以及包括信道 3 和信道 4 在内的双副载波光信号。经过偏振控制器后,包括信道 1 和信道 2(或信道 3 和信道 4)在内的双副载波光信号随后经过光的偏振分集操作。然后,生成的 X 偏振和 Y 偏振双副载波光太赫兹信号由两个并行的掺铒光纤放大器放大,通过两个并行的偏振控制器,最后由两个 D 波段的光电探测器转换成两个双副载波太赫兹信号,它可以被认为是一种采用 PDM-64QAM-PS5 调制的双副载波电太赫兹信号,两个太赫兹载波频率分别为 124.5 GHz 和 150.5 GHz。从工作波长的角度看,本振光源,即激光器 5 或激光器 6,位于信道 1 和信道 4(或信道 2 和信道 3)的中心。图 10-30(b)和(c)分别给出了经过信道 1 和信道 2 以及信道 3 和信道 4 的光偏振分集操作后测量得到的 X 偏振光谱,分辨率为 0.02 nm。

　　然后,将生成的两个双副载波电太赫兹信号通过 3.1 m 的 4×4 MIMO D 波段无线太赫兹传输链路进行传输。这四个无线传输链路是平行的,两对水平偏振的 D 波段喇叭天线用来传输对应于信道 1 和信道 2 的双副载波电太赫兹信号,而另外两对垂直偏振的 D 波段喇叭天线用来传输对应于信道 3 和信道 4 的双副载波电太赫兹信号。我们使用了四对透镜对太赫兹信号进行聚焦,使无线接收端接收到的无线功率最大。

　　在无线接收端,首先对接收到的两个双副载波太赫兹信号使用四个并行的 D 波段混频器进行模拟下变频,随后,下变频后的双副载波中频信号每个都携带 12.5 GHz 和 38.5 GHz 副载波频率,由四个并行的功率放大器进行增强。然后,我们使用数字存储示波器的四个采样速率为 160 GSa/s 的模/数转换器来同时捕获两个下变频后的双副载波中频信号。

　　图 10-31(a)~(c)分别给出了 D 波段的 3.1 m 无线传输链路以及无线发射端和无线接收端的照片。值得注意的是,D 波段的光电探测器、喇叭天线和混频器都具有相对较小的尺寸,这将有助于 D 波段光电探测器和喇叭天线在无线发射端的集成,以及 D 波段的喇叭天线和混频器在无线接收端的集成。但是,在我们的实验系统中,使用了具有一定直径的透镜,这需要四个发射机(接收机)之间有一定的距离,以保证每个无线传输路径的无线信号能够聚焦,而不受其他无线传输路径的干扰。因此,无线发射端和接收端组件的布局相对分散,这可能会阻碍实验系统的集成。当我们考虑紧凑的尺寸和系统集成时,使用 D 波段的宽带放大器将比透镜更好。

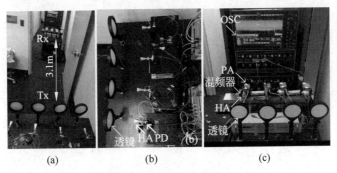

图 10-31　实验装置照片

(a) D 波段 3.1 m 无线传输链路;(b) 无线发射端照片;(c) 无线接收端照片

我们测量了在 4×4 MIMO 无线通信系统中同时传输两个双副载波 PDM-64QAM-5.5 调制的矢量太赫兹信号时,系统的误码率性能,如图 10-32(a)所示。我们发送的两个双副载波 PDM-64QAM-PS5.5 调制的矢量太赫兹信号的总波特率为 24×2×2 Gbaud＝96 Gbaud,总传输速率 96×5.5×2 Gbit/s＝1.056 Tbit/s,可传输超过 3.1 m 的无线距离,误码率低于 $4×10^{-2}$ 的 SD-FEC 阈值。值得注意的是,$4×10^{-2}$ 的 SD-FEC 阈值需要 27% 的 FEC 开销,而 64QAM-PS5.5 调制引入了 $(6-5.5)÷5.5×100\%＝9\%$ 的 PS 开销。当去掉 SD-FEC 和 PS 开销后,对应的净传输速率是 $1056÷(1＋27\%)÷(1＋9\%)$ Gbit/s＝762.2 Gbit/s。图 10-32(b)为捕获到的 X 偏振双副载波中频信号,对应于信道 1 和信道 2 的输入功率为 10.5 dBm。

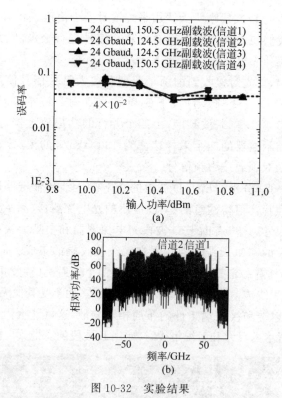

图 10-32　实验结果

(a) 双副载波 PDM-64QAM-PS5.5 太赫兹信号在 4×4 MIMO 无线传输系统中的误码率性能;(b) 示波器采集到的输入功率为 10.5 dBm 时对应于信道 1 和信道 2 的 X 偏振双副载波中频信号的电谱图

10.4　本章小结

本章主要介绍了我们在大容量太赫兹信号传输方面的技术及主要研究进展。在大容量太赫兹信号传输方面,可以使用光子辅助方法生成太赫兹信号,这种结构较为方便、易于集成。此外,多维复用方式的结合,包括 MIMO 空间复用技术、光的偏振复用技术、多载波调制技术以及天线偏振复用技术,能扩充信号的维度,大幅提升传输容量。高阶 QAM 调制由于其固有的高频谱效率,也能很好地提升系统容量,然而高阶 QAM 外围的信号很容易受信道中非线性失真的影响,为此我们将概率整形技术与高阶 QAM 调制结合在一起,能有效降低非线性失真的程度。先进的 DSP 算法也能够有效提升传输容量和传输距离。

本章的后半部分详细介绍了我们的主要研究进展,包括实验设置和实验结果两个方面。在大容量太赫兹通信领域,我们目前的主要进展包括:

(1) 实验证明了一个支持超高容量的 D 波段太赫兹传输系统,我们提出的方案应用了独立边带调制和多波段调制方案,使用多带无载波幅度相位调制格式达到了高达 352 Gbit/s 的传输速率。

(2) 实验演示了一个 D 波段(110~170 GHz)的 4×4MIMO PS-64QAM 太赫兹信号的光子辅助无线信号传输系统,无线传输距离为 3.1 m,总传输速率为 1.056 Tbit/s,误码率为 4×10^{-2}。采用先进的数字信号处理技术,包括概率整形、奈奎斯特整形和查找表预失真,能够大大提高传输容量和距离以及系统性能。据我们所知,这是第一次实现高于 1 Tbit/s 速率的太赫兹信号无线传输。

参 考 文 献

[1] PAHLAVAN K, LEVESQUE A H. Wireless information networks[M]. New Jersey: John Wiley & Sons, 1995.

[2] GOLDSMITH A. Wireless communications[M]. Cambridge: Cambridge University Press, 2005.

[3] LI X, YU J, ZHANG J, et al. A 400G optical wireless integration delivery system[J]. Opt. Express, 2013, 21(16): 18812-18819.

[4] YU J, LI X, CHI N. Faster than fiber: over 100-Gbit/s signal delivery in fiber wireless integration system[J]. Optics Express, 2013, 21 (19): 22885-22904.

[5] LI X, DONG Z, YU J, et al. Fiber wireless transmission system of 108-Gbit/s data over 80-km fiber and 2×2 MIMO wireless links at 100GHz W-band frequency[J]. Opt. Lett., 2012, 37(24): 5106-5510.

[6] GRASSI F, JOSÉ M, ORTEGA B, et al. Radio over fiber transceiver employing phase modulation of an optical broad band source[J]. Opt. Express, 2010, 18: 21750-21756.

[7] FICE M J, ROUVALIS E, DIJK F V, et al. 146-GHz millimeter-wave radio-over-fiber photonic wireless transmission system[J]. Opt. Express, 2012, 20(2): 1769-1774.

[8] CAO Z, SHEN L, JIAO Y, et al. 200 Gbps OOK transmission over an indoor optical wireless link enabled by an integrated cascaded aperture optical receiver[C]. Proc. ECOC, 2017.

[9] JIA C, YU J, ELLINAS G, et al. Key enabling technologies for optical-wireless networks: optical millimeter-wave generation, wavelength reuse, and architecture[J]. J. Lightwave

Technol. ,2007,25(11): 3452-3471.

[10] LI X, YU J, CHI N, et al. Optical-wireless-optical full link for polarization multiplexing quadrature amplitude/phase modulation signal transmission[J]. Opt. Lett. ,2013,38 (22): 4712-4715.

[11] SAVORY S. Digital filters for coherent optical receivers[J]. Opt. Express,2008,16(2): 804-817.

[12] WINZER P. High-spectral-efficiency optical modulation formats [J]. J. Lightw. Technol. ,2012,30(24): 3824-3835.

[13] ZHANG J, LI X, DONG Z. Digital nonlinear compensation based on the modified logarithmic step size[J]. J. Lightw. Technol. ,2013,31(22): 3546-3555.

[14] IP E, KAHN J M. Feedforward carrier recovery for coherent optical communications[J]. J. Lightw. Technol. ,2007,25(9): 2675-2692.

[15] ZHOU X, YU J. Multi-level,multi-dimensional coding for high-speed and high-spectral-efficiency optical transmission[J]. J. Lightw. Technol. ,2009,27(16): 3641-3653.

[16] YU J, ZHANG J. Recent progress on high-speed optical transmission [J]. Digital Communications and Networks,2016,2(2): 65-76.

[17] RAZAVI B. Design of millimeter-wave CMOS radios: a tutorial[J]. IEEE Transactions on Circuits and Systems I: Regular Papers,2009,56(1): 4-16.

[18] HEYDARI B, BOHSALI M, ADABI E, et al. Millimeter-wave devices and circuit blocks up to 104 GHz in 90 nm CMOS[J]. IEEE Journal of Solid-State Circuits,2007,42(12): 2893-2903.

[19] OKADA K. Challenges toward millimeter-wave CMOS circuits enhanced by design techniques[C]. IEEE International Electron Devices Meeting,2013.

[20] TOKGOZ K K, MAKI S, PANG J, et al. A 120Gbit/s 16QAM CMOS millimeter-wave wireless transceiver[C]. IEEE International Solid-State Circuits Conference,2018.

[21] CHI T, PARK J S, LI S, et al. A 64GHz full-duplex transceiver front-end with an on-chip multifeed self-interference-canceling antenna and an all-passive canceler supporting 4Gbit/s modulation in one antenna footprint [C]. EEE International Solid-State Circuits Conference,2018.

[22] RIO D D, YOON D, CHEN F, et al. Multi-Gbps tri-band 28/38/60-GHz CMOS transmitter for millimeter-wave radio system-on-chip[C]. IEEE MTT-S International Microwave Symposium,2019.

[23] LI X, YU J. Generation and heterodyne detection of >100-Gbit/s Q -band PDM-64QAM mm-wave signal[J]. IEEE Photon. Technol. Lett. ,2017,29(1): 27-30.

[24] LI X, XU Y, YU J. Over 100-Gbit/s V-band single-carrier PDM-64QAM fiber-wireless-integration system[J]. IEEE Photon. J. ,2016,8(5): 1-7.

[25] YU J, LI X, ZHANG J, et al. 432-Gbit/s PDM-16QAM signal wireless delivery at W-band using optical and antenna polarization multiplexing[C]. Proc. ECOC,Cannes,2014.

[26] LI X, YU J, XIAO J, et al. Photonics-aided over 100-Gbaud all-band (D-,W- and V-band) wireless delivery[C]. Proc. ECOC,2016.

[27] LI X, YU J, ZHAO L, et al. 1-Tb/s photonics-aided vector millimeter-wave signal wireless delivery at D-band[C]. Proc. OFC,2018.

[28]　LI X，DONG Z，YU J，et al. Demonstration of ultra-high bit rate fiber wireless transmission system of 108-Gbit/s data over 80-km fiber and 2×2 MIMO wireless links at 100GHz W-band frequency[C]. Proc. OFC,2013.

[29]　DONG Z，YU J，LI X，et al. Integration of 112-Gbit/s PDM-16QAM wireline and wireless data delivery in millimeter wave RoF system[C]. Proc. OFC,2013.

[30]　ZHANG J，YU J，CHI N，et al. Multichannel 120-Gbit/s data transmission over 2 × 2 MIMO fiber-wireless link at W-band[J]. IEEE Photon. Technol. Lett.,2013,25(8): 780-783.

[31]　LI X，YU J，ZHANG J，et al. Doubling transmission capacity in optical wireless system by antenna horizontal-and vertical-polarization multiplexing[J]. Opt. Lett.,2013,38 (12): 2125-2127.

[32]　LI X，YU J，ZHANG J，et al. Antenna polarization diversity for 146Gbit/s polarization multiplexing QPSK wireless signal delivery at W-band[C]. Proc. OFC,2014.

[33]　LI X，YU J，CAO Z，et al. Ultra-high-speed fiber-wireless-fiber link for emergency communication system[C]. Proc. OFC,2014.

[34]　LI X，YU J，XIAO J，et al. Fiber-wireless-fiber link for 128-Gbit/s PDM-16QAM signal transmission at W-band[J]. IEEE Photon. Technol. Lett.,2014,26(19): 1948-1951.

[35]　LI X，YU J. Over 100 Gbit/s ultrabroadband MIMO wireless signal delivery system at D-band[J]. IEEE Photon. J.,2016,8(5): 1-1.

[36]　YU J，AKANBI O，LUO Y，et al. Demonstration of a novel WDM passive optical network architecture with source-free optical network units[J]. IEEE Photon. Technol. Lett.,2007,19(8): 571-573.

[37]　ZHANG Y，QIN C. Simultaneous generation of 40,80 and 120 GHz optical millimeter-wave from one Mach-Zehnder modulator and demonstration of millimeter-wave transmission and down-conversion[J]. Optics Communications,2017,398: 101-106.

[38]　LI X，ZHANG J，XIAO J，et al. W-band 8QAM vector signal generation by MZM-based photonic frequency octupling [J]. IEEE Photon. Technol. Lett.,2015,27 (12): 1257-1260.

[39]　LI X，YU J，WANG K，et al. Bidirectional delivery of 54-Gbps 8QAM W-band signal and 32-Gbps 16QAM K-band signal over 20-km SMF-28 and 2500-m wireless distance[C]. Optical Fiber Communications Conference & Exhibition. IEEE,2017.

[40]　LI X，YU J，WANG K，et al. 120Gbit/s wireless terahertz-wave signal delivery by 375GHz-500GHz multi-carrier in a 2 × 2 MIMO system [C]. Optical Fiber Communication Conference,2018.

[41]　YU J. Photonics-assisted millimeter-wave wireless communication[J]. IEEE Journal of Quantum Electronics,2017,53 (6): 1-17.

[42]　CHEN M，XIAO X，YU J，et al. Real-time generation and reception of OFDM signals for X -band RoF uplink with heterodyne detection[J]. IEEE Photon. Technol. Lett.,2017, 29(1): 51-54.

[43]　LI C H，WU M F，LIN C H，et al. W-band OFDM RoF system with simple envelope detector down-conversion[C]. Proc. OFC,2015.

[44]　MIKROULIS S，THAKUR M P，MITCHELL J E. Investigation of a robust remote

heterodyne envelope detector scheme for cost-efficient E-PON/60 GHz wireless integration[C]. 16th International Conference on Transparent Optical Networks,2014.

[45] ZIBAR D, SAMBARAJU R, CABALLERO A, et al. High-capacity wireless signal generation and demodulation in 75- to 110-GHz band employing all-optical OFDM[J]. IEEE Photon. Technol. Lett. ,2011,23(12): 810-812.

[46] MCKENNA T P, JEFFREY A N, THOMAS R C. Experimental demonstration of photonic millimeter-wave system for high capacity point-to-point wireless communications [J]. J. Lightw. Technol. ,2014,32(20): 3588-3594.

[47] TAO L, DONG Z, YU J, et al. Experimental demonstration of 48-Gbit/s PDM-QPSK radio-over-fiber system over 40-GHz mm-wave MIMO wireless transmission[J]. IEEE Photon. Technol. Lett. ,2012,24(24): 2276-2279.

[48] LI F, CAO Z, LI X, et al. Fiber-wireless transmission system of PDM-MIMO-OFDM at 100 GHz frequency[J]. J. Lightw. Technol. ,2013,31(14): 2394-2399.

[49] LI X, DONG Z, YU J, et al. Fiber-wireless transmission system of 108 Gbit/s data over 80 km fiber and 2×2 multiple-input multiple-output wireless links at 100 GHz W-band frequency[J]. Opt. Lett. ,2012,37(24): 5106-5108.

[50] ANDREWS J G, BUZZI S, CHOI W, et al. What will 5G be[J]. IEEE J. on Selected Areas in Communications,2014,32(6): 1065-1082.

[51] GUSTAFSSON E, JONSSON A. Always best connected [J]. IEEE Wireless Communications,2003,10(1): 49-55.

[52] ZHU Y, LI A, PENG W, et al. Spectrally-efficient single-carrier 400G transmission enabled by probabilistic shaping[C]. Proc. OFC,2017.

[53] BOCHERER G, STEINER F, SCHULTE P. Bandwidth efficient and rate-matched low-density parity-check coded modulation [J]. IEEE Trans. Commun. , 2015, 63 (12): 4651-4665.

[54] BUCHALI F, STEINER F, BOCHERER G, et al. Rate adaptation and reach increase by probabilistically shaped 64-QAM: an experimental demonstration [J]. IEEE/OSA J. Lightw. Technol. ,2016,34(7): 1599-1609.

[55] PAN C, KSCHISCHANG F R. Probabilistic 16-QAM shaping in WDM systems[J]. IEEE/OSA J. Lightw. Technol. ,2016,34(18): 4285-4292.

[56] CHIEN H C, YU J, CAI Y, et al. Low-bandwidth 400G-over-80km connections powered by 34-GBD PM-256QAM wavelengths[C]. Proc. ECOC,2017.

[57] GHAZISAEIDI A, RUIZ I, RIOS-MULLER R, et al. Advanced C+L-band transoceanic transmission systems based on probabilistically shaped PDM-64QAM[J]. IEEE/OSA J. Lightwave Technol. ,2017,35(7): 1291-1299.

[58] CHO J, CHEN X, CHANDRASEKHAR S, et al. Trans-Atlantic field trial using high spectral efficiency probabilistically shaped 64-QAM and single-carrier real-time 250-Gbit/s 16-QAM[J]. IEEE/OSA J. Lightwave Technol. ,2018,36(1): 103-113.

[59] YU J, ZHANG J, WANG K, et al. 8 × 506-Gbit/s 16QAM WDM signal coherent transmission over 6000-km enabled by PS and HB-CDM[C]. Proc. OFC,2018.

[60] WANG K, LI X, KONG M, et al. Probabilistically shaped 16QAM signal transmission in a photonics-aided wireless terahertz-wave system[C]. Proc. OFC,2018.

［61］　JIA Z, CHIEN C H, CAI Y, et al. Experimental demonstration of PDM-32QAM single-carrier 400G over 1200-km transmission enabled by training-assisted pre-equalization and look-up table[C]. Proc. OFC, 2016.

［62］　BUCHALI F, STEINER F, BCHERER G, et al. Rate adaptation and reach increase by probabilistically shaped 64-QAM: an experimental demonstration [J]. J. Lightw. Technol. , 2016, 34: 1599-1609.

［63］　HAYKIN S, MOHER M. Communications systems [M]. 4th ed. New York: Wiley, 2001.

［64］　WU Y, WANG X, CITTA R, et al. AnATSC DTV receiverwith improved robustness tomultipath and distributed transmission environments[J]. IEEE Trans. Broadcast. , 2004, 50(1): 32-41.

［65］　ZHOU X, NELSON L, MAQILL P, et al. High spectral efficiency 400 Gbit/s transmission using PDM time-domain hybrid 32-64QAM and training-assisted carrier recovery[J]. J. Light. Technol. , 2013, 31(7): 999-1005.

［66］　LI X, YU J, ZHAO L, et al. 1-Tb/s photonics-aided vector millimeter-wave signal wireless delivery at D-band[C]. Proc. OFC, 2018.

［67］　KE J H, GAO Y, CARTLEDGE J C. 400 Gbit/s single-carrier and 1 Tbit/s three-carrier superchannel signals using dual polarization 16-QAM with look-up table correction and optical pulse shaping[J]. Opt. Express, 2014, 22(1): 71-84.

［68］　ZHANG J, YU J, CHIEN H, et al. EML-based IM/DD 400G (4×112. 5-Gbit/s) PAM-4 over 80 km SSMF based on linear pre-equalization and nonlinear LUT pre-distortion for inter DCI applications[C]. Proc. OFC, 2017.

［69］　GOU P, ZHAO L, WANG K, et al. Nonlinear look-up table predistortion and chromatic dispersion precompensation for IM/DD PAM-4 transmission[J]. Photon. J. , 2017, 9(5): 1-7.

［70］　ZHOU W, GOU P, WANG K, et al. PAM-4 wireless transmission based on look-up-table pre-distortion and CMMA equalization at V-band[C]. Proc. OFC, 2018.

第11章　混沌加密技术在太赫兹通信中的应用

11.1　引　　言

随着移动数据通信的快速发展,个人和企业对无线数据传输的依赖程度与日俱增,快速增加的数据量和复杂业务对通信系统提出了更高要求。

由于通信网络复杂的拓扑结构和无线链路的开放特性,广播到自由空间中的信号波束容易被窃听,很难在无线通信网络中实现复杂的高层加密算法,基于传统密码学的安全策略也逐渐不能满足当今时代的需要[1],无线通信的安全性和保密性因此成为需要迫切关注的问题。与媒体访问控制层加密相比,物理层加密可以保护传输的数据以及控制信息和信头信息[2]。因此,找到一种可靠的物理层安全方案至关重要。随着无线通信的发展,信道编码、多载波传输、密集波分复用等技术不断革新,物理层资源逐渐丰富,基于物理层信息的安全技术的开发和使用也日益普遍。从物理层着手,利用信道的特性保护传输信息的物理层安全技术由此诞生。若能将物理层安全策略与现有密码学相关技术结合起来,能够大幅增强现有无线通信系统的安全性和保密性。

太赫兹信号波长非常短,可以采用规模更小的天线阵列,使用更窄的定向波束进行通信,故而能提高无线通信的保密性。为了利用太赫兹通信保密性佳的优势,进一步提高系统的安全性能,可以将物理层信息加密方法应用在太赫兹通信中。物理层密钥生成技术通过物理层特性,如无线衰落的幅度和相位来生成密钥,在20世纪90年代中期即已证明了基于无线信道的状态信息(channal state information,CSI)生成密钥的可行性[3]。

在第3章中我们对多载波的OFDM太赫兹传输系统结构进行了介绍,并实验验证了系统性能。在本章中,为了提高数据传输的安全性,我们采用物理层加密方案对每个OFDM频段进行加密。以往提出的OFDM系统物理层安全的加密方法有阿诺德(Arnold)映射[4]的相位掩蔽和布朗运动加密[5]等。然而,这些加密方法都有一个固定的目标映射,容易受到统计分析的攻击[6]。

1963年,美国气象学家罗斯勒提出了第一个洛伦兹混沌系统[7],为非线性系统混沌的研究奠定了基础。此后,混沌系统与数据加密结合,混沌密码学由此诞生,通过生成密钥对系统加密。混沌系统作为非线性科学的一个分支,具有良好的伪随机特性、不可预测性、遍历性、确定性和对初始状态及控制参数的敏感性,这些特性与密码学的很多要求是吻合的,非常适合用来加密。混沌系统的输出信号具有无限的周期,很难与功率中的纯噪声信号区分开。混沌动力学系统对初始值的敏感性高、隐蔽性好、易于操作,在未来的安全信息通信技术中潜力较大,已成为安全通信的重要研究方向。使用混沌加密对 QAM 星座进行映射后,产生的类噪声星座可以有效地隐藏原始信息,提高 RoF-OFDM 系统的安全性。

目前,还没有混沌加密的太赫兹通信系统被报道,因此我们考虑采用这样一种方式来提升太赫兹通信系统的保密性。与传统的单涡旋混沌系统相比,多涡旋混沌系统具有更复杂的动力学特性和结构。我们使用三阶多涡旋杰克(Jerk)混沌系统对 OFDM-16QAM 信号进行加密,被加密后的类噪声星座点有效增强了系统安全性。我们实验证明了 OFDM-16QAM 信号在光载无线链路中的传输,太赫兹频率为 375 GHz,数据速率为 2 Gbaud,传输距离为 20 km SSMF 以及 2 m 的无线空间,系统能够达到的 BER 低于 7%FEC 阈值 3.8×10^{-3}。据我们所知,这是第一次在太赫兹信号传输系统中利用混沌加密来提高系统的保密性。

11.2　混沌加密技术的原理

混沌通信以其伪随机性、遍历性和对初值的高敏感性等特性引起了人们的广泛关注和研究。在混沌加密方案中,混沌微分方程的初始值可以看作是发送方和接收方之间不可缺少的密钥。

混沌加密主要利用由混沌系统迭代产生的序列,作为加密变换的一个因子序列。混沌加密的理论依据是混沌的自相似性,使得局部选取的混沌密钥集在分布形态上都与整体相似。混沌序列的非线性映射创造了一个巨大的密钥空间,产生完美的噪声相似随机性。混沌系统对初始状态高度的敏感性,复杂的动力学行为,分布上不符合概率统计学原理,是一种拟随机的序列,其结构复杂,可以提供具有良好的随机性、相关性和复杂性的拟随机序列,使混沌系统难以重构、分析和预测。即使解密者已掌握产生混沌序列的方程,也难以猜测决定混沌序列的系数参数以及混沌序列的初始值。

对于 OFDM 信号的混沌加密方法,直接的数据加密方法是改变 OFDM 信号的实部导致星座图上的幅度变化,或改变信号的虚部导致星座上的相位旋转。另一种方法是对 OFDM 信号星座进行置换。排列顺序或 I 路信号和 Q 路信号的变化量将完全取决于给定的特定数字混沌序列,从而在数据传输之前重新生成 OFDM 信号的加密星座。在数学上,可以把星座上的混沌扰动或排列看作混沌矩阵,即混沌矩阵适用于与原始 OFDM 数据在时域/频域相乘[2]。此外,混沌序列易于生成和存储,因为接收者只需要共享初始的混沌值。

为了降低系统计算复杂度,我们使用三阶杰克混沌系统函数[8]对 OFDM 信号加密。三阶杰克混沌函数如下:

$$
\begin{cases}
\dfrac{\mathrm{d}x}{\mathrm{d}t} = ky - \mathrm{sign}(y) \\[2mm]
\dfrac{\mathrm{d}y}{\mathrm{d}t} = kz \\[2mm]
\dfrac{\mathrm{d}z}{\mathrm{d}t} = -0.6 \times k(x + y + z - \mathrm{sign}(x) - \mathrm{sign}(y))
\end{cases}
\tag{11-1}
$$

式中,k 是实常数,将 k 设置为 1,x、y 和 z 是混沌加密序列,分别对应于导数、二阶导数和三阶导数。我们将初始关键值设置为 $\{-0.1, 0.05, 0.1\}$,杰克混沌系统的具体相位图如图 11-1 所示。可以看出,x、y 和 z 随机分布在相位平面中,x 和 y 的取值范围为 $[-1,1]$,z 的取值范围为 $[-0.5, 0.5]$。

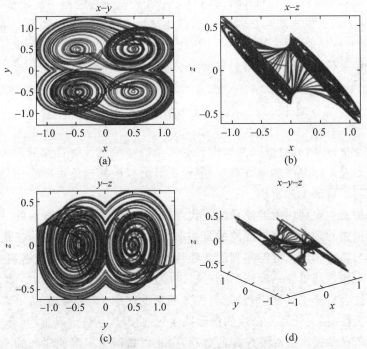

图 11-1　混沌加密序列的相位图

(a) x-y 相位图;(b) x-z 相位图;(c) y-z 相位图;(d) x-y-z 相位图

　　不同的物理层调制技术采用的加密方案不同。在 OFDM 系统中,常用的加密技术包括异或(XOR)加密、相位加密以及 OFDM 子载波加密,加密信息用来进行相位旋转、虚拟子载波位置变换或子载波加扰/交织置换等处理[1]。其中,XOR 加密是最直接、最轻量级的方案,它可在硬件中高效实现,因为 XOR 按位进行运算,并且通常在编码之前发生。从 MAC 层传递的数据始终是二进制形式的,因此 XOR 加密的方案几乎适用于所有无线技术。

　　在随机生成 PRBS 数据序列后,我们对 PRBS 序列和 z 序列执行 XOR 操作,随后将二进制数据调制为 16QAM 调制格式,并通过式(11-2)对 x 和 y 序列进行加密:

$$E = (\mathrm{Re}[C] + x) + j(\mathrm{Im}[C] + y) \tag{11-2}$$

式中，C 是原始调制的 16QAM 星座符号，x 和 y 是从式(11-1)获得的加密序列，E 是混沌加密后的信号。

　　结合混沌加密算法的 OFDM-16QAM 发射端和接收端 DSP 流程图如图 11-2 所示。其他 DSP 流程与普通 OFDM-16QAM 信号发射端无异，只是在进行信号调制前将 PRBS 序列与 z 序列进行异或，在信号调制后使用 x 和 y 序列分别对 I 路和 Q 路信号做处理。

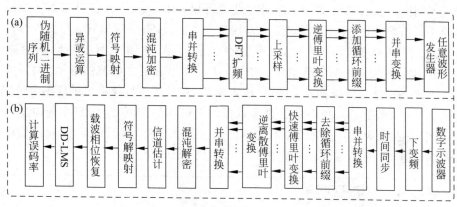

图 11-2　混沌加密 OFDM-16QAM 信号 DSP 流程图

(a) 发射端 DSP；(b) 接收端 DSP

　　未经加密的原始 16QAM 信号星座图如图 11-3(a)所示，混沌加密后的信号星座图如图 11-3(b)所示。可以看出，相比于原有星座图，混沌加密后的星座图在整个相位平面均有分布，呈现出类似噪声的性质，因此难以区分原始的发送信号。如果没有相应的密钥值，原始信号将无法正确解码，从而确保了安全性能。

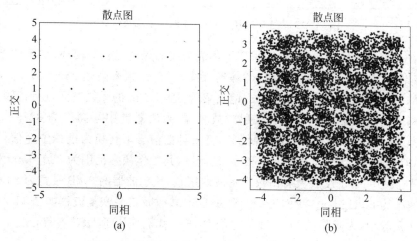

图 11-3　混沌加密前后的 OFDM-16QAM 星座图

(a) 原始 OFDM-16QAM 星座图；(b) 混沌加密后的类噪声 OFDM-16QAM 星座图

11.3　三阶混沌加密技术在太赫兹通信中的应用

11.3.1　三阶混沌加密太赫兹通信系统实验设置

使用三阶混沌加密算法的光载无线太赫兹通信方案的实验装置如图 11-4 所示。该实验装置与第 3 章中所述的系统较为相似。两个 ECL 具有 375 GHz 的固定频率间隔。发射端和接收端的 DSP 处理流程如图 11-2 所示。基带数字数据分为同相和正交分量,并分别通过最大采样速率为 12 GSa/s 的 AWG 转换为模拟信号。在 I 路和 Q 路信号进入 IQ 调制器之前,我们使用了两个相同的衰减器(ATT)和电放大器来调节电信号的功率。ECL1 生成的光载波作为 IQ 调制器的输入光源,该 IQ 调制器具有 7 dB 的插入损耗,在射频信号频率为 1 GHz 时的 V_π 为 2.7 V,3 dB 带宽为 30 GHz。携带数据的光信号在 SMF-28 光纤中传输 20 km 后,由 EDFA 放大以补偿光纤中的功率损失。ECL2 用作本振光源,并通过偏振保持光耦合器与调制后的光信号耦合。

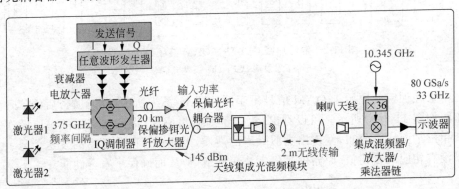

图 11-4　混沌加密 RoF-OFDM 通信系统实验设置图

在光电信号转换部分,我们采用了集成天线的光电混合器模块,如第 3 章中所述,该 AIPM 中集成了 UTC-PD 和蝶形天线,其工作频率高达 2500 GHz。AIPM 产生的太赫兹信号由一对太赫兹透镜收集后,通过 2 m 的无线空间进行传输,由接收端喇叭天线收集后,在集成混频器/放大器/乘法器链中与频率为 372.42 GHz(10.345 GHz×36)的射频本振源混频,将太赫兹信号下转换为模拟中频信号。该 IMAMC 集成了混频器、电放大器和 36 倍频器,其工作频率范围为 330~500 GHz。IF 信号被另一个 EA 放大后由数字示波器接收,该示波器的 3 dB 带宽为 33 GHz,采样速率为 80 GSa/s。我们进行的离线 DSP 接收及信号恢复流程如图 11-2(b)所示。在实验中,为了降低 OFDM 信号的 PAPR,我们使用了 DFT-S 算法。

11.3.2　实验结果及分析

　　由示波器直接接收到的中频信号频谱图和数字下变频至基带后的频谱图分别如图 11-5(a) 和图 11-5(b) 所示。

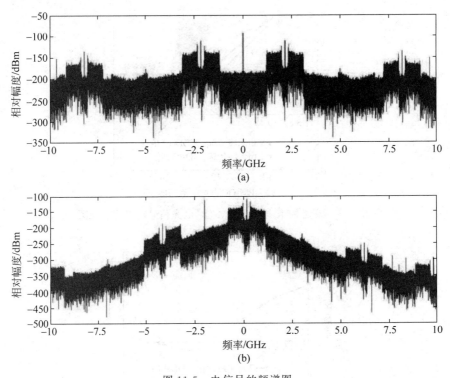

图 11-5　电信号的频谱图

(a) 中频信号下变频前的频谱图；(b) 中频信号下变频后的频谱图

　　经过 20 km SSMF 及 2 m 无线融合链路传输后，测得的系统 BER 曲线与进入 PM-OC 的不同输入功率的关系如图 11-6 所示。我们的输入功率是由 EDFA 的输出功率测得的，ECL2 的输出固定为 14.5 dBm。在经过 2 m 无线传输后，当输入到 PM-OC 的输入功率高达 14 dBm 时，接收到的混沌加密信号星座图如图 11-6 的插图(i)所示。该星座图与噪声非常相似，由于没有统计规律，很难通过统计方法来恢复原始信息。如 11.2 节所述，使用相同的初始密钥即可对加密信号精确解码，接收到的解密后的星座图如图 11-6 中的插图(i)和(iii)所示，从图中可以看出信号星座点已恢复成发射星座点。在没有使用 DD-LMS 算法时，恢复信号的星座图如图 11-6 中的插图(iii)所示，使用 DD-LMS 算法后，恢复信号的星座图如图 11-6 中的插图(ii)所示。使用 DD-LMS 算法处理后的星座图更清晰，BER 更低，能够低于 HD-FEC 阈值 3.8×10^{-3}。由于 AWG 的输出功率为 500 mV，我们增加了一个固定的衰减器来改变 RF 放大器的输入功率，固定 EDFA 的输出功率为 14 dBm，

并使用功率衰减分别为 3 dB、6 dB、10 dB 和 13 dB 的衰减器,测量 BER 曲线与 RF
衰减器的关系。系统 BER 与 RF 功率衰减的关系曲线如图 11-7 所示。当衰减器
为 10 dB 时,BER 低于 $3.8×10^{-3}$ 的阈值。这是由于在功率过高时 PD 会出现饱
和效应,而在功率过低时又因 OSNR 不足而无法达到最佳性能。

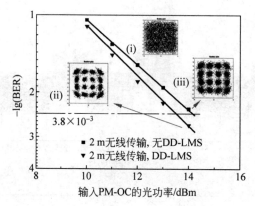

图 11-6　系统 BER 与输入 PM-OC 的光信号功率的曲线图

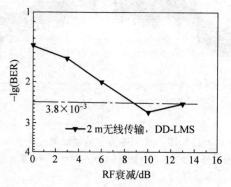

图 11-7　系统 BER 与 RF 衰减器功率衰减的曲线图

11.4　本章小结

　　无线通信数据量的不断增加对通信安全性和保密性提出了新的要求,在物理
层进行加密操作简单,可以有效保护传送数据。太赫兹波段频率高,相对于传统无
线通信本身就具有一定程度的保密性能优势。混沌加密算法具有诸多优良性能,
如不可预测性、随机性以及类噪声特性等。为了加强太赫兹通信的保密性,我们通
过实验证明了一种混沌加密的 RoF-OFDM 信号传输系统,系统可以在 375 GHz
载波上传输 2 Gbaud 的 OFDM-16QAM 信号,传输距离为 20 km SSMF 以及 2 m
无线空间。据我们所知,这是首次使用混沌加密算法进行数据保密的 RoF 太赫兹
通信系统。

参 考 文 献

[1]　雷菁,李为,鲁信金. 5G 通信背景下物理层安全技术研究[J]. 无线电通信技术,2020,2: 150-158.

[2]　YANG X, HU X, SHEN Z, et al. Physical layer signal encryption using digital chaos in OFDM-PON[C]. 10th International Conference on Information, Communications and Signal Processing. IEEE,2015.

[3]　HERSHEY J E, HASSAN A A. Unconventional cryptographic keying variable management[J]. IEEE Transactions on Communications,1995,43(1): 3-6.

[4]　LIU B, ZHANG L, XIN X, et al. Constellation-masked secure communication technique for OFDM-PON[J]. Opt. Express,2012,20(22): 25161-25168.

[5]　WEI Z, ZHANG C, CHEN C, et al. IEEE Photon. Technol. Lett. , 2017, 29 (12): 1023-1026.

[6]　ZHANG W, ZHANG C,CHEN C, et al. Brownian motion encryption for physical-layer security improvement in CO-OFDM-PON[J]. IEEE Photonics Technology Letters,2017, 29(12): 1023-1026.

[7]　ROSSLER O E. An equation for continuous chaos[J]. Physics Letters A,1976,57(5): 397-398.

[8]　HUANG Y, CHEN Y, LI K, et al. Multi scrolls chaotic encryption for physical layer security in CO-OFDM[C]. Optical Fiber Communication Conference, OSA Technical Digest (Optical Society of America),2019.

第12章 大容量光与无线无缝融合和实时传输系统

12.1 引 言

随着光接入和无线接入的数据容量不断增大,光无线融合系统因为具有光通信大容量和无线通信灵活性的特点,成为近几年来的研究热点[1-5]。太赫兹通信系统能够提供接近光纤通信容量的数据通信,传输速率能够做到几百 Gbit/s 到 Tbit/s[6]。这样我们能够将太赫兹和光纤传输系统无缝融合以满足一些特殊需求,例如应急通信或者 5G+无线系统的信号前传[7-8],地震和海啸等自然灾害期间大容量长途光缆被切断时的紧急服务等。在需要漫游连接的环境中,例如会议中心、机场、酒店,或者是家庭和小型办公室,基于光纤无线融合的光无线网络也正在作为一种成本较低的替代解决方案出现[9-13]。通过采用偏振复用正交相移键控[14]、偏振复用 16 阶正交幅度调制[15](polarization-division-multiplexing 16-ary quadrature-amplitude-modulation,PDM-16QAM)、光子辅助毫米波或太赫兹波生成和先进的数字信号处理等技术,速率高达 100 Gbit/s 和 400 Gbit/s 的光纤无线融合系统已被实现[16-18]。但是,在先前的方案中,生成的 PDM-QPSK 调制的高速无线毫米波信号是在电域内实现解调的,而其在如此高的毫米波频率上有着有限的射频电缆传输距离。并且,随着传输速率和毫米波载波频率的增加,PDM-QPSK 调制的高速无线毫米波信号的电域解调将变得愈发复杂。文献[19]提出了一种基于相干探测和基带 DSP 的 RF 透明的光子毫米波解调技术,该技术具有将 QPSK 调制的无线毫米波信号转换成光基带信号的优势。转换得到的光基带信号能够在光纤网络中直接传输。但是,在已经证实的采用上述光子毫米波解调技术的光纤-无线-光纤融合系统中,所传输的毫米波信号是单偏振的,并且也没有无线传输和长距离的光纤传输[20]。众所周知,对于未来的频谱高效的高速光传输而言,偏振复用技术是一种使光纤链路容量加倍的实用技术[21-22]。因此,有必要研究如何在一个光纤-无线-光纤融合系统中实现偏振复用信号的传输。

在本章中我们将首先介绍两种针对无线毫米波信号的 RF 透明的光子毫米波解调技术:基于推挽式 MZM 的光子毫米波解调技术[23-27] 和基于相位调制器的光子毫米波解调技术。通过对这两种光子毫米波解调技术进行基于贝塞尔函数展开的理论分析和比较可知,基于 PM 和基于推挽 MZM 的电光转换均可以看作是一个线性的光强度调制过程。但是在实际的执行中,由于商用 PM 通常具有比商用 MZM 更大的调制带宽和更小的插入损耗,基于 PM 的光子毫米波解调技术比基于推挽 MZM 的光子毫米波解调技术更具优势。

　　搭建实时系统验证系统性能是光与无线融合网络的下一步研究课题。目前已有的报道包括 V 波段或 W 波段高达 24.08 Gbit/s 的无线毫米波传输[28];吴(Wu C Y)等使用现成的组件演示了针对 5G C-RAN 下行链路的 4 通道概念实时 RoF 系统的传输,对于 3.5 GHz 频段,在 20 km 单模光纤上实现 3.5 Gbit/s 256QAM 信号的传输[29];陈(Chen M)等通过实验演示了实时基于正交频分复用的 Q 波段无线光纤(OFDM-RoF)系统,在 4.5 km 单模光纤和 0.8m 无线距离上以净传输速率为 1.2 Gbit/s 的速率实现无差错实时 Reed-Solomon 编码 16-QAM-OFDM-RoF 的传输[30];盖尔利(Guillory J)等通过 60 GHz 的 RoF 系统实现了两个商用无线 HD 设备之间 3 Gbit/s 的实时传输[31],以及最近的 34 Gbaud PDM-QPSK 速率到达 100 G/s 在 300 GHz 太赫兹波段传输 100 km 光纤和 50 cm 的无线距离[32]。

　　在本章的最后一部分我们将介绍基于外差检测的商业实时相干光发射机和接收机的 RoF 实时传输通信系统的实验,在之前的章节介绍了光纤-无线-光纤无缝融合的太赫兹网络结构,所有融合光纤和无线的通信网络系统结构都需要不断提升无线传输质量来匹配光纤通信的优势以达到系统的最大化利用[33-35]。

12.2　光子毫米波解调原理

12.2.1　基于推挽 MZM 的光子解调原理

　　图 12-1 给出了针对 PDM-QPSK 调制的无线毫米波信号的基于推挽 MZM 的光子解调原理。PDM-QPSK 调制的无线毫米波信号经由远程外差拍频技术产生。在发送端中央局(central office,CO)处,一个波长为 λ_1 的连续波长光波首先被发送数据外部调制,然后经偏振复用后生成 PDM-QPSK 调制的光基带信号。在发送端基站(base station,BS)处,经光纤传输后的 PDM-QPSK 调制的光基带信号与一个波长为 λ_2 的 CW 光波外差拍频,从而上变频得到 PDM-QPSK 调制的无线毫米波信号。生成的无线毫米波信号的载波频率为 $f_{RF}=c|1/\lambda_1-1/\lambda_2|$($c$ 代表光速),并随后经由一个位于同一天线极化上的 2×2 多入多出无线链路传输。

　　在接收端 BS 处,当接收到的 PDM-QPSK 调制的无线毫米波信号位于较高频率的毫米波载波(例如 W 波段)上时,由于 MZM 有限的调制带宽,将首先采用基于正弦式 RF 信号和电混频器的模拟下变频将无线毫米波信号下变频到一个较低

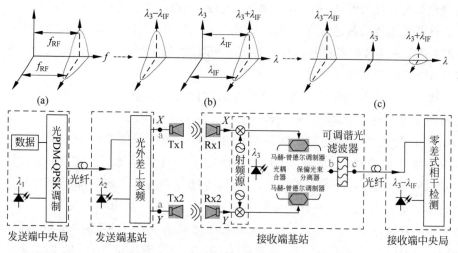

图 12-1　基于推挽 MZM 的光子解调原理图

频率的毫米波载波上。一个波长为 λ_3 的 CW 光波首先经由一个偏振保持光耦合器被均分成两个支流,然后每个支流经由一个 MZM 下变频得到的载波频率为 f_{IF} 的无线毫米波信号的 X 偏振或 Y 偏振分量外部调制。每个 MZM 均采用推挽操作并被直流偏置在空点,以实现对无线毫米波信号的电场调制。一个偏振光合束器用来重组两个已调的支流。

假定波长为 λ_3 的 CW 光波可以表示为

$$E_{in}(t) = E_c \cos(2\pi f_c t) \tag{12-1}$$

式中,E_c 和 f_c 分别用来表征波长为 λ_3 的 CW 光波的幅度和频率。假定在推挽 MZM 的输入端载波频率为 f_{IF} 的电中频信号可以表示为

$$S_{IF}(t) = V_{IF} s(t) \cos(2\pi f_{IF} t) \tag{12-2}$$

式中,$s(t)$ 表征传送的信号,V_{IF} 表征模拟下变频后的频率为 f_{IF} 的毫米波载波的幅度。因此,工作在光载波抑制(optical carrier suppression,OCS)点的推挽 MZM 的输出可以表示为

$$\begin{aligned}
E_{MZM}(t) &= E_c \cos(2\pi f_c t) \cos\left[\frac{\pi}{2} + \beta_{MZM} s(t) \cos(2\pi f_{IF} t)\right] \\
&= -2E_c s(t) \cos(2\pi f_c t) \left\{\sum_{n=0}^{+\infty} J_{2n+1}(\beta_{MZM}) \sin\left[(2n+1)(2\pi f_{IF} t)\right]\right\}
\end{aligned} \tag{12-3}$$

式中,$\beta_{MZM} = \pi(V_{IF}/V_\pi)$($V_\pi$ 是 MZM 的半波电压),用来表征 MZM 的调制指数;J_n 表征阶数为 n 的第一类贝塞尔函数。当 β_{MZM} 足够小时,MZM 输出中的高阶分量($n \geqslant 1$)可以忽略,式(12-3)从而可以近似为

$$E_{\text{MZM}}(t) \approx 2E_c s(t) J_1(\beta_{\text{MZM}}) \cos(2\pi f_c t) \cos\left(2\pi f_{\text{IF}} t + \frac{\pi}{2}\right)$$

$$= E_c s(t) \left\{ J_1(\beta_{\text{MZM}}) \cos\left[2\pi(f_c - f_{\text{IF}})t - \frac{\pi}{2}\right] + \right.$$

$$\left. J_1(\beta_{\text{MZM}}) \cos\left[2\pi(f_c + f_{\text{IF}})t + \frac{\pi}{2}\right] \right\} \tag{12-4}$$

从式(12-4)中可以看出 MZM 的输出理论上只包含两个均在幅度上携带发送数据的载波频率为 $f_3 \pm f_{\text{IF}}$ 的一阶分量。而在实际中,PBC 之后生成的 OCS 信号通常包含两个载波波长为 $\lambda_3 \pm \lambda_{\text{IF}}$ 的 PDM-QPSK 调制的边带以及一个波长为 λ_3 的小中心光载波,这是因为 MZM 有限的消光比不能完全抑制掉中心光载波。接下来,载波波长为 $\lambda_3 + \lambda_{\text{IF}}$ 的上边带和中心光载波被一个可调谐光滤波器(tunable optical filter,TOF)抑制掉,于是一个载波波长为 $\lambda_3 - \lambda_{\text{IF}}$ 的 PDM-QPSK 调制的等效光基带信号经由光纤传输被送入到接收端 CO 处。图 12-1 中的插图(b)和(c)分别给出了 PBC 和 TOF 之后的示意性光谱。

在接收端 CO 处,经由零差式相干探测和基带 DSP 将发送数据从 PDM-QPSK 调制的等效光基带信号中恢复出来。接收端 CO 中所用本振的工作波长为 $\lambda_3 - \lambda_{\text{IF}}$。值得注意的是,接收端 BS 处的 TOF 也可以滤除掉载波波长为 $\lambda_3 - \lambda_{\text{IF}}$ 的下边带和中心光载波,这种情况下生成的等效光基带信号以及接收端 CO 中所用 LO 的载波波长均为 $\lambda_3 + \lambda_{\text{IF}}$。

应该指出,如果在接收端 BS 处不进行毫米波或太赫兹信号下变频,也可以直接驱动一个超高带宽的外调制器产生毫米波或太赫兹光信号。文献[36]已经将 50 Gbit/s QPSK 信号在 285.5 GHz 频段经过 16 m 无线传输后经过太赫兹放大器直接驱动一个 3 dB 带宽有 1 THz 的等离子体有机物混合集成(plasminic-organic hybrid,POH)调制器,这样成功实现了信号的电到光的变换。图 12-2(a)为 POH 调制器的频率响应,可以看到带宽超过 1 THz。图 12-2(b)为收发机实验装置图。图 12-2(c)为收发端电光转换照片。图 12-2(d)为实验装置示意图。图 12-2(e)为接收端示意图。图 12-2(f)为不同波特率下测量的误码以及 30 Gbit/s 和 50 Gbit/s 眼图。经过 16 m 无线传输 50 Gbit/s 的 QPSK 信号能够实现误码率小于 2×10^{-2}。

12.2.2　基于 PM 的光子解调原理

图 12-3 给出了针对 PDM-QPSK 调制的无线毫米波信号的基于 PM 的光子解调原理。与图 12-1 不同的是,在图 12-3 中的接收端 BS 处两个 PM 取代了两个推挽 MZM 来执行电光转换,并且接收端 BS 处也避免了基于正弦式 RF 信号和电混频器的模拟下变频阶段。

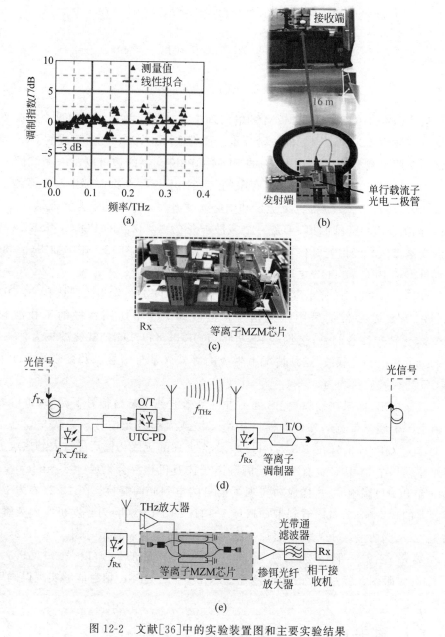

图 12-2　文献[36]中的实验装置图和主要实验结果

（a）POH 调制器的频率响应；（b）收发机实验装置图；（c）收发端电光转换照片；
（d）实验装置示意图；（e）接收端示意图；（f）不同波特率下测量的误码率以及
30 Gbit/s 和 50 Gbit/s 眼图

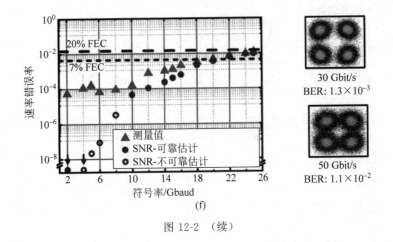

图 12-2　（续）

类似地,假定在 PM 的输入端接收到的载波频率为 f_{RF} 的无线毫米波信号可以表示为

$$S_{RF}(t) = V_{RF}s(t)\cos(2\pi f_{RF}t) \tag{12-5}$$

式中,V_{RF} 表征载波频率为 f_{RF} 的无线毫米波信号的幅度。因此,PM 的输出可以表示为

$$
\begin{aligned}
E_{PM}(t) &= E_c\cos\left[2\pi f_c t + \beta_{PM}s(t)\cos(2\pi f_{RF}t)\right]\\
&= E_c s(t)\sum_{n=-\infty}^{+\infty} J_n(\beta_{PM})\cos\left(2\pi f_c t + 2n\pi f_{RF}t + \frac{n\pi}{2}\right)
\end{aligned}
\tag{12-6}
$$

式中,$\beta_{PM}=\pi(V_{RF}/V_\pi)$($V_\pi$ 是 PM 的半波电压),表征 PM 的调制指数。当 β_{PM} 足够小时,PM 输出中的高阶分量可以忽略,式(12-6)从而可以近似为

$$
\begin{aligned}
E_{PM}(t) \approx E_c s(t) &\left\{J_0(\beta_{PM})\cos 2\pi f_c t + J_{-1}(\beta_{PM})\cos\left[2\pi(f_c - f_{RF})t - \frac{\pi}{2}\right] + \right.\\
&\left. J_1(\beta_{PM})\cos\left[2\pi(f_c + f_{RF})t + \frac{\pi}{2}\right]\right\}
\end{aligned}
\tag{12-7}
$$

从式(12-7)中可以看出 PM 的输出包含一个频率为 f_c 的基带以及两个载波频率为 $f_3 \pm f_{RF}$ 的一阶分量,并且基带和两个一阶分量均在幅度上携带发送数据。于是在经由 TOF 抑制掉一个边带和中心光载波后,也可以获得和图 12-1 中非常相似的所需边带。因此,在结合 TOF 滤波的情况下,基于 PM 和基于推挽 MZM 的电光转换均可以看作是一个线性的光强度调制过程。

图 12-3 中的插图(a)~(c)分别给出了光外差上变频、PBC 和 TOF 之后的示意性光谱。正如图 12-3 中的插图(b)所示,PBC 之后生成的光信号中包含两个与 PDM-QPSK 调制的中心光载波间隔为 λ_{RF}($\lambda_{RF}=(\lambda_3^2 f_{RF})/c$)的 PDM-QPSK 调制的边带。正如图 12-3 中的插图(c)所示,载波波长为 $\lambda_3 + \lambda_{RF}$ 的上边带和中心光载波被 TOF 滤除掉,生成的等效光基带信号的载波波长为 $\lambda_3 - \lambda_{RF}$,这也是接收端 CO 中所用 LO 的工作波长。

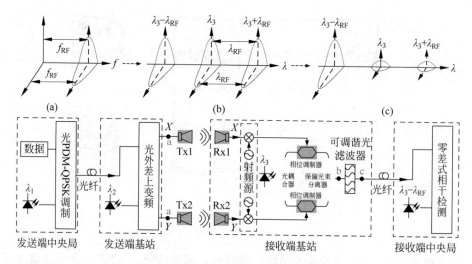

图 12-3　基于 PM 的光子解调原理图

　　虽然上述两种类型的光子解调技术在原理上非常相似（电光转换的过程都可以近似为一个线性光强度调制的过程），但是在实际的执行中，基于 PM 的光子解调技术比基于推挽 MZM 的光子解调技术更具优势，这是因为商用 PM 通常具有比商用 MZM 更大的调制带宽和更小的插入损耗。首先，PM 具有的较大的调制带宽可以避免对接收到的位于较高载波频率（例如 W 波段）上的无线毫米波信号的模拟下变频，从而简化接收端 BS 的结构。其次，PM 具有的较大的调制带宽和较小的插入损耗使得电光转换得到的信号具有一个较大的光信噪比，从而有助于实现更长距离的光纤传输。

12.2.3　PDM-QPSK 调制的光纤-无线-光纤融合系统的偏振解复用

　　假定 $(E_{\text{in},x}, E_{\text{in},y})^{\text{T}}$ 表征在发送端 CO 处生成的 PDM-QPSK 调制的光基带信号的 X 偏振和 Y 偏振分量，那么经过第一段光纤传输后在发送端 BS 处接收到的光基带信号可以表示成

$$\begin{pmatrix} E_{\text{out1},x} \\ E_{\text{out1},y} \end{pmatrix} = \begin{pmatrix} J_{xx} & J_{xy} \\ J_{yx} & J_{yy} \end{pmatrix} \begin{pmatrix} E_{\text{in},x} \\ E_{\text{in},y} \end{pmatrix} = \boldsymbol{J} \begin{pmatrix} E_{\text{in},x} \\ E_{\text{in},y} \end{pmatrix} \tag{12-8}$$

式中：$\boldsymbol{J}$ 是一个 2×2 琼斯矩阵，用来表征从发送端 CO 到发送端 BS 之间的第一段光纤传输的转移函数；J_{xx} 和 J_{yy} 用来表征第一段光纤传输在初始的 X 偏振和 Y 偏振分量之间引入的串扰。

　　接下来，经过 2×2 MIMO 无线链路传输后在接收端 BS 处接收到的无线毫米波信号可以表示成

$$\begin{pmatrix} E_{\text{out}2,x} \\ E_{\text{out}2,y} \end{pmatrix} = \begin{pmatrix} W_{xx} & W_{xy} \\ W_{yx} & W_{yy} \end{pmatrix} \begin{pmatrix} E_{\text{out}1,x} \\ E_{\text{out}1,y} \end{pmatrix} \cos\omega t = \boldsymbol{W} \begin{pmatrix} E_{\text{out}1,x} \\ E_{\text{out}1,y} \end{pmatrix} \cos\omega t \qquad (12\text{-}9)$$

式中：W 是一个 2×2 增益矩阵，用来表征从发送端 BS 到接收端 BS 之间的 2×2 MIMO 无线传输的转移函数；W_{xy} 和 W_{yx} 分别用来表征 2×2 MIMO 无线传输在初始的 X 偏振和 Y 偏振分量之间引入的串扰，这意味着每个接收端天线都能够同时探测到来自两个发送端天线的无线功率。在接下来介绍的实验中，因为组成 2×2 MIMO 无线链路的两对天线均具有高的定向性，每个接收端天线只能够探测到来自对应发送端天线的无线功率，所以 W_{xy} 和 W_{yx} 的值均近似为零。ω 表征毫米波载波频率。

最后，经过第二段光纤传输后在接收端 CO 处接收到的等效光基带信号可以表示成

$$\begin{pmatrix} E_{\text{out},x} \\ E_{\text{out},y} \end{pmatrix} = \begin{pmatrix} J'_{xx} & J'_{xy} \\ J'_{yx} & J'_{yy} \end{pmatrix} \begin{pmatrix} E_{\text{out}2,x} \\ E_{\text{out}2,y} \end{pmatrix} \cos(-\omega t) = \boldsymbol{J}' \begin{pmatrix} E_{\text{out}2,x} \\ E_{\text{out}2,y} \end{pmatrix} \cos(-\omega t)$$

$$= \boldsymbol{J}'\boldsymbol{W}\boldsymbol{J} \begin{pmatrix} E_{\text{in},x} \\ E_{\text{in},y} \end{pmatrix} = \boldsymbol{H} \begin{pmatrix} E_{\text{in},x} \\ E_{\text{in},y} \end{pmatrix} \qquad (12\text{-}10)$$

式中：$\boldsymbol{J}'$ 也是一个 2×2 琼斯矩阵，用来表征从接收端 BS 到接收端 CO 之间的第二段光纤传输的转移函数；H 用来表征光纤-无线-光纤链路总的转移函数，显然，其作为三个 2×2 矩阵的乘积仍旧是一个 2×2 矩阵。因此可以在接收端 CO 处采用经典的恒模算法均衡来实现 PDM-QPSK 信号的偏振解复用。

12.3　基于推挽 MZM 的 Q 波段光纤-无线-光纤融合系统的实验

本节介绍一个基于推挽 MZM 的 Q 波段光纤-无线-光纤融合系统，它可以实现 40 Gbit/s@40 GHz 的 PDM-QPSK 信号依次在 20 km 单模光纤-28，2 m 2×2 MIMO 无线链路和 20 km SMF-28 上的传输，对应的实验装置如图 12-4 所示。实验中，四个线宽小于 100 kHz、最大输出功率为 14.5 dBm 的外腔激光器自由运行并有着不同的工作波长。

在发送端 CO，一个产生于工作波长为 1549.39 nm 的 ECL1 的 CW 光波，首先经由一个 IQ 调制器为一个 5～12.5 Gbaud 的电二进制信号所调制，然后通过一个 EDFA 放大后，再经由一个偏振复用器实现偏振复用。生成的 PDM-QPSK 调制的光基带信号被送入到 20 km SMF-28，入纤光功率是 0 dBm。

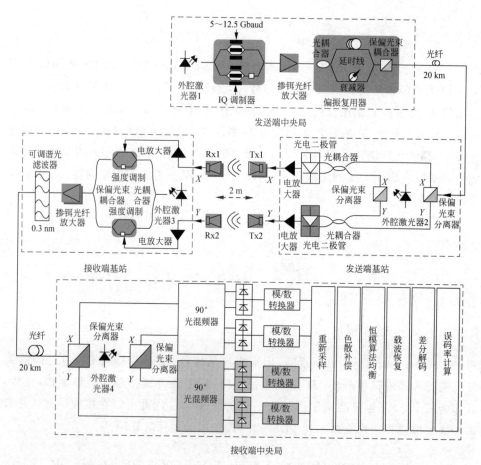

图 12-4　基于推挽 MZM 的 Q 波段光纤-无线-光纤融合系统的实验装置图

在发送端 BS,工作波长为 1549.70 nm 的 ECL2 被用作 LO,其相对于 ECL1 有着 40 GHz 的频率偏移。接收到的 PDM-QPSK 调制的光基带信号经由光外差上变频器被直接上变频为 40 GHz 的 PDM-QPSK 调制的无线毫米波信号。光外差上变频器中的两个单端光电二极管有着 70 GHz 的 3 dB 带宽和 9 dBm 的输入功率。

生成的 40 GHz 无线毫米波信号经由一个位于同一天线极化上的 Q 波段 2×2 MIMO 无线链路传输。在此 2×2 MIMO 无线链路中,每对喇叭天线之间有着 2 m 的无线传输距离;X 偏振和 Y 偏振方向上的无线传输链路是并行的;两个发送端(接收端)喇叭天线之间有着 10 cm 的无线距离。每个喇叭天线有着 25 dBi 的功率增益和 33~50 GHz 的频率范围,并且与一个有着 17 GHz 电带宽、30 dB 增益和 20 dBm 饱和输出功率的 EA 相连。

在接收端 BS,一个产生于工作波长为 1550.08 nm 的 ECL3 的 CW 光波首先被一个偏振保持 OC 均分为两个支流,然后每个支流经由一个 MZM 为接收到的

40 GHz 无线毫米波信号的 X 偏振或 Y 偏振分量所调制。每个 MZM 有着约 36 GHz 的 3 dB 带宽,2.8 V 的半波电压和 5 dB 的插入损耗。为了实现 OCS 调制,每个 MZM 在无线毫米波信号被关掉的情况下被直流偏置在最小输出处。施加在每个 MZM 上的驱动电压的峰峰值为 1.7 V。输入到每个 MZM 中的光功率是 16 dBm。两个已调的支流经由一个 PBC 重组在一起。PBC 之后生成的 OCS 信号包含一个波长为 1550.08 nm 的中心光载波,以及两个与中心光载波间隔为 40 GHz 的 PDM-QPSK 调制的边带。后续的 EDFA 用来放大 OCS 信号的功率。然后,一个 0.3 nm 的 TOF 被用来实现上边带、中心光载波以及放大自发辐射(amplified spontaneous emission,ASE)噪声的抑制。生成的 PDM-QPSK 调制的等效光基带信号被送入到第二段 20 km SMF-28,入纤光功率是 0 dBm。

　　在接收端 CO,作为 LO 的 ECL4 的工作波长与接收到的等效光基带信号的载波波长相同。在平衡探测之前,采用一个经典的双混频器结构来实现接收到的光信号与 LO 之间在光域里的偏振分集和相位分集[34]。模/数转换在一个有着 80 GSa/s 采样速率和 20 GHz 带宽的实时数字示波器中实现。模/数转换后进行离线 DSP 处理[34]。此处,抽头长度为 39~59 的 CMA 均衡用来实现 PDM-QPSK 信号的偏振解复用。

　　图 12-5(a)给出了发送端 BS 处对应于 50 Gbit/s 传输速率的光域偏振分集之后的光谱(0.1 nm 分辨率)。可以看到信号和 LO 之间有一个 40 GHz 的频率间

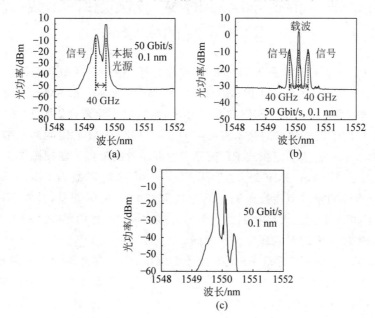

图 12-5　普通的频分复用信号和 OFDM 信号频谱示意图

(a) 发送端基站处光域偏振分集之后的光谱;(b) 接收端基站处保偏光纤耦合器之后的光谱;(c) 经由第二段 20 km SMF-28 传输后的光谱

隔,并且 LO 功率超出信号功率 4 dB。图 12-5(b)给出了接收端 BS 处对应于 50 Gbit/s 传输速率的 PBC 之后的光谱(0.1 nm 分辨率)。可以看到波长为 1550.08 nm 的中心光载波与两个 PDM-QPSK 调制的边带之间有一个 40 GHz 的频率间隔。并且由于 MZM 有限的消光比和有限的驱动电压,中心光载波具有一个相对较大的光功率。图 12-5(c)给出了对应于 50 Gbit/s 传输速率的经由第二段 20 km SMF-28 传输后的光谱(0.1 nm 分辨率)。

在 2 m 2×2 MIMO 无线传输和(20+20) km SMF-28 传输的情况下,图 12-6(a)～(e)分别给出了在接收端 CO 处接收到的对应于 50 Gbit/s 传输速率的时钟恢复前、时钟恢复后、CMA 均衡后、频率偏置估计后和载波相位估计后的 Y 偏振方向上的信号星座图。

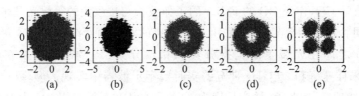

图 12-6 接收到的对应于 50 Gbit/s 传输速率的 Y 偏振 QPSK 星座图
(a) 时钟恢复前；(b) 时钟恢复后；(c) CMA 均衡后；(d) 频率偏置估计后；(e) 载波相位估计后

12.4 基于推挽 MZM 的 W 波段光纤-无线-光纤融合系统的实验

本节介绍一个基于推挽 MZM 的 W 波段光纤-无线-光纤融合系统,它可以实现 109.6 Gbit/s@95 GHz 的 PDM-QPSK 信号依次在 80 km SMF-28、2 m 2×2 MIMO 无线链路和 80 km SMF-28 上的传输,对应的实验装置如图 12-7 所示。相比于图 12-4,由于较高频率的毫米波载波的采用以及 MZM 有限的调制带宽,在接收端 BS 处多了一个基于正弦式 RF 信号和电混频器的模拟下变频操作。

在第二段 80 km SMF-28 之后采用一个可变光衰减器(variable optical attenuator,VOA)来调节接收到的光功率以完成 OSNR 的测量,并在 VOA 之后采用一个 EDFA 来预放大接收到的光信号。接收端 CO 处的零差式相干检测和基带 DSP 与图 12-4 中的对应部分完全相同。

图 12-8(a)给出了发送端 BS 处对应于 50 Gbit/s 传输速率的光域偏振分集之后的光谱(0.1 nm 分辨率)。可以看到信号和 LO 之间有一个 95 GHz 的频率间隔,并且 LO 功率超出信号功率 20 dB。图 12-8(b)和(c)分别给出了接收端 BS 处对应于 50 Gbit/s 和 109.6 Gbit/s 传输速率的 PBC 之后的光谱(0.02 nm 分辨率)。当信号关掉时,产生于 MZM 之前串行 EA 的噪声的数量在传输速率为 50 Gbit/s 时约为 36 dBm,在传输速率为 109.6 Gbit/s 时约为 46 dBm。最大的 OSNR 是 21 dB。

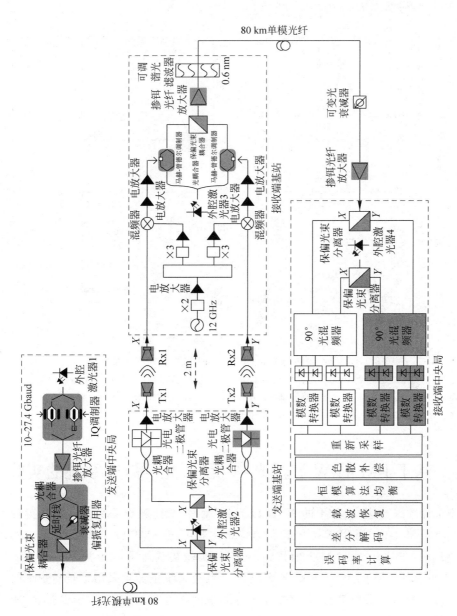

图 12-7　基于推挽 MZM 的 W 波段光纤-无线-光纤融合系统的实验装置图

中心光载波与两个 PDM-QPSK 调制的边带之间有一个 23 GHz 的频率间隔。并且由于 MZM 有限的消光比和有限的驱动电压,中心光载波具有一个相对较大的光功率。图 12-8(d)给出了对应于 109. 6 Gbit/s 传输速率的经由第二段 80 km SMF-28 传输后的光谱(0. 02 nm 分辨率)。

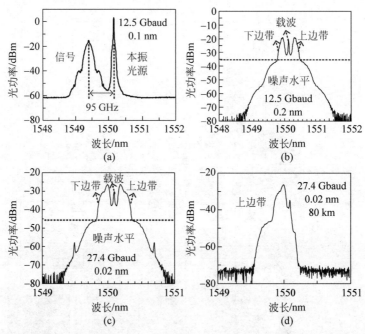

图 12-8　不同分组值情况下的 DFT-S OFDM 的 CCDF 值曲线图

(a) 发送端基站处光域偏振分集之后的光谱;(b) 接收端基站处对应于 50 Gbit/s 传输速率的保偏光纤耦合器之后的光谱;(c) 接收端基站处对应于 109. 6 Gbit/s 传输速率的保偏光纤耦合器之后的光谱;(d) 经由第二段 80 km 单模光纤传输后的光谱

12.5　基于 PM 的 W 波段光纤-无线-光纤融合系统的实验

本节介绍一个基于 PM 的 W 波段光纤-无线-光纤融合系统,它可以实现 44 Gbit/s@88 GHz 的 PDM-QPSK 信号依次在 100 km SMF-28、3 m 2×2 MIMO 无线链路和 100 km SMF-28 上的传输,对应的实验装置如图 12-9 所示。相比于图 12-7,此基于 PM 的 W 波段光纤-无线-光纤融合系统虽然也采用了较高频率的 W 波段毫米波作为无线载波,但是由于 PM 通常具有比 MZM 更大的调制带宽,所以在接收端 BS 处无需对接收到的 W 波段无线毫米波信号进行基于正弦式 RF 信号和电混频器的模拟下变频操作。

在接收端 BS,接收到的 88 GHz 无线毫米波信号的 X 偏振或 Y 偏振分量在用来驱动 PM 之前,先被两个串行的 W 波段 EA 放大。一个产生于工作波长为

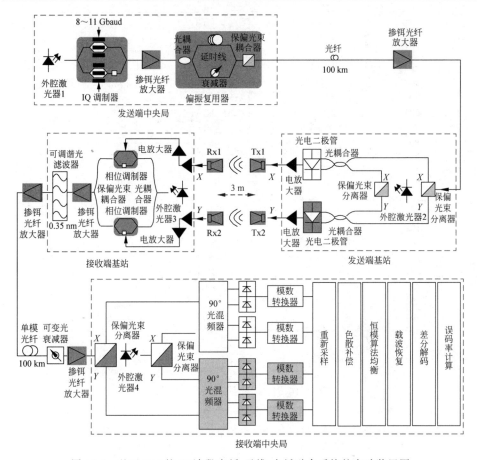

图 12-9　基于 PM 的 W 波段光纤-无线-光纤融合系统的实验装置图

1547.41 nm 的 ECL3 的 CW 光波首先被一个偏振保持 OC 均分为两个支流,然后每个支流经由一个 PM 为放大的 88 GHz 无线毫米波信号的 X 偏振或 Y 偏振分量所调制。两个已调的支流经由一个 PBC 重组在一起。PBC 之后生成的光信号中包含一个波长为 1547.41 nm 的 PDM-QPSK 调制的中心光载波,以及两个与中心光载波间隔为 88 GHz 的 PDM-QPSK 调制的边带。

图 12-10(a)给出了发送端 BS 处对应于 32 Gbit/s 传输速率的光域偏振分集之后的光谱(0.02 nm 分辨率)。可以看到信号和 LO 之间有一个 88 GHz 的频率间隔,并且 LO 功率超出信号功率 14 dB。图 12-10(b)给出了接收端 BS 处对应于 32 Gbit/s 传输速率的 PBC 之后的光谱(0.02 nm 分辨率)。可以看到 PDM-QPSK 调制的中心光载波与两个 PDM-QPSK 调制的边带之间有一个 88 GHz 的频率间隔。图 12-10(c)给出了接收端 BS 处对应于 32 Gbit/s 传输速率的 TOF 之后的光谱(0.02 nm 分辨率)。可以看到下边带和中心光载波被抑制掉,只有上边带被保留下来。图 12-10(d)给出了对应于 32 Gbit/s 传输速率的经由第二段 100 km SMF-28 传输后的光谱(0.02 nm 分辨率)。

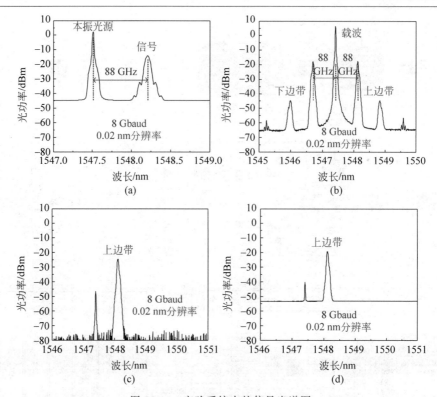

图 12-10　实验系统中的信号光谱图

（a）发送端基站处光域偏振分集之后的光谱；（b）接收端基站处保偏光纤耦合器之后的光谱；（c）接收端基站处可调谐光滤波器之后的光谱；（d）经由第二段 100 km 单模光纤传输后的光谱

12.6　基于外差检测的实时传输实验

本节介绍基于外差检测的相干光发射机和接收机的 RoF 实时传输通信系统，传输了 138.88 Gbit/s(34.72 Gbaud)PDM-QPSK 毫米波信号，载波频率为 24 GHz，传输距离为两段 20 km SMF-28 光纤，为了简化实验结构没有进行无线链路的传输。实验中如果使用具有 27% 开销的 SD-FEC 判决可以实现无错误的信号传输。

12.6.1　实时传输实验图

本节我们将介绍基于外差检测的商业实时相干光发射机和接收机的 RoF 实时传输通信系统的实验[35]。如图 12-11 所示即该系统的实验设置。实验传输了频段为 24 GHz，速率为 138.88 Gbit/s(34.72 Gbaud)PDM-QPSK 信号，且先后在两段 20 km SMF-28 光纤中进行传输，最终通过实时相干检测进行信号处理。如果使用开销为 27% 的软判决前向纠错，则可以实现无错传输。在除去 27% 的 SD-FEC 开销之后，109.3 Gbit/s 的净传输速率据我们所知是实时 RoF 网络中迄今为止最高的传输速率。

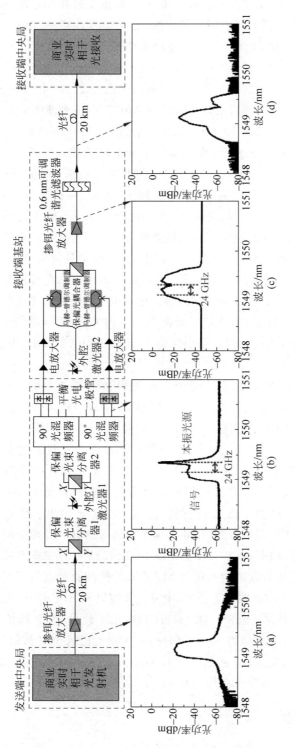

图 12-11　实验系统中的信号光谱图

如图 12-11 所示,在发射机中心局(Tx CO),商用实时相干光发射机用来生成光基带信号。商业实时相干光发射机的参数,包括信号波特率、信号调制格式、信号 PRBS 长度、FEC 开销、光载波频率、输出光功率等,以上都可以通过软件定义实现。

在我们的实验中,商用实时相干光发射机的输出是 34.72 Gbaud PDM-QPSK 调制光基带信号,PRBS 长度为 231,SD-FEC 开销为 27%,光载波频率为 193.5 THz,光功率为 0 dBm,其光谱如图 12-11(a)所示。然后 34.72 Gbaud PDM-QPSK 光基带信号传了 20 km SMF-28 光纤,在 1550 nm 处光纤总插入损耗为 4 dB,色散为 17 ps/(nm·km)。20 km SMF-28 光纤之前的 EDFA 用来补偿光纤的传输损耗。

在发射基站(Tx BS)端,外腔激光器(由 ECL1 表示)用作光学本地振荡器,工作在 193.476 THz。极化分离的集成 90°光学混频器集成了两个偏振分束器和两个 90°光学混频器,用于在光域中实现接收光信号和光域 LO 的极化分离。这个集成的极化分离的混频器有 8 个输出端口,在我们的实验中只使用了 4 个输出端口,因为外差相干检测不需要光学相位分离。使用的输出端口的光谱如图 12-11(b)所示,图中显示的是 24 GHz 的光域 RF 信号。之后采用两个平衡光电二极管进行光电转换:两个 24 GHz 射频 RF 光信号转换为两个 24 GHz 射频电信号。该电信号可以通过 2×2 MIMO 无线链路在空中传输[35]。在我们的实验中,为了简单起见,没有进行无线传输。

在接收基站(Rx BS)端,通过两个级联的电放大器来放大 24 GHz PDM-QPSK 电 RF 信号,每个放大器的 3 dB 带宽为 40 GHz。放大后的信号进而驱动 MZM。自由运行的外腔激光器(由 ECL2 表示)生成 193.476 THz 连续光,首先使用保偏光纤耦合器将其分成两个分支,两路的 CW 波作为光载波用来驱动 MZM。每个 MZM 的 3 dB 带宽约为 36 GHz,半波电压为 2.8 V,插入损耗为 5 dB。每个 MZM 的 DC 偏置点设置在光载波抑制点以进行电场调制。两路 MZM 输出信号再由光极化合并器合并,由 EDFA 进行放大。图 12-11(c)给出了经过 EDFA 放大之后测得的光谱,从图中可以看到,EDFA 输出的信号具有一个残留的中央光载波以及两个与中心光载波间隔 24 GHz 的 PDM-QPSK 信号的一阶边带。中心载波具有相对较大功率是由有限的消光比和 MZM 未补偿的驱动电压引起的。然后使用 0.6 nm 可调光滤波器来抑制上边带,中央光载波以及 ASE 噪声,筛选出我们需要的 PDM-QPSK 调制的下边带。图 12-11(d)给出了经过 TOF 滤波之后的光谱图,此时的信号可以视为载频为 193.5 THz 的 PDM-QPSK 光基带信号,该信号继续传了 20 km SMF-28 光纤,最后由 600 Gbit/s 的商用实时相干光接收机接收[37]。图 12-11(a)~(d)分辨率均为 0.01 nm。

12.6.2　实验结果

图 12-12(a)给出了在没有 FEC 的情况下,34.72 Gbaud PDM-QPSK 信号在

三种不同传输链路实时传输的 BER 与实时相干光接收机输入光功率的变化图。这三种情况分别为实时相干光发射机和接收机直接相连(背靠背),如图所示的没有任何光纤的系统链路以及完整实验链路。从图 12-12(a)中可以看出,在实时相干光发射机和接收机之间引入 RoF 网络在 3.9×10^{-2} 的 SD-FEC 阈值下导致约 3 dB 的光功率损失,而进一步引入 20 km SMF-28 光纤传输几乎不会造成功率损失。为了满足误码率低于 3.9×10^{-2} 的 SD-FEC 阈值,基于实时相干光收发器的 RoF 网络所需的输入功率为 −33 dBm。如果是使用 27%SD-FEC 的开销,3.9×10^{-2} 的 BER 可以降低为零,去掉 27%SD-FEC 的开销可以实现净速率 109.3 Gbit/s。图 12-12(b)给出了基于实时相干光收发器的两段 20 km 的 SMF-28 光纤传输的 RoF 网络中 34.72 Gbaud PDM-QPSK 信号 BER 与 RoF 载波频率的关系。当 RoF 载波频率为 22 GHz 时,BER 达到最小,此时系统性能最好。图 12-12(c)和 (d)给出了包含两段 20 km 光纤的 RoF 网络中所传输的 34.72 Gbaud PDM-QPSK 信号恢复的 X 路和 Y 路偏振信号星座点。相应的输入功率为 −26 dBm,BER 为 1.05×10^{-3}。

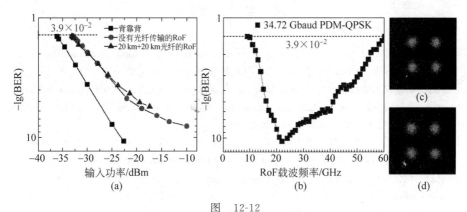

图　12-12

(a) 无 FEC 情况下的 BER 性能与输入功率的关系;(b) BER 性能与 RoF 载波频率的关系;(c) 恢复的 X 和 Y 偏振的 QPSK 星座图;(d) Y 偏振的 QPSK 星座图

12.7　本章小结

本章通过理论分析和实验验证介绍了两种 PDM-QPSK 调制的光纤-无线-光纤融合传输系统:基于推挽 MZM 的光纤-无线-光纤融合传输系统和基于 PM 的光纤-无线-光纤融合传输系统。虽然基于 PM 和基于推挽 MZM 的电光转换均可以看作是一个线性的光强度调制过程,但是在实际的执行中,由于商用 PM 通常具有比商用 MZM 更大的调制带宽和更小的插入损耗,基于 PM 的光纤-无线-光纤融合传输系统比基于推挽 MZM 的光纤-无线-光纤融合传输系统更具优势。首先,PM 具有的较大的调制带宽可以避免对接收到的位于较高载波频率(例如 W 波段)上的无线毫米波信号的模拟下变频,从而简化接收端 BS 的结构。其次,PM 具有的较大的调制带宽和较小的插入损耗使得电光转换得到的光信号具有一个较大的 OSNR,从而有助于实现更长距离的光纤传输。此外,因为 DML 拥有体积小、驱动电压低和成本低的特性,所以在光子辅助解调部分也可以利用 DML 实现电光转换,以降低系统复杂度和成本。并且 DML 存在非线性饱和效应,可以对无线传输中的噪声进行抑制[33]。

在本章的最后部分我们介绍了基于外差检测的商业实时相干光发射机和接收机的光纤与无线融合的实时传输通信系统,传输了 138.88 Gbit/s(34.72 Gbaud)PDM-QPSK 毫米波信号,载波为 24 GHz,传输距离为两段 20 km SMF-28 光纤,为了简化实验结构,我们没有进行无线链路的传输。实验中如果使用具有 27% 开销的 SD-FEC 可以实现无错误的信号传输。109.3 Gbit/s 的净传输速率是迄今为止实时 RoF 网络最大的速率。如果采用更高级别的 QAM 调制(例如 16QAM),则可以进一步提高传输速率。

参 考 文 献

[1]　LI X Y, XIAO J N, XU Y M, et al. Frequency-doubling photonic vector millimeter-wave signal generation from one DML[J]. IEEE Photonics Journal, 2015, 7(6): 1-7.

[2]　CHEN L, WEN H, WEN S. A radio-over-fiber system with a novel scheme for millimeter-wave generation and wavelength reuse for up-link connection [J]. IEEE Photonics Technology Letters, 2006, 18(19): 2056-2058.

[3]　JIANG W J, YANG H J, YANG Y, et al. 40 Gb/s RoF signal transmission with 10 m wireless distance at 60 GHz[C]. Optical Fiber Communication Conference, 2012.

[4]　CAO Z Z, YU J J, LI F, et al. Energy efficient and transparent platform for optical wireless networks based on reverse modulation[J]. IEEE Journal on Selected Areas in Communications, 2013, 31(12): 804-814.

[5]　CAO Z Z, LI F, LIU Y, et al. 61.3-Gbps hybrid fiber-wireless in-home network enabled by optical heterodyne and polarization multiplexing[J]. Journal of Lightwave Technology, 2014, 32(19): 3227-3233.

[6]　BOULOGEORGOS A, ALEXIOU A, MERKLE T, et al. Terahertz technologies to deliver optical network quality of experience in wireless systems beyond 5G [J]. IEEE Communications Magazine, 2018, 56(6): 144-151.

[7]　薛冰. THz 波的产生与探测[D]. 西安:中国科学院研究生院(西安光学精密机械研究所), 2009.

[8]　杨坚. 太赫兹波源理论模拟与检测实验研究[D]. 西安:中国科学院研究生院(西安光学精密机械研究所), 2010.

[9]　YU J. Photonics-assisted millimeter-wave wireless communication[J]. IEEE Journal of Quantum Electronics, 2017, 53(6): 1-17.

[10]　CAO Z, SHEN L, JIAO Y, et al. 200 Gbps OOK transmission over an indoor optical wireless link enabled by an integrated cascaded aperture optical receiver[C]. Optical Fiber

Communications Conference and Exhibition. IEEE,2017.

[11] NIRMALATHAS A, WANG K, LIM C, et al. Multi-gigabit indoor optical wireless networks—feasibility and challenges [C]. IEEE Photonics Society Summer Topical Meeting Series. IEEE,2016.

[12] FICE M J, ROUVALIS E,VAN DIJK F,et al. 146-GHz millimeter-wave radio-over-fiber photonic wireless transmission system[J]. Optics Express,2012,20(2): 1769-1774.

[13] DAT P T, KANNO A,UMEZAWA T,et al. Millimeter-and terahertz-wave radio-over-fiber for 5G and beyond[C]. IEEE Photonics Society Summer Topical Meeting Series (SUM). IEEE,2017.

[14] LI X Y, YU J J,ZHANG J W,et al. Fiber-wireless-fiber link for 100-Gb/s PDM-QPSK signal transmission at W-band[J]. IEEE Photonics Technology Letters,2016,26 (18): 1825-1828.

[15] LI X Y, YU J J,XIAO J N,et al. Fiber-wireless-fiber link for 128-Gb/s PDM-16QAM signal transmission at W-band[J]. IEEE Photonics Technology Letters,2014,26 (19): 1948-1951.

[16] LI X Y, DONG Z,YU J J,et al. Fiber wireless transmission system of 108-Gb/s data over 80-km fiber and 2×2 MIMO wireless links at 100GHz W-band frequency[J]. Optics Letters,2012,37(24): 5106-5108.

[17] DONG Z, YU J J,LI X Y,et al. Integration of 112-Gb/s PDM-16QAM wireline and wireless data delivery in millimeter wave RoF system[C]. Optical Fiber Communication Conference and Exposition and the National Fiber Optic Engineers Conference,2013.

[18] LI X Y, YU J J,ZHANG J W,et al. A 400G optical wireless integration delivery system [J]. Optics Express,2013,21(16): 18812-18819.

[19] SAMBARAJU R, ZIBAR D, ALEMANY R, et al. Radio frequency transparent demodulation for broadband wireless links[C]. Optical Fiber Communication Conference, 2010.

[20] SAMBARAJU R, ZIBAR D,CABALLERO A,et al. 100-GHz wireless-over-fiber links with up to 16-Gb/s QPSK modulation using optical heterodyne generation and digital coherent detection[J]. Photonics Technology Letters,IEEE,2010,22(22): 1650-1652.

[21] ZHOU X, YU J J. Multi-Level,multi-dimensional coding for high-speed and high-spectral-efficiency optical transmission[J]. Journal of Lightwave Technology, 2009, 27 (16): 3641-3653.

[22] YU J J, ZHOU X. Ultra-high-capacity DWDM transmission system for 100G and beyond [J]. IEEE Communications Magazine,2010,48(3): S56-S64.

[23] YU J J, LI X Y,CHI N. Faster than fiber: over 100-Gb/s signal delivery in fiber wireless integration system[J]. Optics Express,2013,21(19): 22885-22904.

[24] ZHANG J W, LI X Y,DONG Z. Digital nonlinear compensation based on the modified logarithmic step size[J]. Journal of Lightwave Technology,2013,31(22): 3546-3555.

[25] DONG Z, LI X,YU J J,et al. 6×128-Gb/s Nyquist-WDM PDM-16QAM generation and transmission over 1200-km SMF-28 with SE of 7. 47 b/s/Hz[J]. Journal of Lightwave Technology,2012,30(24): 4000-4005.

[26] DONG Z, LI X Y,YU J J,et al. 6×144-Gb/s Nyquist-WDM PDM-64QAM generation

and transmission on a 12-GHz WDM grid equipped with nyquist-band pre-equalization[J]. Journal of Lightwave Technology,2012,30(23): 3687-3692.

[27] DONG Z, LI X Y, YU J J, et al. 8×9. 95-Gb/s ultra-dense WDM-PON on a 12. 5-GHz grid with digital pre-equalization[J]. IEEE Photonics Technology Letters,2013,25(2): 194-197.

[28] LI X, XIAO X, XU Y, et al. Real-time demonstration of over 20Gbps V-and W-band wireless transmission capacity in one OFDM-RoF system [C]. Optical Fiber Communications Conference and Exhibition. IEEE,2017.

[29] WU C Y, LI H, VAN KERREBROUCK J, et al. Real-time 4×3. 5 Gbps sigma delta radio-over-fiber for a low-cost 5G C-RAN downlink[C]. European Conference on Optical Communication. IEEE,2018.

[30] CHEN M, YU J, XIAO X. Real-time Q-band OFDM-RoF systems with optical heterodyning and envelope detection for downlink transmission[J]. IEEE Photonics Journal,2017,9(2): 1-7.

[31] GUILLORY J, TANGUY E, PIZZINAT A, et al. Radio over fiber tunnel for 60 GHz wireless home network[C]. Optical Fiber Communication Conference and Exposition and the National Fiber Optic Engineers Conference. IEEE,2011.

[32] CASTRO C, ELSCHNER R, MERKLE T, et al. 100 Gb/s real-time transmission over a THz wireless fiber extender using a digital-coherent optical modem [C]. OFC,2020.

[33] CHEN L, YU J J, XIAO J N, et al. Fiber-wireless-fiber link for 20-Gb/s QPSK signal delivery at W-band with DML for E/O conversion in wireless-fiber connection[J]. Optics Communications,2015,354: 231-235.

[34] YU J J, ZHOU X, HUANG M F, et al. 17 Tb/s (161×114 Gb/s) PolMux-RZ-8PSK transmission over 662 km of ultra-low loss fiber using C-band EDFA amplification and digital coherent detection[C]. 34th European Conference on Optical Communication, 2008.

[35] WANG C, LI X, ZHAO M, et al. Delivery of 138. 88 Gpbs signal in a RoF network with real-time processing based on heterodyne detection [C]. OFC,2020.

[36] UMMETHALA S, HARTER T, KOEHNLE K, et al. THz-to-optical conversion in wireless communications using an ultra-broadband plasmonic modulator [J]. Nature Photonics,2019,13: 519-524.

[37] https://cacia-inc. com/blog/optimize-your-multi-haul-network-capacity-with-the-ac1200. [2020-8-17]

第 13 章　太赫兹和光纤通信无缝融合系统

13.1　引　言

前面几章介绍了基于光子技术产生太赫兹或毫米波的方法不仅可以克服电子元器件的带宽限制[1-15]，而且可以有效促进太赫兹和光纤的无缝集成[16]。在太赫兹发射端，我们可以采用光子学辅助方案来产生太赫兹信号。在太赫兹接收端，我们将信号下变频到几十吉赫兹，然后这个下变频信号被用来驱动强度或相位外调制器或者直接调制激光器来实现电光转换。这个转换后的光信号可以在光纤中进行传输。相对于第 12 章提到的强度调制器或相位调制器[16-19]，DML 具有体积小、结构简单的优点。本章我们将介绍使用 DML 来实现电光变换并实现信号在光纤中的长距离传输。

本章主要围绕光纤-太赫兹无线-光纤系统的传输展开。先介绍外差相干探测的流程算法，后在 13.3 节介绍 450 GHz 的光纤-太赫兹无线-光纤集成系统，该系统可以传输高达 13 Gbit/s 的正交相移键控信号[20]。信号首先通过 10 km 单模光纤（SMF-28）有线链路传输，然后通过超过 3.8 m 的自由空间太赫兹（450 GHz）无线链路和最后另一条 2.2 km 的 SMF-28 有线链路传输，误码率可以达到小于 3.8×10^{-3} 的硬判决前向纠错阈值。13.4 节主要介绍一个 2×2 MIMO 架构来实现光纤-太赫兹无线-光纤的无缝集成。这是我们第一次实现一个太赫兹 2×2 MIMO 通信系统，该系统的 BER 在低于硬判决误码阈值的情况下达到 18 Gbit/s。整个系统的链路分为 10 km SMF-28 光纤，然后经过 3.8 m 2×2 MIMO 450 GHz 无线链路传输和 2.2 km SMF-28 光纤。最后对本章进行小结。

13.2　外差相干检测的流程算法

基于光外差拍频方案和相干接收的太赫兹通信系统的结构示意图在本文的几个实验中都会涉及。相干探测的接收端 DSP 算法流程为：IQ 不平衡的均衡与正交化和归一化、色散补偿、非线性补偿、时钟恢复、偏振解复用和偏振模色散补偿、频偏估计、相位恢复，以及最后的判决和误码率测定。除光纤色散补偿外其他算法都在第 3 章已经进行了介绍，这里不再复述。本节我们只介绍光纤色散补偿。在光纤太赫兹融合系统中光纤的色散有时会产生比较严重的影响，特别是在双边带调制和载波抑制调制的系统中。

色散是由于信号脉冲在光纤中传输时因为群速度不同而导致的展宽,造成信号失真。光纤中的色散可以分为三种:材料色散、波导色散以及模式色散。接收端对于色散的数字补偿分为两种:一种是频域色散补偿;另一种是时域补偿。

频域补偿的复杂度相对较低,主要是通过色散频域传递函数进行补偿,简单来讲就是将其中的色散系数取反就可以得到补偿函数。首先将接收的时域信号等分成若干块,对每一个子块的数据进行 FFT,得到频域的信号,然后使用色散频域补偿传递函数与频域信号相乘,得到补偿后的频域信号,然后进行 IFFT 变换得到时域补偿后的信号。色散频域传递函数如下:

$$G(z,w) = \exp\left(\mathrm{j}\,\frac{D\lambda^2}{4\pi c}\omega^2\right) \tag{13-1}$$

同理,对于时域补偿,需要时域补偿系统冲击响应函数,将色散时域冲击响应的色散系数取反,即可得到时域的色散补偿滤波器的脉冲响应,但是由于系统响应时间不是有限的且非因果,可能会造成采样频率混叠,所以需要将系统的脉冲响应时间缩短为有限的以此解决频率混叠现象。使用非递归结构抽头延迟 FIR 滤波器就可以实现时域的色散补偿。

13.3　光纤-太赫兹无线-光纤的无缝融合通信系统

13.3.1　系统实验

本节主要介绍 450 GHz 的光纤-太赫兹无线-光纤集成系统实验情况。

图 13-1 显示了太赫兹波段光纤-太赫兹无线-光纤集成传输系统的实验装置。由于实验室混频器的频率响应范围为 330~510 GHz,所以我们选择中频(450 GHz)以获得更好的响应。在这个系统中,我们使用光子远程外差来产生 450 GHz 的太赫兹波段信号。也就是说,两个外腔激光器之间的频率间隔是 450 GHz。ECL1 的频率为 193.100 THz,用来加载 QPSK 信号,而 ECL2 频率为 193.550 THz,作为光学本地振荡器。

在发射机端,线宽小于 100 kHz 的 ECL 被用作光源。从 ECL 输出连续波光波,由 QPSK 信号调制,QPSK 信号在 MATLAB 中离线生成。然后加载到任意波形发生器产生基带电信号,AWG 的最高采样速率是 12 GSa/s,3 dB 带宽为 4 GHz。调制光载波之前,电放大器驱动 IQ 调制器,数/模转换后的信号由 IQ 调制器进行调制,实现了电光转换。IQ 调制器的 3 dB 带宽大概是 30 GHz。经过调制器后的调制信号输入到第一个保偏掺铒光纤放大器中,其主要用于补偿 IQ 调制器的插入和调制损耗。然后用一个 3 dB 保偏光纤耦合器来进行 QPSK 光信号和光 LO 耦合。经过 10 km 的 SMF-28 光纤传输后,使用另一个 EDFA 来提高信号光功率。再然后使用光衰减器来调整所接收的光功率以进行灵敏度测量。采用具有集成天

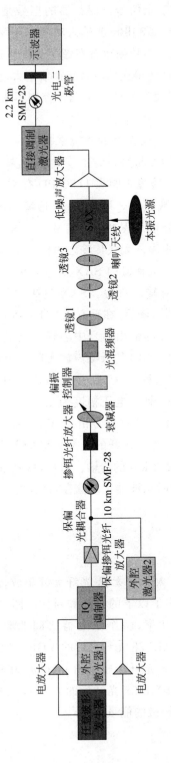

图 13-1　基于外差拍频方案和相干接收的太赫兹通信系统示意图

线的 NEL UTC-PD 接收太赫兹光信号。混频器的型号是 IOD-PMAN-13001,在 450 GHz 的输出功率为−28 dBm (13 dBm 光输入功率),且该 UTC-PD 芯片与宽带的蝶形天线(Bow-tie)芯片集成。芯片被放置在超半球形硅透镜上,太赫兹波是通过这个硅透镜发射的。这个过程使得光信号被转换成电太赫兹信号。光混频器的尾纤具有保持偏振的特性,所以我们需要一个偏振控制器来控制信号进入光混频器的偏振方向。

在光混频器之后,引入三种不同类型的透镜来将太赫兹光束精确地聚焦到固定的传输链路上。透镜 1 和透镜 2 是直径为 10 cm,焦距为 20 cm 的透镜。透镜 3 的直径为 5 cm,焦距为 10 cm。透镜 1 距离 UTC-PD 有 20 cm。透镜 1 和透镜 2 之间的距离是 3.4 m,透镜 2 距离透镜 3 是 0.2 m。透镜 3 和接收器之间的距离是 0.2 cm。这些透镜有助于最大限度地保持无线信号的功率。实验结果显示 3.8 m 是我们实验中所能达到的最远距离。无线传输之后信号由具有 26 dBi 增益的喇叭天线接收,信号进一步由 VDI 公司制造的 SAX 信号分析仪扩展(SAX)模块进行处理,这种模块具有 WR2.2 波导输入部分。SAX 包括一个太赫兹混频器和一个带有 40 GHz 中频带宽的倍频器。随后,在具有 9.231×48 GHz 射频源的 SAX 中实现电信号的下变换过程。SAX 的输出信号中心频率位于 6.91 GHz 左右,其后经过带宽为 5～17 GHz,增益为 40 dB 的低噪声放大器。然后,基带信号再次被具有 10 GHz 带宽的 DML 调制。这种 10 GHz 带宽 DML(NLK1551SSC)偏置点为 50 mA,光输出功率为 2.26 mW,驱动电压幅度为 1.75V。经过 2.2 km SMF-28 光纤的传输(总插入损耗为 1 dB),接收信号由 15 GHz 带宽的光电二极管检测。由于光纤色散,双边带调制信号受到光纤的走离效应的严重影响。所以在 DML 后信号只能实现 SMF-28 光纤 2.2 km 的传输。最后,信号由具有 30 GHz 的 3 dB 带宽和 80 GSa/s 采样速率的实时示波器记录储存,接收的信号进行补偿等进一步的数字信号处理。

13.3.2   实验结果

13.3.1 节主要介绍了光纤-太赫兹无线-光纤无缝集成传输系统的实验流程,经过一整套系统的传输,我们作了以下的分析和对比。图 13-2(a)显示了 10 km SMF-28 光纤传输前的光信号功率,两个激光器之间的频率间隔是 450 GHz。图 13-2(b)所示为传输 10 km SMF-28 光纤之后的 5 Gbaud QPSK 信号的光功率。图 13-2(c)表示 2.2 km SMF-28 光纤传输前 5 Gbaud QPSK 信号的光功率,而图 13-2(d)则表示传输 2.2 km SMF-28 光纤后的光功率。DML 的边模抑制比高于 40 dB,所以传输之后信号有轻微的能量衰减。

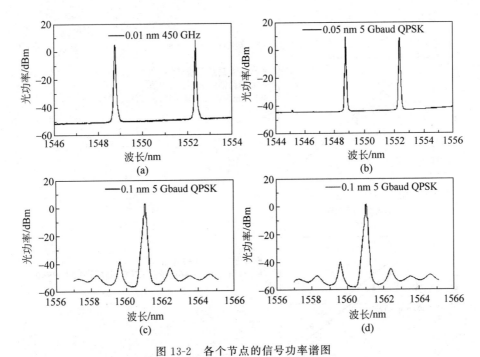

图 13-2　各个节点的信号功率谱图

（a）10 km 光纤传输前；（b）10 km 光纤传输后；（c）2.2 km 光纤传输前；（d）2.2 km 光纤传输后

　　如图 13-3（a）所示，我们比较了 5 Gbaud（10 Gbit/s）数据中的三种情况：只传输太赫兹无线链路，传输太赫兹链路＋DML 和传输 10 km SMF＋太赫兹链路＋DML 的三种情况。从图 13-3（a）可以看出，当 10 km SMF-28 光纤之后无论附加DML 与否，都没有明显差异。当光信号混频器的输入信号功率增加到 12 dBm时，BER 均低于 3.8×10^{-3} 的 HD-FEC 阈值。但是信号传输 DML 后连接的2.2 km SMF 光纤以后，功率损失为 0.5 dB，如图 13-3（b）所示。主要原因是这段2.2 km 光纤存在光纤色散引起的离散效应，而且由 DML 产生的信号具有红移啁啾效应。图 13-3（c）给出了输入光功率与 BER 之间的关系，可以看出随着传输速率的增加，BER 越来越高。在传输速率开始等于 13 Gbit/s 时，BER 就会超过3.8×10^{-3} 的 FEC 阈值。这种现象的主要原因是传输较高的传输速率信号需要更高的信噪比或更高的接收器输入功率。

　　我们相信，如果我们在发射机或接收机中增加一个太赫兹放大器来提高太赫兹功率，就可以实现更高的传输速率和更好的误码率性能。图 13-4（a）给出了光混频器输入功率为 13 dBm 时信号的频谱。图 13-4（b）显示的是低通滤波器滤出的信号频谱，信号经过离线数字信号处理后星座图见图 13-4（c）。

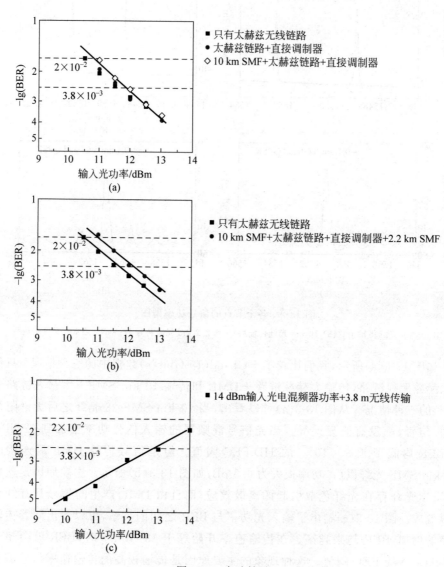

图 13-3   实验结果

(a),(b)不同链路的 BER 与输入光功率的关系对比;

(c)输入光功率为 14 dBm 时 BER 和传输速率的关系

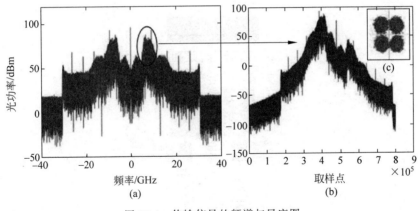

图 13-4　传输信号的频谱与星座图

13.4　光纤-太赫兹无线-光纤 2×2 MIMO 传输系统

13.2 节主要介绍的是基本的光纤-太赫兹无线-光纤无缝融合系统。基于此我们需要提升系统的传输速率和系统容量,因此我们继续作了更加深入的探究。多入多出在通信领域提供了提升系统容量的非常好的方法,我们基于此对基本的光纤-太赫兹无线-光纤无缝融合系统进行了进一步的提升。通过实验演示了一个 2×2 MIMO 架构来实现光纤-太赫兹无线-光纤的无缝集成[21]。这是我们第一次实现 THz-MIMO 通信系统,该系统的 BER 可以达到 18 Gbit/s,低于硬判决误码阈值。整个系统的传输链路由 10 km SMF-28 光纤、3.8 m 2×2 MIMO 450 GHz 无线链路和另外一段 2.2 km SMF-28 光纤组成。

13.4.1　系统实验

图 13-5 为太赫兹光纤-无线光纤无缝集成的 2×2 MIMO 体系结构的实验装置,可以实现在 10 km SMF-28 光纤、3.8 m 2×2 MIMO THz(450 GHz)无线链路和 2.2 km 的 SMF-28 光纤链路上完成 18 Gbit/s 的 PDM-QPSK 信号传输。

实验中使用的两个外腔激光器具有不同的工作波长,线宽均小于 100 kHz,ECL1 产生一个 CW 波来加载 PDM-QPSK 信号,ECL2 是光本地振荡器。在发射端使用任意波形发生器来产生 QPSK 电信号,随后通过两个并联的电放大器来驱动 IQ 调制器。ECL1 产生的连续光波经过 IQ 调制器完成了光的 QPSK 调制。PM-EDFA 可以补偿调制器的插入和调制损失,然后使用偏振复用来产生 PDM-QPSK 信号。将生成的 PDM-QPSK 光基带信号输入到 10 km 的 SMF-28 光纤中,传输后的信号测得功率为 5.6 dBm。ECL2 作为 LO,与 ECL1 具有 450 GHz 的频率间隔,ECL2 之后的偏振控制器能够调整光 LO 的偏振方向。PC 输出功率等于

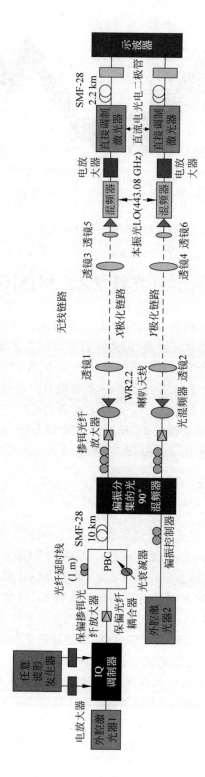

图 13-5　DFT-S OFDM 调制和解调流程示意图

9 dBm。我们使用偏振分集 90°光混频器来实现信号和 LO 的光偏振分集,这样我们可以获得 X 偏振信号和 Y 偏振信号。然后我们使用两台并行 PC 来调整偏振方向,并因此获得最大输出功率。通过 EDFA 提升功率后,使用两台并行的光混频器进行拍频。每个光电混频器都有一个极化保持尾纤,所以必须精确控制信号和 LO 的极化方向。如果尾纤对偏振不敏感,则不需要控制信号的偏振方向。然后,我们得到 450 GHz 的太赫兹电信号,并通过一个 26 dBi 增益的喇叭天线将它们传送到空中。

在自由空间中,在两个平行的 X 极化和 Y 极化无线链路中有三对透镜。这些透镜有助于聚焦太赫兹信号,以最大限度地提高无线传输功率。在 X 偏振(Y 偏振)环节中,透镜 1(透镜 2)和透镜 3(透镜 4)是相同的,具有 10 cm 的直径和 20 cm 的焦距。它们是平凸(Plano-Convex)铁氟龙透镜。透镜 5(透镜 6)是型号为 PTL-2-100BW 的 Microtech 仪器,直径为 5 cm,焦距为 10 cm。透镜 1(透镜 2)距离 UTC-PD 20 cm。透镜 1(透镜 2)和透镜 3(透镜 4)之间的距离为 3.6 m。透镜 3(透镜 4)和透镜 5(透镜 6)的距离为 0.2 m。透镜 5(透镜 6)和接收器之间的距离是 2 cm。由于太赫兹信号具有非常好的方向性,两个太赫兹路径之间不存在串扰。

在无线接收机端,增益为 26 dBi 的喇叭天线用来接收 PDM-QPSK 太赫兹无线信号,然后由 443.08 GHz 的 LO 驱动的两个并行混频器实现下变频。由于缺少可用的组件,我们使用不同的混频器来处理 X 极化信号和 Y 极化信号。对于 X 极化信号,我们利用由 12.308 GHz 正弦 LO 源驱动的 VDI 集成式混频器/放大器/乘法器链。IMAMC 集成了一个混频器、一个放大器和一个 36 倍频器,工作频率范围从 330～500 GHz。对于 Y 偏振信号,我们利用 VDI 频谱分析仪扩展器(SAX,WR2.2SAX),由 9.231 GHz 正弦 LO 源驱动。集成混频器和 48 倍频器的 SAX 的工作频率范围为 330～500 GHz。通过电放大器放大后的下变频信号用于驱动具有 55 mA 直流偏置和 2 V 驱动电压的 DML。DML 在 X(Y)极化时的输出功率为 5.2 dBm(5.5 dBm)。然后将这些光信号通过 2.2 km 的 SMF-28 光纤传输,再由两个并行的 3 dB 带宽 15 GHz 的光电探测器进行检测,实现光电转换。之后,使用具有 80 GSa/s 采样速率和 30 GHz 带宽的实时数字示波器来记录采样信号并完成模/数转换。随后的离线 DSP 包括下变频到基带、CMA 均衡、载波恢复和 BER 计算。

13.4.2 实验结果

如图 13-6(a)所示,我们测量光混频器之前的信号光谱,ECL1 和 ECL2 之间的频率间隔为 450 GHz。我们对使用这个 2×2 MIMO 系统传输 4 Gbaud (16 Gbit/s)数据的性能进行比较。在太赫兹无线链路超过 3.8 m 的情况下,误码率为 2×10^{-4},在 10 km SMF-28 光纤+3.8 m 太赫兹无线链路的情况下 BER 性能仍然相同。加上 DML 后,BER 等于 1.6×10^{-4},系统传输效果更好。但是当我

echo
noise

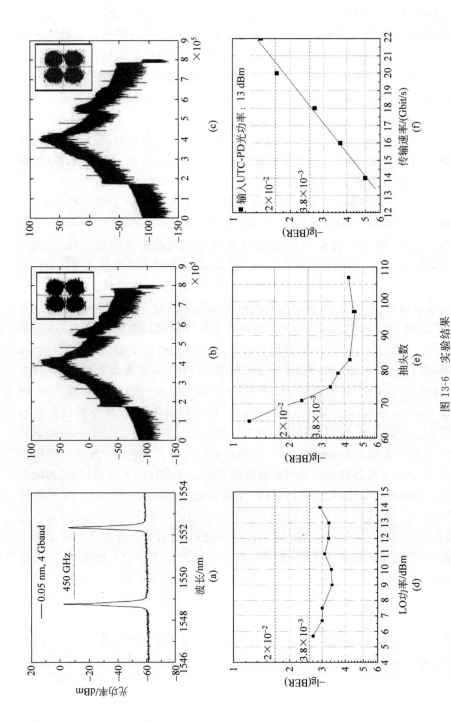

图 13-6　实验结果

(a) 光混频器之前的光谱；(b) X 极化和(c)Y 极化的频谱和星座图；(d) BER 与 LO 输入功率的关系；(e) BER 与抽头数的关系；(f) BER 与传输速率的关系

们在 DML 之后增加另一个 2.2 km 的 SMF-28 光纤时,BER 增加到 2.3×10^{-4}。信号性能稍有下降是因为 DML 之后的信号是双边带信号,会受到 DML 光纤色散和啁啾造成的离散效应的影响。图 13-6(b) 和 (c) 展示的是 X 偏振和 Y 偏振的信号频谱和星座图。当信号输入偏振分集 90°混频器的功率为 5.8 dBm,信号波特率为 2 Gbaud 时,我们改变 LO 输入功率,从 6 dBm 增加到 14 dBm,并画出输入功率与 BER 的关系,如图 13-6(d) 所示,BER 一直在 3.8×10^{-3} 的 FEC 阈值之下。我们在 10 km SMF-28 光纤、3.8 m 无线链路和 2.2 km SMF-28 光纤传输 4 Gbaud (16 Gbit/s) 的信号,每台光混频器输入功率为 13 dBm。然后抽头数从 65 增加到 107,BER 和抽头数的关系如图 13-6(e) 所示。抽头数大于 70 时 BER 性能更好,当抽头数系数是 97 时可以实现最低误码率。需要一个较大的抽头数系数是因为两条路径上的信号传播的距离不同。最后,图 13-6(f) 展示的是每个光混频器的输入功率为 13 dBm 时,传输速率与 BER 的关系。

13.5　本　章　小　结

应用太赫兹技术为未来通信带来了无限可能。本章主要围绕光纤-太赫兹无线-光纤无缝融合系统进行研究。首先介绍了相干接收流程算法,接下来首次提出并实验性地展示了 450 GHz 的无缝光纤-太赫兹无线-光纤集成系统。换句话说,任何一小段光纤都可以通过太赫兹无线链路无缝替代。同时,该系统可以结合太赫兹和光纤两者的优点,意味着在通信方面有了更好的改善。在我们的第一个实验中,最高速度高达 13 Gbit/s,BER 小于 3.8×10^{-3}。传输距离为 10 km 有线光纤+3.8 m 无线距离+2.2 km 有线光纤。紧接着介绍的是一种光纤-太赫兹无线-光纤的 2×2 MIMO 通信系统,太赫兹的频率在 450 GHz,整个链路分为 10 km SMF-28 光纤、3.8 m 2×2 MIMO 链路和 2.2 km SMF-28 光纤,成功实现了偏振复用的 QPSK 信号传输,速率可以达到 18 Gbit/s,误码率控制在了误码阈值 3.8×10^{-3} 以下。我们相信如果在发射器或接收器端使用太赫兹放大器,则传输速率或传输距离可以大大增加,性能会进一步提升。

参 考 文 献

[1]　MA J. Terahertz wireless communication through atmospheric turbulence and rain[D]. New Jersey: New Jersey Institute of Technology,2016.

[2]　KITAEVA G K. Terahertz generation by means of optical lasers [J]. Laser Physics Letters,2008,5(8): 559-576.

[3]　VODOPYANOV K L. Terahertz-wave generation with periodically inverted gallium arsenide[J]. Laser Physics,2009,19(2): 305-321.

[4]　BRATMAN V, GLYAVIN M,IDEHARA T,et al. Review of subterahertz and terahertz

gyrodevices at IAP RAS and FIR FU[J]. IEEE Transactions on Plasma Science,2008,37 (1): 36-43.

[5]　AJITO K, UENO Y. THz chemical imaging for biological applications [J]. IEEE Transactions on Terahertz Science and Technology,2011,1(1): 293-300.

[6]　SIEGEL P H. Terahertz technology in biology and medicine[J]. IEEE transactions on microwave theory and techniques,2004,52(10): 2438-2447.

[7]　FEDERICI J F, WAMPLE R L,RODRIGUEZ D, et al. Application of terahertz Gouy phase shift from curved surfaces for estimation of crop yield[J]. Applied Optics,2009,48 (7): 1382-1388.

[8]　HOR Y L, FEDERICI J F,WAMPLE R L. Nondestructive evaluation of cork enclosures using terahertz/millimeter wave spectroscopy and imaging [J]. Applied Optics,2008,47 (1): 72-78.

[9]　APPLEBY R, WALLACE H B. Standoff detection of weapons and contraband in the 100 GHz to 1 THz region[J]. IEEE transactions on antennas and propagation,2007,55(11): 2944-2956.

[10]　YINON J. Counterterrorist detection techniques of explosives [M]. Elsevier: Elsevier Science and Technology,2011.

[11]　SINYUKOV A, ZORYCH I,MICHALOPOULOU Z H,et al. Detection of explosives by terahertz synthetic aperture imaging—focusing and spectral classification[J]. Comptes Rendus Physique,2008,9(2): 248-261.

[12]　SEEDS A J, SHAMS H, FICE M J, et al. Terahertz photonics for wireless communications [J]. Journal of Lightwave Technology,2014,33(3): 579-587.

[13]　LI X, YU J,WANG K,et al. Photonics-aided 2× 2 MIMO wireless terahertz-wave signal transmission system with optical polarization multiplexing [J]. Optics Express,2017,25 (26): 33236-33242.

[14]　SONG H J, AJITO K,MURAMOTO Y,et al. 24 Gbit/s data transmission in 300 GHz band for future terahertz communications [J]. Electronics Letters, 2012, 48 (15): 953-954.

[15]　KITAYAMA K, MARUTA A,YOSHIDA Y. Digital coherent technology for optical fiber and radio-over-fiber transmission systems[J]. Journal of lightwave technology, 2014,32(20): 3411-3420.

[16]　NAGATSUMA T,KATO K,HESLER J. Enabling technologies for real-time 50-Gbit/s wireless transmission at 300 GHz [C]. Proceedings of the Second Annual International Conference on Nanoscale Computing and Communication,2015.

[17]　YU J, CHANG G K,JIA Z,et al. Cost-effective optical millimeter technologies and field demonstrations for very high throughput wireless-over-fiber access systems [J]. Journal of Lightwave Technology,2010,28(16): 2376-2397.

[18]　KOENIG S, ANTES J,LOPEZ-DIAZ D, et al. 20 Gbit/s wireless bridge at 220 GHz connecting two fiber-optic links [J]. Journal of Optical Communications and Networking, 2014,6(1): 54-61.

[19]　MOELLER L, FEDERICI J,SU K. THz wireless communications: 2. 5 Gb/s error-free transmission at 625 GHz using a narrow-bandwidth 1 mW THz source [C]. General

Assembly & Scientific Symposium. IEEE,2011.

[20]　WANG C，YU J,LI X,et al. Fiber-THz-fiber link for THz signal transmission[J]. IEEE Photonics Journal,2018,10(2):1-6.

[21]　WANG C，LI X,WANG K,et al. Seamless integration of a fiber-THz wireless-fiber 2×2 MIMO broadband network [C]. Asia Communications and Photonics Conference. IEEE，2018.